普通高等教育电子信息类系列教材

FPGA 原理与应用

第 2 版

主编　李　辉　张　恺
参编　邹波蓉　周巧喜　吴　楠

机械工业出版社
CHINA MACHINE PRESS

本书旨在为读者提供一个全面而深入的现场可编程门阵列（FPGA）技术指南，不仅涵盖了 FPGA 的基本原理、发展历程及其在现代电子系统设计中的重要性，还详细探讨了其在多个前沿领域的实际应用，如数字信号处理、嵌入式系统设计、网络通信和人工智能等。

书中首先介绍了可编程逻辑器件的基础知识，包括 FPGA 的发展历程、特点及其与 CPLD 和 ASIC 的比较，帮助读者理解 FPGA 在整个电子设计自动化领域的重要地位。接着，深入讲解了 Verilog HDL 语言的基础及高级特性，通过丰富的实例展示了如何使用 Verilog 进行 FPGA 设计。第 3、4 章重点讲述了 FPGA 集成开发环境的使用方法，从安装、工程创建再到具体的设计流程，提供了详尽的操作指导。本书特别强调了实际应用的重要性，通过大量的实验案例，从基础设计到复杂系统实现，逐步引导读者掌握 FPGA 设计的核心技能。

本次修订更新了最新的 FPGA 芯片型号和技术动态，并增加了多种实验设计实例，以满足不同层次读者的需求。为了便于学习，本书配套了丰富的教学资源，包括电子课件、微课视频、实验指导书、代码库以及在线答疑平台等。相关教学资源可登录机工教育服务网（www.cmpedu.com）免费注册后下载，或联系编辑索取（微信：18515977506，电话：010-88379753）。

本书不仅是高校电子信息类相关专业师生的教学参考书，也是从事 FPGA 设计工作的工程师们不可或缺的技术手册。通过对本书的学习，读者不仅能掌握 FPGA 的基本理论知识，还能提升解决实际问题的能力，在 FPGA 的世界里探索、成长和进步。希望每位读者都能从中获得宝贵的知识和无尽的乐趣。

图书在版编目（CIP）数据

FPGA 原理与应用 / 李辉 , 张恺主编 . -- 2 版 .
北京：机械工业出版社，2025.6. --（普通高等教育电子信息类系列教材）. -- ISBN 978-7-111-78550-7

Ⅰ . TP332.1

中国国家版本馆 CIP 数据核字第 202555F0V3 号

机械工业出版社（北京市百万庄大街 22 号　邮政编码 100037）
策划编辑：李馨馨　　　　　　　　　　责任编辑：李馨馨　王　荣
责任校对：王文凭　王小童　景　飞　　封面设计：鞠　杨
责任印制：张　博
北京机工印刷厂有限公司印刷
2025 年 8 月第 2 版第 1 次印刷
184mm×260mm · 15.75 印张 · 387 千字
标准书号：ISBN 978-7-111-78550-7
定价：69.00 元

电话服务　　　　　　　　　　　　　网络服务
客服电话：010-88361066　　　　　　机　工　官　网：www.cmpbook.com
　　　　　010-88379833　　　　　　机　工　官　博：weibo.com/cmp1952
　　　　　010-68326294　　　　　　金　书　网：www.golden-book.com
封底无防伪标均为盗版　　　　　机工教育服务网：www.cmpedu.com

前 言 Preface

随着信息技术的飞速发展，现场可编程门阵列（FPGA）作为现代电子系统设计的核心工具之一，其重要性日益凸显。FPGA 以其高度的灵活性、可编程性和强大的并行处理能力，在科学研究、工程设计、工业生产等多个领域发挥着不可替代的作用。为了更好地满足广大读者对 FPGA 技术知识的渴求，我们精心编写了《FPGA 原理与应用（第 2 版）》。

本书不仅详细介绍了 FPGA 的基本原理、发展历程、设计流程以及开发工具等基础知识，还深入探讨了 FPGA 在多个前沿领域中的实际应用，涵盖了数字信号处理、嵌入式系统设计、网络通信、人工智能等热点领域。通过对这些领域的深入剖析，展示了 FPGA 如何凭借其高度并行处理能力和可编程性，成为现代电子系统设计的中流砥柱。此外，书中还增添了大量的可用于实验教学的应用案例与详细的实战分析，从基础设计到复杂系统实现，循序渐进地帮助读者掌握从理论到实践的完整过程。不仅如此，本书还结合了当前的 FPGA 技术动态，包括新一代芯片的特性、先进的设计工具及其在多样化领域的创新应用，旨在为读者提供前沿的设计思路和应用技巧，帮助读者全面提升在 FPGA 领域的知识深度和实操能力。

与第 1 版相比，本书在以下几个方面进行了重点更新和改进。

1. 技术内容更新：紧跟 FPGA 技术的发展，介绍了主流的 FPGA 芯片型号、设计工具和开发环境，使读者能够了解并掌握前沿的技术动态。

2. 实验实例丰富多样：增加了大量实验设计实例，涵盖了从简单逻辑电路到复杂系统集成的全过程，帮助读者通过实践巩固理论知识，提高设计能力。

3. 教学资源配套：为了方便读者学习和参考，本书配套了丰富的教学资源，包括电子课件、微课视频、实验指导书、代码库及在线答疑平台等，为读者提供全方位的学习支持。

我们深知，一本好的教材是读者学习道路上的重要伙伴。因此，在编写过程中，我们始终坚持以读者为中心，注重内容的系统性、实用性和前沿性。希望本书能够成为广大读者学习 FPGA 技术的得力助手，帮助大家在 FPGA 的世界里探索、成长和进步。

本次修订工作汇聚河南理工大学教师团队的智慧与努力，由李辉负责整体策划与协调等工作。吴楠承担第 1 章的编写，周巧喜负责第 2 章的编写，邹波蓉负责第 3、4 章的编写，张恺负责第 5、6 章的编写，此外，李小磊负责全书的校对工作，确保内容的准确性和规范性。

本书的顺利出版，要感谢河南理工大学教务处以及物理与电子信息学院给予的大力支持和帮助，同时感谢李馨馨编辑的辛劳付出。我们也期待广大读者在阅读过程中提出宝贵的意见和建议，以便在未来的修订中不断完善和提升。最后，祝愿每一位读者都能够在 FPGA 的世界里收获满满的知识和乐趣！

编 者

目 录 Contents

第 1 章
可编程逻辑器件概述

本章首先介绍可编程逻辑器件的发展历程、基本结构、特性要求、应用领域和产品分类，然后介绍 FPGA（Field Programmable Gate Array）的基本概念、特点与应用、器件选型、基本开发流程以及 FPGA 技术的发展趋势，最后介绍 FPGA 和 CPLD 以及 ASIC 在不同方面的对比等一些基本理论知识，为学习本书的后续内容做出较为详细的铺垫。

视频
第 1 章 1.1

1.1 可编程逻辑器件简介

可编程逻辑器件（Programmable Logic Device，PLD）是一类集成电路芯片，具有可编程功能，用于实现数字逻辑电路的设计。它们可以根据用户的需求进行编程，从而实现各种逻辑功能和电路结构，如门电路、触发器、计数器等。PLD 通常包括可编程逻辑阵列（Programmable Logic Array，PLA）和可编程输入 / 输出（I/O）部分。可编程逻辑阵列由一系列可编程的逻辑门组成，通过内部的互连网络可以实现逻辑功能的自定义。可编程输入 / 输出部分用于与外部电路进行通信，接口通常可以根据需要配置。PLD 可以分为多种类型，如可编程阵列逻辑（PAL）、复杂可编程逻辑器件（CPLD），以及现场可编程门阵列（FPGA）。这些器件在数字系统设计中发挥着重要作用，为工程师提供了灵活、高效的设计工具，能够快速实现各种数字电路的功能需求。

视频
第 1 章 1.2

1.1.1 可编程逻辑器件的发展历程

随着数字电路应用越来越广泛，传统的通用数字电路集成芯片已经难以满足系统的功能要求，而且随着系统复杂程度的提高，所需通用集成电路的数量呈爆炸性增长，使得电路的体积膨大，可靠性难以保证。此外，现代产品的生命周期都很短，一个电路可能需要在很短的周期内进行改动以满足新的功能需求，对于采用通用数字集成电路设计的电路系统来说，意味着重新设计和重新布线。可编程逻辑器件（Programmable Logic Device，PLD）内部可能包含几千个门和触发器，用一片 PLD 就可以实现多片通用型逻辑器件所实现的功能，这意味着可减小整个数字系统的体积和功耗，并提高其可靠性。而且，通过改变 PLD 的程序就可以轻易地改变设计，不用改变系统的 PCB（印制电路板）布线就可以实现新的系统功能。可编程逻辑器件伴随着半导体集成电路的发展而不断发展，纵观其发展历程，大致可分为以下几个阶段。

1. 第一阶段

20 世纪 70 年代，先后出现了可编程只读存储器（Programmable Read-Only Memory，PROM）、可编程逻辑阵列（Programmable Logic Array，PLA）和可编程阵列逻辑（Programmable Array Logic，PAL）器件，其中 PAL 器件在当时曾得到广泛的应用。这一类的集成电路是由逻辑门构成的，门之间通过金属熔丝相互连接，当对器件进行编程时，由专用编程器产生较大的电流，根据设计要求烧断器件内部的一些熔丝来断开信号的连接，保留的熔丝则为内部电路提供信号的连接，从而实现用户所需要的逻辑功能。由于这类芯片内部的熔丝烧断后是不能恢复的，因此是一次性可编程器件。

2. 第二阶段

随着技术的发展和应用要求，20 世纪 80 年代，出现了紫外线可擦除只读存储器（EPROM）和电可擦除只读存储器（EEPROM）。其器件价格便宜、易于编程，适合于存储函数和数据表格，因此很快应用到 PLD 中。在这一时期，Lattice 公司推出了用电擦除的通用阵列逻辑（Generic Array Logic，GAL）器件。Altera 公司和 Cypress 公司联合推出了可用紫外线擦除的可编程器件（Erasable PLD，EPLD）MAX 系列产品，后来逐步发展成为可用电擦除的复杂 PLD（Complex PLD，CPLD），从而解决了 PAL 器件逻辑资源较少的问题。而 Xilinx 公司则应用静态存储器（SRAM）技术生产出了世界上第一片现场可编程门阵列（Field Programmable Gate Array，FPGA）器件，它是作为专用集成电路（Application Specific Integrated Circuit，ASIC）领域中一种半定制电路而出现的，既解决了定制电路的不足，又克服了原有可编程器件门电路数有限的缺点，因而在复杂数字系统中被广泛应用。

3. 第三阶段

这些早期的 PLD 的一个共同特点是可以实现速度特性较好的逻辑功能，但其过于简单的结构也使它们只能实现规模较小的电路。为了弥补这一缺陷，20 世纪 90 年代中期，Altera 和 Xilinx 公司分别推出了类似于 PAL 结构的扩展型 EPLD 和与标准门阵列类似的 FPGA，它们都具有体系结构和逻辑单元灵活、集成度高以及适用范围宽等特点。这两种器件兼容了 PLD 和通用门阵列的优点，可实现较大规模的电路，而且编程也很灵活。与门阵列等其他 ASIC 相比，它们又具有设计开发周期短、设计制造成本低、开发工具先进、标准产品无须测试、质量稳定以及可实时在线检验等优点，因此被广泛应用于产品的原型设计和产品生产之中。

4. 第四阶段

21 世纪初，将现场可编程门阵列和 CPU 相融合，并且集成到一个独立的 FPGA 器件中。如 Xilinx 推出了两种基于 FPGA 的嵌入式解决方案：

1）FPGA 器件内嵌了时钟频率高达 500MHz 的 Power PC 硬核微处理器和 1GHz 的 ARM Cortex-A9 双核硬核嵌入式处理器。

2）低成本的嵌入式软核处理器，如 Micro Blaze、Pico Blaze。

5. 第五阶段

进入 21 世纪 10 年代，FPGA 技术取得了进一步的突破，尤其是在制造工艺和集成度方面。以 28nm 和 16nm FinFET 工艺为代表的新一代 FPGA，大幅提高了器件的性能和功耗效率。Altera（现为 Intel FPGA）和 Xilinx 公司推出了多款高性能 FPGA，如 Xilinx 的 Virtex UltraScale 系列和 Altera 的 Stratix 10 系列。这些 FPGA 不仅在逻辑单元数量上实现了大幅提升，还集成了高速 SerDes、HBM（高带宽存储器）等先进功能模块。

6. 第六阶段

从 2020 年开始，FPGA 进入了异构计算时代。随着人工智能、大数据和云计算的发展，对高性能计算的需求不断增加，FPGA 凭借其高度并行性和低延迟的优势，逐渐在这些领域中占据一席之地。Xilinx 推出的 Versal ACAP（自适应计算加速平台）系列，集成了 FPGA、CPU、DSP 等多种计算单元，并且可以根据应用需求动态调整计算资源分配，极大地提高了系统的灵活性和性能。此外，Intel FPGA 的 Agilex 系列也通过高效能计算架构和先进的封装技术，为数据中心、网络和边缘计算提供了强有力的支持。

1.1.2 可编程逻辑器件的特性要求

可编程逻辑器件内部包含两个基本部分：一是逻辑阵列，指的是设计人员可以编程的部分；另一个是输出单元或宏单元，设计人员可以通过宏单元改变 PLD 的输出结构。输入信号通过"与"矩阵，产生输入信号的乘项组合，然后通过"或"矩阵相加，再经过输出单元或宏单元输出。其实，根据"数字电路"课程相关教材中的卡诺图和摩根定理的知识，任何逻辑功能均可以通过化简得到"积之和"逻辑方程。

采用可编程逻辑器件通过对器件内部的设计来实现系统功能，是一种基于芯片的设计方法。设计者可以根据需要定义器件的内部逻辑和引出端，将电路板设计的大部分工作放在芯片设计中进行。通过芯片设计实现数字系统的逻辑功能。灵活的内部功能块组合、引出端定义等，可大幅减轻电路设计和电路板设计的工作量和难度，有效地增强设计的灵活性，提高工作效率。同时采用可编程逻辑器件，设计人员在实验室可反复编程、修改错误以及尽快开发产品，迅速占领市场。基于芯片的设计方法可以减少芯片的数量，缩小系统体积，降低能源消耗，提高系统的性能和可靠性。可编程逻辑器件的特性要求如下。

1. 可读性

许多研究机构的研究表明，投入一定的时间写好文档，可以在调试、测试和维护设计过程中节省大量的时间。而一个具有好文档的和经过验证的电路设计，可以很容易被重用。

可读性好的具体要求有：

1）可编程逻辑设计的原理图和硬件描述语言设计应包含足够详细的注释。

2）各个模块的详细说明。

3）原理图之间的关系及硬件描述的模块之间的互连关系的详细说明。

例如，CPLD/FPGA 的设计文档应包含用户自己创建的约束文件，还应该说明在设计、实现和验证阶段使用的各个输出文件。例如在综合后，应当说明网表文件的硬件描述语言类型、目的等。状态机的文档也应当包含状态图或功能描述。布尔方程的实现过程也应该写在文档中，甚至应当写在源代码里面，包括简化前的或简化后的布尔方程。

2. 可测性

可测性也是优秀的可编程逻辑设计的一个重要特征。任何一种电子产品，在生产完成之后，都要进行测试，以判断产品的质量是否合格，它包含以下几种场合的测试：芯片生产后测试；芯片封装完成后进行的电路测试；集成电路装上 PCB 后的测试；系统成套完成后的测试；现场使用测试。早期的可编程逻辑器件测试通常在测试设备上进行，将被测集成电路或测试版放在测试仪器上，测试设备根据需要产生一系列测试输入信号，将测试输出与预期输出进行比较，如果两者相等，表示测试通过。否则，被测电路可能出现一定的问题。很明显，随着集成系统日益复杂，集成规模日趋庞大，测试生成处理开销变得巨大。此外，与集成电路的内部接点相比，I/O 引脚要少很多，根本无法将所需要的激励和观察点全部引出。很明显，仅考虑改良测试方法，将很难解决测试问题，远远不能适应电路集成度增加的发展要求。因此，可编程逻辑设计的开发商及系统工程师都应该考虑这些问题。系统级的测试要求工程师对整个设计流程及系统架构都要很清楚。

3. 可重复性

可编程逻辑设计应该保证不同的设计者从不同部位开始，并重新进行布局布线等，可以得到同样的结果。没有这个保证，验证以及其他形式的设计测试就毫无价值。因为设计师显然不希望在设计里出现这样的情况，器件具有相同的输入 / 输出引出端和功能，但是由于布局布线的差异，最后时序却不一样。如果在实现的过程中，没有让系统设计软件的参数或选项保持一致，这种情况就会发生。就获得可重复结果而言，资源合理利用和频率要求很高是最大的挑战，这就要求把那些需要整体优化、实施和验证的逻辑放在同一层级，另外需要记录模块的输入和输出。把时序路径保持在模块内部，从而避免模块改变时引起相互影响。最后，把所有需要放入更大可编程逻辑器件资源的逻辑全部设置在相同层级，这样就能保证可编程逻辑设计具有可重复性的特点。

关于可编程逻辑设计的可重复性，有两点应该注意：一是随机数种子，二是布局布线编辑情况。随机数种子是一个由系统时钟生成的 n 位随机数，用来初始化自动布局布线进程（Automatic Place and Route，APR）。如果在执行 APR 过程前没有指定这个随机数种子，那么每次运行 APR 就会得到不同的结果。同样，在 APR 之后，可能需要人工进行修改或完善，这些人工修改的过程或参数都应该以文档的方式记录下来，包括布局布线编辑器的选项和参数设置。如果不这样做，最终的实现就会因人而异，整个系统的性能也会变得不稳定，甚至无法评估。

视频
第 1 章 1.3

1.1.3　可编程逻辑器件的应用领域

通信是 PLD 的传统领域，随着微电子技术的发展，芯片面积缩小，价格迅速下降，市场发展加快，同时由于 PLD 灵活方便，不仅性能、速度、连接上具有优势，而且可以缩短上市时间，因此其应用领域不断拓展。现在，许多用户都开始在一些批量生产的消费类电子产品上采用 PLD，如游戏设备、PDA（个人数字助理）、数字视频、移动网络、无线局域网等。下面为 PLD 的几个主要应用领域。

（1）在通信系统中的应用

随着集成电路技术的迅猛发展，可编程逻辑器件在通信领域中取得了不可替代的作用。在现代通信系统的设计中，其基本原理是将通信系统的信号发送端和信号接收端分开，因此器件的合理选择是很重要的。基于电可擦除编程工艺的 CPLD 的优点是编程后信息不会因断电而丢失，但编程次数有限，编程的速度不快。对于 SRAM 型的 FPGA 来说，配置次数无限，在加电时可随时更改逻辑，但掉电后芯片中的信息丢失，每次上电必须重新载入信息。相比之下，为了体现系统的可重开发功能，大规模 FPGA 是最好的选择。同时，目前现代通信系统的发展方向是功能更强、体积更小、速度更快，而 FPGA 在集成度、功能和速度上的优势正好满足通信系统的这些要求，因而融入到通信系统的市场也是必然的结果。

（2）在专用型集成电路设计中的应用

PLD 是在 ASIC 设计的基础上发展起来的。在 ASIC 设计方法中，通常采用全定制和半定制的电路设计方法，如果设计完成后不满足系统设计的要求，就得重新设计进行验证，这样就使设计开发周期变长，大幅增加了产品的开发费用。目前，ASIC 的容量越来越大，密度已达到平均每平方米一百万个门电路，但随着密度的不断提高，芯片则受到引脚的限制。片上芯片虽然很多，但接入内核的引脚数目却是有限的，而选择 PLD 则不存在这样的限制，现在 PLD 芯片的规模越来越大，其单片逻辑门数已经达到上百万系统门，有的甚至达到了上千万系统门，实现的功能也越来越强。

（3）在数字电路实验中的应用

如今，在数字电路的实验中，进行一次电路实验课程需要准备大量的基本门电路、触发器，以及中规模集成电路等逻辑集成芯片，增加了器件的选购和管理的难度，尤其是有些逻辑芯片只是用一次就不再使用了，使得闲置的逻辑芯片将会越来越多，造成资源的浪费。如果使用 PLD，在组合电路和相关实验中可以把 PLD 编程写为各种组合式门电路结构，还可以用它构成几乎所有的中规模组合集成电路，如译码器、编码器等。例如，在做触发器实验中，利用一片 GAL16V8 芯片可以同时实现 R-S 触发器、J-K 触发器、D 触发器、T 触发器等基本触发器。由此看来，在把 PLD 用于数字电路实验后，一般实验只要准备一种集成芯片即可，这就大幅减少了器件的选购、管理的工作量及经费的开支。此外，PLD 还从很大程度上改变了数字系统的设计方式。最显著的特点是它使硬件的设计工作更加简单方便。

在具体的应用上，PLD 的逻辑功能有控制接口、总线接口、格式变换/控制、通道接口、协议控制接口、信号处理接口、成像控制/数字处理、加密/解密、错误探测等。PLD 的典型应用见表 1-1。

表 1-1 PLD 的典型应用

汽车/军事	消费类产品	控制
自适应行驶控制 防滑制动装置/控制引擎 全球定位导航/振动分析 语音命令/雷达信号处理 声呐信号处理	数字收音机/TV 教育类玩具 音乐合成器/固态应答器 雷达检测器 高清晰数字电视	磁盘驱动控制 引擎控制 激光打印机控制 电机控制/伺服控制 机器人控制
数字信号处理	图形/图像处理	工业/医学
自适应滤波、DDS 卷积、数字滤波 快速傅里叶变换 波形产生/频谱分析	神经网络、同态信号处理 动画/数字地图 图像压缩/传输 图像增强、模式识别	数字化控制 电力线监控 机器人、安全检修 诊断设备/超声设备
通信	网络	声音/语音处理
个人通信系统（PCS） ADPCM/蜂窝电话 个人数字助理（PDA） 专用交换机（PBX） DTMF 编/解码器 回波抵消器	1200 ～ 56600 bit/s Modem、xDSL 视频会议 传真、未来终端 无线局域网/蓝牙 WCDMA MPEG-2 码流传输	语音处理 语音增强 语音声码器 语音识别/语音合成 文本/语音转换技术 语音邮箱

1.2 FPGA 简介

现场可编程门阵列（Field Programmable Gate Array，FPGA）是一种集成电路（IC）设备，具有可编程和可配置的逻辑块、内部存储和可编程互连，使得用户可以根据特定的需求对其功能进行配置，这也使得 FPGA 在硬件设计和数字电路实现等方面具有了很高的灵活性和可重构性。

1.2.1 FPGA 的基本概念

视频
第 1 章 2.1

FPGA 是 Field Programmable Gate Array 的缩写，即现场可编程门阵列，它是在 PAL、GAL、CPLD 等可编程器件的基础上进一步发展的产物，是作为专用集成电路（ASIC）领域中的一种半定制电路而出现的，既解决了定制电路的不足，又克服了原有可编程器件门电路数量有限的缺点。FPGA 主要由 6 部分组成，分别为可编程输入 / 输出单元、基本可编程逻辑单元、嵌入式块 RAM、丰富的布线资源、底层嵌入功能单元和内嵌专用硬核等。图 1-1 是 Altera 公司生产的一款 FPGA 芯片外观图。

图 1-1   FPGA 芯片外观图

1.2.2 FPGA 的特点与应用

1. FPGA 的特点
（1）运行速度快

FPGA 内部集成锁相环，可以实现外部时钟倍频，核心频率可达几百兆，比单片机运行速度快得多。在高速场合，单片机无法代替 FPGA。FPGA 运算速度快，编程简单，而且有些高端的 FPGA 芯片内部集成了很多有用的模块，如串行收发模块，如果不用 FPGA 而是另搭电路，结构将会比较复杂，用 FPGA 可以简化设计。

（2）FPGA 引脚多，容易实现大规模系统

单片机 IO 口有限，而 FPGA 动辄数百个 IO 引脚，甚至上千个引脚，可以方便地连接外设，比如一个系统有多路 AD、DA，单片机要仔细地进行资源分配与总线隔离，而 FPGA 由于有着丰富的 IO 资源，可以很容易地用不同的 IO 引脚连接各外设。

（3）FPGA 内部程序并行执行

单片机程序是串行执行的，执行完一条才能执行下一条，在处理突发事件时只能调用有限的中断资源；而 FPGA 的不同逻辑可以并行执行，可以同时处理不同任务，这使得 FPGA 的工作效率更高。

利用硬件并行执行的优势，FPGA 打破了顺序执行的模式，在每个时钟周期内完成更多的处理任务，超越了数字信号处理器（DSP）的运算能力。

（4）FPGA 包含大量软核，可以方便地进行二次开发

FPGA 甚至包含单片机和 DSP 软核，并且其 IO 数仅受 FPGA 自身 IO 限制，所以 FPGA

又是单片机和 DSP 的超集，也就是说，单片机和 DSP 能实现的功能，FPGA 一般都能实现。

（5）FPGA 设计灵活

FPGA 最大的特点就是灵活，它能够实现任何数字电路，可以定制各种电路。减少受制于专用芯片的束缚，真正为自己的产品量身定做，在设计的过程中可以灵活更改设计。而且 FPGA 强大的逻辑资源和寄存器资源可以让用户轻松地发挥设计理念，其并行执行、硬件实现的方式可以满足设计中大量的高速电子线路设计需求。FPGA 拥有比 DSP 更快的速度，可以实现非常复杂的高速逻辑，有着比 ASIC（专用芯片）更短的设计周期和灵活性，免去昂贵的开版费用，而且可以随时裁减，增加用户想要的功能，达到规避设计风险、回避芯片厂商限制的目的。另外，知识产权的概念不断涌现，FPGA 能够防止别人抄袭，让设计者的智慧得到充分保护，并让公司的利益在较长时间内得到保证。随着 FPGA 芯片供应商和第三方公司的重视，现在有现成的 IP 核，这进一步缩短了设计周期，减小了开发成本。现在很多免费的软 IP 核和硬 IP 核的出现更是压缩了成本。

2. FPGA 的应用

FPGA 由于具有高度灵活、可重构等特性，被广泛应用于以下一些主要领域。

1）数字信号处理（DSP）：FPGA 在数字信号处理应用中非常常见，它们被广泛用于实现各种滤波、变换和其他数字信号处理算法。由于 FPGA 具有出色的并行计算能力，这使得它们在实时信号处理和通信系统中特别受欢迎。

2）通信：FPGA 在通信系统中被用于协议转换、通信协议的实时处理、数据包过滤、调制解调等任务。它们也被广泛应用于无线通信基站和网络设备中，以提供更高的性能和灵活性。

3）图像处理：由于 FPGA 的并行计算特性，它们在图像和视频处理中表现出色。应用包括图像滤波、图像识别、实时视频处理和计算机视觉等任务。

4）汽车电子：FPGA 在汽车电子系统中用于实现各种功能，如驾驶辅助系统、车载娱乐、电子控制单元（ECU）和车载网络通信。

5）航天与国防：FPGA 在航天和军事领域中用于实现各种任务，包括雷达信号处理、导航系统、通信系统、导弹控制等。它们的可编程性使其适用于不断变化和复杂的应用场景。

6）高性能计算：FPGA 被用于加速特定的计算任务，如科学计算、金融模拟、密码学和大数据处理。云服务提供商也提供 FPGA 实例，允许开发人员在云环境中使用 FPGA 加速其应用程序。

7）人工智能和深度学习：FPGA 在加速深度学习推理任务方面显示出优越的性能。它们被用于实现神经网络加速器，加速图像识别、语音识别和自然语言处理等应用。

8）边缘计算：由于其低功耗和高度可编程性，FPGA 在边缘计算设备中得到了广泛应用，多用于在边缘设备上进行实时数据处理，以减少对云服务的依赖。

以上只是 FPGA 应用领域的一部分，随着技术的不断发展，FPGA 的应用领域还在不断扩展。其高度的灵活性和可编程性使其成为许多领域中的理想选择。

1.2.3　FPGA 器件介绍

1. Zynq

Zynq 是由 Xilinx 公司推出的 SoC（系统级芯片），它将 FPGA 与 ARM 处理器相结合，提供了一个灵活且强大的平台。Zynq 系列包括 Zynq-7000 和 Zynq UltraScale+，前者集成了 ARM Cortex-A9 处理器，后者集成了 ARM Cortex-A53 和 Cortex-R5 处理器，并提供了丰富的外设和接口。Zynq 器件适用于嵌入式系统、工业控制、汽车电子和通信等领域。

2. RFSoC

RFSoC（射频系统级芯片）是 Xilinx 公司推出的一款集成了 RF 数据转换器的 SoC 器件。它将 FPGA、ARM 处理器和高性能模拟转换器集成在同一芯片上，能够直接处理射频信号，显著降低系统复杂性和功耗。RFSoC 特别适用于无线通信基站、雷达系统和宽带通信等应用场景。

3. 边缘 AI

FPGA 在边缘 AI 应用中展现出巨大的潜力。Xilinx 的 Alveo 系列和 Intel 的 Movidius 芯片是边缘 AI 的代表产品。

1）Xilinx Alveo：Alveo 系列芯片可以提供高性能的 AI 推理能力，适用于数据中心和边缘计算环境。Alveo U50 和 U250 是该系列的代表，提供高吞吐量和低延迟的计算能力，适用于实时 AI 推理和数据处理。

2）Intel Movidius：Movidius 神经计算棒是一种低功耗的 AI 加速器，广泛应用于智能摄像头、无人机和工业自动化等领域。Movidius Myriad X 芯片集成了神经计算引擎（NCE），能够高效处理深度学习推理任务。

3）Lattice CrossLink-NX：Lattice 的 CrossLink-NX 系列是针对边缘 AI 应用设计的低功耗 FPGA，提供出色的 AI 推理性能和灵活的接口，适用于智能视觉和工业自动化应用。

4）QuickLogic EOS ™ S3：EOS S3 集成了 ARM Cortex-M4F 处理器和 FPGA，具有低功耗和高灵活性的特点，适用于可穿戴设备、物联网和边缘 AI 应用。

5）Xilinx Versal AI Edge：Versal AI Edge 系列是 Xilinx 公司最新推出的面向边缘计算的自适应计算加速平台（ACAP），集成了 AI 引擎、FPGA 和 DSP 模块，能够提供高性能的 AI 推理和数据处理能力，适用于自动驾驶、智能制造和 5G 通信等领域。

1.2.4　FPGA 的器件选型

1. FPGA 芯片命名规则

以 Altera 的产品型号为例进行说明，其命名格式包含 7 个部分（见图 1-2）：1 是前缀，用于标识器件工艺类型，如 EP（典型器件）、EPC（组成的 EPROM 器件）、EPF（FLEX 10K 或 FLFX 6000 系列、FLFX 8000 系列）、EPM（MAX5000 系列、MAX7000 系列、MAX9000 系列）、EPX（快闪逻辑器件）；2 是器件型号；3 是 LE 数量；4 是封装形式，如 F（FBGA 封装）、D（陶瓷双列直插）、Q（塑料四面引线扁平封装）、P（塑料双列直插）、R（功率四面引线扁平封装）、S（塑料微型封装）、T（薄型 J 形引线芯片载体）；5 是引脚数；6 是温度范围，如 C（代表 0～70℃）、I（代表 –85～40℃）、M（代表 –125～–55℃）；7 是速度等级，数字越小速度越快。

$$\underset{1}{\underline{XXX}}\ \underset{2}{\underline{XX}}\ \underset{3}{\underline{XX}}\ \underset{4}{\underline{X}}\ \underset{5}{\underline{XXX}}\ \underset{6}{\underline{X}}\ \underset{7}{\underline{X}}$$

图 1-2　芯片命名格式

下面以 EP2C35F72C6N 为例做一个说明：

EP—工艺类型。

2C—Cyclone2（S 代表 Stratix，A 代表 Arria）。

35—逻辑单元数，35 表示约有 35k 的逻辑单元。

F—表示 FBGA 封装类型。

672—表示引脚数量。

C—工作温度，C 表示可以工作在 0 ～ 70℃。

6—速度等级，6 代表 500MHz（7 代表 430MHz，8 代表 400MHz）。

N—后缀，N 表示无铅，ES 表示工程样片。

2. 获取芯片资料

在进行芯片选型时，首先要对可能面对的芯片有整体的了解，也就是说，要尽可能多地先获取芯片的资料。获取资料最便捷的途径就是访问 FPGA 芯片生产厂家的官方网站。

官方网站通常会按照产品系列或应用场合列出所有的产品，并给出某个系列产品的应用场合。

3. FPGA 厂家的选择

生产 FPGA 的厂家主要有 Altera、Xilinx、Lattice 和 Actel。每个厂家的产品都有各自的特色和适用领域，选择厂家是一个相对比较复杂的过程，要综合考虑下面几个因素：

1）满足项目的特殊需求。例如你要选择 4mm×4mm 封装的小体积，同时又不需要配置芯片的 FPGA，那么可能 Actel 就是你唯一的选择。如果需要一个带 ADC 的 FPGA 芯片，那么可能只能选择 Xilinx 和 Actel 的某些带 ADC 的 FPGA。

2）供货渠道。好的供货渠道对于产品的量产会有比较好的保证，如果没有特殊渠道，还是选择那些比较容易购买并且广泛使用的产品。

3）价格。合理的价格能有效提高产品竞争力。同时，技术人员对符合要求的厂家产品越熟悉，开发难度就越低，开发周期也越短，从而降低价格，加快产品上市速度。

4）该芯片的成熟度。要看厂家是否有较好的软件开发平台，是否有较好的技术支持，是否有大批量的应用，是否可以比较容易地获取到资源等。

4. 芯片系列的选择

每个 FPGA 的生产厂家都有多个系列的产品，以此满足不同应用场合对性能和价格的不同需求。例如，对于 Altera 公司的 FPGA 产品，主要分为三个系列，分别是高端的 Stratix、中端的 Arria 和低端的 Cyclone。

每一个系列的 FPGA 芯片，可能又分为好几代产品，例如 Altera 的 Cyclone 系列，到现在已经发展了 Cyclone、Cyclone Ⅱ、Cyclone Ⅲ 和 Cyclone Ⅳ 共四代产品。这种产品的升级换代很大程度上都是由于半导体工艺的升级换代引起的。随着半导体工艺的升级换代，FPGA 芯片也在升级换代的过程中提供了更强大的功能、更低的功耗和更高的性价比。那么在确定一个系列的 FPGA 后，选择哪一代产品则又成为一个令人头疼的问题。在价格和供货都没有问题的情况下，选择越新的产品越好，一定不能选择厂家已经或者即将停产的芯片。任何产品都是有生命周期的，目标就是尽量保证在产品的生命周期里，所用到的芯片的生命周期还没有结束。在产品初期规划时做芯片选型，要尽可能选用厂家刚量产或者量产不久的产品，在有确切的供货渠道的情况下，甚至可以选择厂家即将量产的芯片。

在 Cyclone Ⅲ 这个系列的 FPGA 中，又分为两个不同的子系列：普通的 Cyclone Ⅲ 和 Cyclone Ⅲ LS。在每个子系列里，根据片内资源的不同又分为更多的型号，例如普通的 Cyclone Ⅲ 子系列，就包含了 EP3C5、EP3C10、EP3C16、EP3C25、EP3C40、EP3C55、EP3C80 和 EP3C120 共 8 种型号的芯片。每个型号的芯片又根据通用 I/O 口数量和封装区分出不同的芯片。例如，EP3C5 的芯片又有 EP3C5E144、EP3C5M164、EP3C5F256 和 EP3C5U256 这 4 种不同的芯片。而每一种芯片，又有不同的速度等级，例如 EP3C5E144 就有 C7、C8、I7 和 A7 这 4 个速度等级。

1.2.5   FPGA 的基本开发流程

视频
第 1 章 2.2

FPGA 的设计流程就是利用 EDA 开发软件和编程工具对 FPGA 芯片进行开发的过程。FPGA 开发的一般流程如图 1-3 所示，包括电路功能设计、设计输入、功能仿真、综合优化、综合后仿真、实现、布线后仿真、板级仿真以及芯片编程与调试等主要步骤。

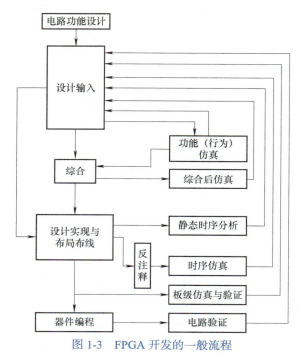

图 1-3   FPGA 开发的一般流程

1. 电路功能设计

在系统设计之前，首先要进行的是方案论证、系统设计和 FPGA 芯片选择等准备工作。系统工程师根据任务要求，如系统的指标和复杂度，对工作速度和芯片本身的各种资源、成本等方面进行权衡，选择合理的设计方案和合适的器件类型。一般都采用自顶向下的设计方法，把系统分成若干个基本单元，然后再把每个基本单元划分为下一层次的基本单元，一直这样做下去，直到可以直接使用 EDA 元件库为止。

2. 设计输入

设计输入是将所设计的系统或电路以开发软件要求的某种形式表示出来，并输入给

EDA 工具的过程。常用的方法包括以下几种。

1）硬件描述语言（HDL）：这是目前最广泛使用的方法，主要语言有 Verilog HDL 和 VHDL。这些语言支持逻辑方程、真值表和状态机等表达方式，具有很强的逻辑描述和仿真功能。

2）高层次综合（HLS）：使用高级编程语言（如 C/C++）描述设计，通过工具（如 Xilinx 的 Vivado HLS 和 Intel 的 HLS Compiler）自动生成 HDL 代码。这种方法提高了设计效率和可移植性。

3）原理图输入：使用 EDA 工具提供的图形化界面绘制电路原理图。这种方法直观且易于理解，但不易维护，不利于模块构造和重用，当前使用较少。

4）IP 集成：利用现成的 IP 核（Intellectual Property Cores）进行设计，通过集成多个 IP 核实现复杂功能。常用的工具有 Xilinx 的 IP Integrator 和 Intel 的 Platform Designer。

5）模型驱动设计：通过工具（如 MathWorks 的 Simulink）进行系统级建模和仿真，然后生成 HDL 代码。这种方法适用于复杂的系统级设计，能够提高开发效率。

3. 功能仿真

功能仿真，也称为前仿真，是在编译之前对用户所设计的电路进行逻辑功能验证，此时的仿真没有延迟信息，仅对初步的功能进行检测。仿真前，要先利用波形编辑器和 HDL 等建立波形文件和测试向量（即将所关心的输入信号组合成序列），仿真结果将会生成报告文件并输出信号波形，从中便可以观察各个节点信号的变化。如果发现错误，则返回修改逻辑设计。常用的工具有 Model Tech 公司的 ModelSim、Sysnopsys 公司的 VCS 和 Cadence 公司的 NC-Verilog 及 NC-VHDL 等软件。功能仿真虽然不是 FPGA 开发过程中的必需步骤，但却是系统设计中最关键的一步。

4. 综合

所谓综合就是将较高级抽象层次的描述转化成较低级层次的描述。综合优化根据目标与要求优化生成的逻辑连接，使层次设计平面化，以便用 FPGA 布局布线软件进行实现。就目前的层次来看，综合优化是指将设计输入编译成由与门、或门、非门、RAM、触发器等基本逻辑单元组成的逻辑连接网表，而并非真实的门级电路。真实具体的门级电路需要利用 FPGA 制造商的布局布线功能，根据综合后生成的标准门级结构网表来产生。为了能转换成标准的门级结构网表，HDL 程序的编写必须符合特定综合器所要求的风格。由于门级结构、RTL 级的 HDL 程序的综合是很成熟的技术，所有的综合器都可以支持这一级别的综合。常用的综合工具有 Synplicity 公司的 Synplify/Synplify Pro 软件以及各个 FPGA 厂家自己推出的综合开发工具。

5. 综合后仿真

综合后仿真检查综合结果是否与原设计一致。在仿真时，把综合生成的标准延时文件反标注到综合仿真模型中，可估计门延时带来的影响。但这一步骤不能估计线延时，因此估计结果和布线后的实际情况还有一定的差距，并不十分准确。目前的综合工具较为成熟，一般的设计可以省略这一步，但如果在布局布线后发现电路结构和设计意图不符，则需要回溯到综合后仿真来确认问题所在。在功能仿真中介绍的软件工具一般都支持综合后仿真。

6. 实现布局与布线

实现是将综合生成的逻辑网表配置到具体的 FPGA 芯片上，布局布线是其中最重要的过程。布局是指将逻辑网表中的硬件原语和底层单元合理地配置到芯片内部的固有硬件结构上，这往往需要在速度最优和面积最优之间进行选择。布线是指根据布局的拓扑结构，利用芯片内部的各种连线资源，合理正确地连接各个元件。目前，FPGA 的结构非常复杂，特别是在有时序约束条件时，需要利用时序驱动的引擎进行布局布线。布线结束后，软件工具会自动生成报告，提供有关设计中各部分资源的使用情况。由于只有 FPGA 芯片生产商对芯片结构最为了解，所以布局布线必须采用芯片开发商提供的工具。

7. 时序仿真与验证

时序仿真，也称为后仿真，是指将布局布线的延时信息反标注到设计网表中来检测有无时序违规（即不满足时序约束条件或器件固有的时序规则，如建立时间、保持时间等）现象。时序仿真包含的延迟信息最全，也最精确，能较好地反映芯片的实际工作情况。由于不同芯片的内部延时不一样，不同的布局布线方案也给延时带来不同的影响。因此在布局布线后，通过对系统和各个模块进行时序仿真，分析其时序关系，估计系统性能，以及检查和消除竞争冒险是非常有必要的。在功能仿真中介绍的软件工具一般都支持综合后仿真。

8. 板级仿真与验证

板级仿真主要应用于高速电路设计中，对高速系统的信号完整性、电磁干扰等特征进行分析，一般都用第三方工具进行仿真和验证。

9. 芯片编程与调试

设计的最后一步就是芯片编程与调试。芯片编程是指产生使用的数据文件（位数据流文件，Bitstream Generation），然后将编程数据下载到 FPGA 芯片中。其中，芯片编程需要满足一定的条件，如编程电压、编程时序和编程算法等方面。逻辑分析仪（Logic Analyzer，LA）是 FPGA 设计的主要调试工具，但需要引出大量的测试引脚，且其价格昂贵。目前，主流的 FPGA 芯片生产商都提供了内嵌的在线逻辑分析仪（如 Xilinx ISE 中的 ChipScope、Altera Quartus Ⅱ 中的 SignalTap Ⅱ 以及 SignalProb）来解决上述矛盾，它们只需要占用芯片少量的逻辑资源，具有很高的实用价值。

10. DevOps 与 CI/CD（持续集成 / 持续部署）方法

随着软件开发方法的进步，DevOps 和 CI/CD 方法被引入 FPGA 开发流程中，以提高开发效率和可靠性。

1）持续集成（CI）：持续集成是一种软件开发实践，开发者频繁地将代码集成到主干中，并通过自动化的构建和测试来验证每次集成。FPGA 开发中，CI 工具如 Jenkins 和 GitLab CI 可以自动执行综合、仿真和验证等步骤，确保每次代码变更都经过充分测试。

2）持续部署（CD）：持续部署是在通过自动化测试后，自动将代码部署到生产环境中。在 FPGA 开发中，CD 工具可以自动将生成的位数据流文件部署到 FPGA 硬件上，并进行必要的测试和验证。

3）自动化测试：利用自动化测试框架（如 Python 的 pytest 或 Tcl 脚本），编写测试用例和测试脚本，对 FPGA 设计的各个模块进行全面的测试，确保每次集成和部署都符合预期。

4）版本控制：使用 Git 等版本控制系统，管理设计文件、代码和配置文件的版本，确保团队协作的高效性和代码的可追溯性。

5）容器化：使用 Docker 等容器技术，将 FPGA 开发环境打包成容器，确保开发环境的一致性，并方便部署和迁移。

1.2.6　FPGA 的发展趋势及意义

1. FPGA 的发展趋势

FPGA 技术正处于高速发展时期，新型芯片的规模越来越大，成本也越来越低，低端的 FPGA 已逐步取代了传统的数字元件，高端的 FPGA 不断在争夺 ASIC 的市场份额。先进的 ASIC 生产工艺已经被用于 FPGA 的生产，越来越丰富的处理器内核被嵌入到高端的 FPGA 芯片中，基于 FPGA 的开发成为一项系统级设计工程。随着半导体制造工艺的不断提高，FPGA 的集成度将不断提高，制造成本将不断降低，其作为替代 ASIC 来实现电子系统的前景将日趋光明。其发展趋势总结为以下几点。

（1）大容量、低电压、低功耗 FPGA

大容量 FPGA 是市场发展的焦点。FPGA 产业中的两大霸主：Altera 和 Xilinx 在超大容量 FPGA 上展开了激烈的竞争。2007 年 Altera 推出了 65nm 工艺的 Stratix Ⅲ 系列芯片，其容量为 67200 个 LE（Logic Element，逻辑单元），Xilinx 推出的 65nm 工艺的 Virtex Ⅵ 系列芯片，其容量为 33792 个 Slices（一个 Slices 约等于 2 个 LE）。采用深亚微米（DSM）的半导体工艺后，器件在性能提高的同时，价格也在逐步降低。由于便携式应用产品的发展，对 FPGA 的低电压、低功耗的要求日益迫切。因此，无论哪个厂家、哪种类型的产品，都在瞄准这个方向而努力。

（2）系统级高密度 FPGA

随着生产规模的扩大和产品应用成本的下降，FPGA 已经不是过去的仅仅适用于系统接口部件的现场集成，而是灵活地应用于系统级（包括其核心功能芯片）设计之中。在这样的背景下，国际上主流 FPGA 厂家在系统级高密度 FPGA 的技术发展上强调了两个方面：FPGA 的 IP（Intellectual Property，知识产权）硬核和 IP 软核。当前具有 IP 内核的系统级 FPGA 的开发主要体现在两个方面：一方面是 FPGA 厂商将 IP 硬核（指完成版图设计的功能单元模块）嵌入到 FPGA 器件中；另一方面是大力扩充优化的 IP 软核（指利用 HDL 语言设计并经过综合验证的功能单元模块），用户可以直接利用这些预定义的、经过测试和验证的 IP 核资源，有效地完成复杂的片上系统设计。

（3）FPGA 和 ASIC 出现相互融合

虽然标准逻辑 ASIC 芯片尺寸小、功能强、功耗低，但其设计复杂，并且有批量要求。FPGA 价格较低廉，能在现场进行编程，但它们体积大、能力有限，而且功耗比 ASIC 大。正因如此，FPGA 和 ASIC 正在互相融合，取长补短。随着一些 ASIC 制造商提供具有可编程逻辑的标准单元，FPGA 制造商重新对标准逻辑单元产生了兴趣。

（4）动态可重构 FPGA

动态可重构 FPGA 是指在一定条件下，芯片不仅具有在系统重新配置电路功能的特性，而且还具有在系统动态重构电路逻辑的能力。对于数字时序逻辑系统，动态可重构 FPGA 的意义在于其时序逻辑的发生不是通过调用芯片内不同区域、不同逻辑资源来组合而成，而是通过对 FPGA 局部的或全局的芯片逻辑进行动态重构而实现的。动态可重构 FPGA 在器件编程结构上具有专门的特征，其内部逻辑块和内部连线的改变，可以通过读取不同的 SRAM 中的数据来直接实现，时间往往在纳秒级，这有助于实现 FPGA 系统逻辑功能的动态重构。

2. 学习 FPGA 的意义

　　既然我们学习了 51 系列单片机、ARM，甚至于 DSP，为什么还要学习 FPGA 呢？首先，我们要认识到在这种 CPU 架构体系的设计中，大部分应用工程师是在相对固定的硬件系统上从事开发，也就是硬件 CPU 这一半是不可编程的，另一半灵活可编程的是软件，因此很自然地就会联想到：如果两个部分都是可编程的，那会是怎样一种情况呢？FPGA，它代表的就是硬件的编程。这两部分都可编程的一个结合点，就是 FPGA 上的软核，在 Altera 提供的 SOPC 开发环境上就是如此，你可以像以往一样在生成硬件架构以后进行软件开发。尤其是它可以随心所欲地定制外设，外设不再固定，更进一步，它还支持增加自定义指令，从而改变 CPU。在软件上可以用 C2H 把原来属于软件运行的指令变换成 RTL 逻辑来完成，极大地提高了效率。

　　其次，选择 FPGA 的一个直接原因是它的并行性和灵活性，尤其是它的可重构性，特别是局部单元电路可重构的 FPGA，更能够做到像人类大脑中的信息处理机制一样，也就是信息处理的过程中根据需要能够改变物理联系通道，即底层硬件电路，同时也能带来体系结构上和实现算法上的革命性创新。这样的 FPGA 和相应的算法会在体系结构上取胜，能够在不远的将来构建软硬件更加协调的应用方案。这种类型的 FPGA 器件（或以其他名字命名的器件）必然会出现。

　　最后，谈谈数字信号处理应用这个领域。在现代数字信号处理中，以往很多时候我们选择的都是带数字信号处理优化指令的 CPU，像 TI 和 ADI 公司就拥有很多 DSP 芯片，在这些 DSP 芯片上实现算法处理，一般用 C 描述算法（关键处理用汇编语言），编译以后以机器指令的方式在 DSP 芯片上运行，在一个芯片上这样的 DSP 处理单元是不多的，需要软件做不断重复的迭代运算，从而高效利用这些 DSP 指令单元，重复的指令执行过程影响了 DSP 处理能力的提升，而现在 FPGA 以其并行性和高 DSP 处理性能进入到信号处理领域，在高端 DSP 处理领域中，FPGA 的并行优势得到很好的体现，特别是 FPGA 在逻辑、DSP 处理块、片上 RAM 规模越来越大的情况下，这个优势会更多地展现出来。

视频
第 1 章 3.1

1.3　FPGA 与 CPLD

　　CPLD（Complex Programmable Logic Device）被称为复杂可编程逻辑器件，它与 FPGA 一样都是半定制电路，具有开发周期短、支持重复编程等优点。它与 FPGA 主要的不同之处在于：它是非易失型存储器件，即掉电后仍能保存内部的配置信息，并且它的逻辑单元比 FPGA 的基本单元大，更适合作控制器；而且主要是利用它的非易失性的特点来存储控制代码，并进行逻辑控制命令传递与各个器件之间的数据传递，但是相对来讲，它不适合作时序控制电路，应用最广泛的还是在组合逻辑电路方面。因此，在具体使用中选择 FPGA 还是 CPLD 要根据应用需求综合考虑。

视频
第 1 章 3.2

1.3.1　FPGA 的原理与基本结构

　　FPGA 是在可编程阵列逻辑（PAL）、通用阵列逻辑（GAL）、可擦除可编程逻辑器件（EPLD）等器件的基础上进一步发展的产物。它是一种完成通用功能的可编程逻辑芯片，即可以对其进行编程实现某种逻辑处理功能，通俗来说，FPGA 就像一块面包板，它是作为专用集成电路领域中的一种半定制电路而出现的，既解决了定制电路的不足，又克服了原有可编程器件门电路数有限的缺点。与 CPLD 相比，FPGA 具有更高的集成度、更强的逻辑功能和更大的灵活性，目前已成为设计数字电路或系统的首选器件之一。FPGA 采用一种基于门阵列的结构，每一个芯片由二维的逻辑块构成，每一个逻辑块有水平和垂直的布线通道连接。例如，Altera 公司中 FPGA 产品的逻辑阵列块中包含有提高速度的结构，即进位链和级联链。进位链能够提供在一个逻辑阵列块中逻辑单元之间的快速进位，使芯片能够实现快速的加法器和计数器；级联链能够以很小的延时将多个逻辑单元并联起来，有利于实现高"扇入"的逻辑功能。此外，FPGA 有多种配置模式：并行主模式为一片 FPGA 加一片 EEPROM 的方式；主从模式可以支持一片 PROM 编程多片 FPGA；串行模式可以采用串行 PROM 编程 FPGA；外设模式可以将 FPGA 作为微处理器的外设，由微处理器对其编程。所以，当器件加电时，FPGA 芯片将 EEPROM 中的数据读入片内编程 RAM 中，配置完成后，FPGA 进入工作状态。掉电后，FPGA 恢复成白片，内部逻辑关系消失，因此，FPGA 能够反复使用。FPGA 的编程无需专用的 FPGA 编程器，只需用通用的 EEPROM、PROM 编程器即可。这样，同一片 FPGA，不同的编程数据，可以产生不同的电路功能。因此，FPGA 的使用非常灵活。

　　FPGA 中的所有信号可以分为时钟、控制信号和数据三种。简单的时钟信号用于控制所有的边缘敏感触发器，不受任何其他信号的限控。控制信号，如"允许"和"复位"，用于电路元件初始化、使之保持在当前状态、在几个输入信号间做出选择或使信号通到另外的输出端。数据信号中含有数据，它可以是一些单独的比特，也可以是总线中的并行数据。

　　在 FPGA 的设计中，可将所有的设计元素抽象成五类基本单元，这些基本单元用于组成分层结构的设计。它们有：

1）布尔单元，包含反相器和"与""或""非""与非""异或"门等。

2）开关单元，包含传输门、多路选择器和三态缓冲器。

3）存储单元，包含边缘敏感器件。

4）控制单元，包含译码器、比较器。

5）数据调整单元，包含加法器、乘法器、桶形移位器、编码器。

　　在设计中明确定义所用基本单元类别就可以避免所谓的"无结构的逻辑设计"，并花费短的设计时间得到清晰的、结构完善的 FPGA 设计。

1. FPGA 的分类

　　根据 FPGA 的不同结构和集成度以及编程工艺，可将 FPGA 分为三类。

（1）按逻辑功能块的大小分类

　　目前 FPGA 的逻辑功能块在规模和实现逻辑功能的能力上存在很大差别。有的逻辑功能块规模十分小，仅含有只能实现倒相器的两个晶体管；而有的逻辑功能块则规模比较大，可以实现任何五输入逻辑函数的查找表结构。据此可把 FPGA 分为两大类，即细粒度和粗粒度。细粒度逻辑块是与半定制门阵列的基本单元相同，它由可以用可编程互连来连接的少数晶体管组成，规模都较小，主要优点是可用的功能块可以完全被利用；缺点是采用它，通常需要大量的连线和可编程开关，相对速度较慢。由于近年来工艺不断改进，芯片集成度不断提高，硬件描述语言（HDL）的设计方法得到了广泛应用，不少厂家开发出了具有更高级程度的细粒度结构的 FPGA。例如，Xilinx 公司采用 Micro Via 技术的一次编程反熔丝结构的 XC8100 系列，它的逻辑功能块规模较小。

（2）按互连结构分类

根据 FPGA 内部的连线结构不同，可将其分为分段互连型和连续互连型两类。分段互连型 FPGA 中有多种不同长度的金属线，各金属线段之间通过开关矩阵或反熔丝编程连接。这种连线结构走线灵活，但会出现走线延时的问题。连续互连型 FPGA 是利用相同长度的金属线，通常是贯穿于整个芯片的长线来实现逻辑功能块之间的互连，连接与距离远近无关。在这种连线结构中，不同位置逻辑单元的连接线是确定的，因而布线延时是固定和可预测的。

（3）按编程特性分类

根据采用的开关元件的不同，FPGA 可分为一次编程型和可重复编程型两类。一次编程型 FPGA 采用反熔丝开关元件，其工艺技术决定了这种器件具有体积小、集成度高、寄生电容小及可获得较高的速度等优点。此外，它还有加密位、抗辐射抗干扰、不需外接 PROM 或 EPROM 等特点。但它只能一次编程，一旦将设计数据写入芯片后，就不能再修改设计，因此比较适合于定型产品及大批量应用。可重复编程型 FPGA 采用 SRAM 开关元件或快闪 EPROM 控制的开关元件。在 FPGA 芯片中，每个逻辑块的功能以及它们之间的互连模式由存储在芯片中的 SRAM 或快闪 EPROM 中的数据决定。SRAM 型开关的 FPGA 是易失性的，每次重新加电，FPGA 都要重新装入配置数据。SRAM 型 FPGA 的突出优点是可反复编程，系统上电时，给 FPGA 加载不同的配置数据，即可令其完成不同的硬件功能。这种配置的改变甚至可以在系统的运行中进行，实现系统功能的动态重构。采用快闪 EPROM 控制开关的 FPGA 具有非易失性和可重复编程的双重优点，但在再编程的灵活性上较 SRAM 型 FPGA 差一些，不能实现动态重构。此外，其静态功耗较反熔丝型及 SRAM 型的 FPGA 高。

2. 基于查找表的 FPGA 的基本原理

FPGA 是由掩膜可编程门阵列和可编程逻辑器件演变而来的，将它们的特性结合在一起。使得 FPGA 既有门阵列的高逻辑密度和通用性，又有可编程逻辑器件的用户可编程特性。在 FPGA 中，查找表（Look Up Table，LUT）是实现逻辑函数的基本逻辑单元，它由若干存储单元和数据选择器构成。每个存储单元能够存储二值逻辑的一个值（0 或 1），作为存储单元的输出。图 1-4 是一个两输入 LUT 的电路结构示意图，其中 $M_0 \sim M_3$ 为 4 个 SRAM 存储单元，它们存储的数据作为数据选择器的输入数

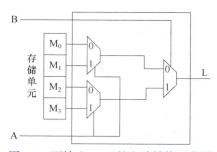

图 1-4　两输入 LUT 的电路结构示意图

据。该 LUT 有两个输入端（A、B）和一个输出端（L），可以实现任意二变量组合逻辑函数。LUT 的 2 个输入端（A、B）作为三个选择器的控制端，根据 A、B 的取值，选择一个存储单元的内容作为 LUT 的输出。

例如，要用一个 FPGA 实现逻辑函数 $F= \overline{A}B + A\overline{B}$，该逻辑函数的真值表见表 1-2。由于 2 个变量的真值表有 4 行，所以 LUT 中的每一个存储单元对应着真值表中一行的输出值，

将逻辑函数 F 的 0、1 值按向上到下的顺序分别存入 4 个 SRAM 单元中，得到如图 1-5 所示的查找表。当 A=B=0 时，LUT 的输出值就是最上边那个存储单元的内容；当 A=B=1 时，LUT 的输出值就是最下边的那个存储单元的内容。同理，可以得到 A、B 为其他两种取值情况的输出。

表 1-2　逻辑函数真值表

A	B	F
0	0	0
1	0	1
0	1	1
1	1	0

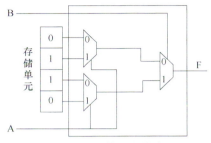

图 1-5　两输入查找表

另外，在 LUT 和数据选择器的基础上再增加触发器，便可构成既可实现组合逻辑功能又可实现时序逻辑功能的基本逻辑电路块，如图 1-6 所示。FPGA 中就是有很多类似这样的基本逻辑结构。用户对 FPGA 的编程数据放在 Flash 芯片中，通过上电加载到 FPGA 中，对其进行初始化。也可在线对其编程，实现系统在线重构，这一特性可以构建一个根据计算任务不同而实时定制的 CPU，这是当今研究的热门领域。

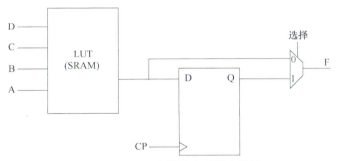

图 1-6　FPGA 中的基本逻辑电路块

3. FPGA 的基本结构

FPGA 利用小型查找表（16×1RAM）来实现组合逻辑，每个查找表连接到一个 D 触发器的输入端，触发器再来驱动其他逻辑电路或驱动 I/O 口，由此构成了既可实现组合逻辑功能又可实现时序逻辑功能的基本逻辑单元模块，这些模块间利用金属连线互相连接或连接到 I/O 模块。FPGA 的逻辑是通过向内部静态存储单元加载编程数据来实现的，存储在存储器单元中的值决定了逻辑单元的逻辑功能以及各模块之间或模块与 I/O 间的连接方式，并最终决定了 FPGA 所能实现的功能，如图 1-7 所示为 FPGA 的内部结构简图。它是由逻辑块、可编程内部连线、可编程输入/输出单元等组成。

（1）逻辑块

从构成 FPGA 的可编程逻辑块和可编程互连资源来看，主要有三类逻辑块的构造：查找表型、多路开关型，以及多级"与""或"FPGA 结构型。

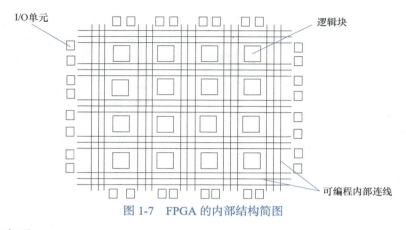

图 1-7　FPGA 的内部结构简图

1）查找表型。

查找表（Look Up Table）简称为 LUT，LUT 本质上就是一个 RAM。目前 FPGA 中多使用 4 输入的 LUT，所以每一个 LUT 可以看成一个有 4 位地址线的 RAM。当用户通过原理或 HDL 语言描述了一个逻辑电路以后，FPGA 开发软件会自动计算逻辑电路的所有可能结果，并把真值表事先写入 RAM 中。每输入一个信号进行逻辑运算就等于输入一个地址进行查表，找出地址对应的内容，然后输出即可。

不同公司产品的查找表型 FPGA 的结构各有特点，但基本上都是查找表的静态存储器构成函数发生器，并由它去控制执行 FPGA 应用函数的逻辑。如果有 N 个输入，那么将有 N 个输入的逻辑函数真值表存储在一个 $2N×1$ 的 SRAM 中。SRAM 的地址线起输入作用。SRAM 的输出为逻辑函数的值，由输出状态去控制传输门或多路开关信号的通断，实现与其他功能块的可编程连接。

查找表结构的优点是功能很多，N 输入的查找表可以实现 N 个任意函数，这样的函数个数为 4^N 个。但是，这也将带来一些问题，如果有多于 5 个输入，则由于 5 个输入查找表的存储单元数是 25，它可以实现的函数数目增加得太多，而这些附加的函数在逻辑设计中又经常用不到，并且也很难让逻辑综合工具去开发利用。所以在实际产品中，一般查找表型 FPGA 的查找表输入 N 小于或等于 5。例如 Xilinx 公司的 XC2000 系列的逻辑块是由 4 输入和 1 输出的查找表组成。它可以转换成任何四输入变量的逻辑函数，可配置逻辑块 CLB 的框图如图 1-8 所示。

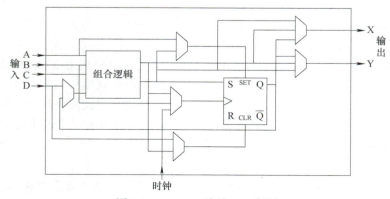

图 1-8　XC2000 系列 CLB 框图

2）多路开关型。

多路开关型 FPGA 的基本结构是一个多路开关的配置。在多路开关的每一个输入端接上固定电平或输入信号时，可以实现不同的逻辑功能，如图 1-9 所示。

它为基本 Actel 多路开关型逻辑块的二到一开关，包含一个具有选择输入 S、两个输入 a 和 b，其输出表达式为

$$f = Sa + \overline{S}b$$

当 b 输入逻辑零时，有 $f = Sa$，多路开关实现 S "与" a 的功能。当 a 输入置逻辑 1 时，有 $f = S + a$，多路开关实现 S "或" b 功能。

3）多级 "与" "或" 型。

多级 "与" "或" 门 FPGA 是基于可以实现 "与" "或" 逻辑的 "与" "或" 电路，其输出被送到一个 "异或" 门，如图 1-10 所示。这里的 "异或" 门可以用来获得可编程的 "非" 逻辑。如果一个 "异或" 门的输入端是分离的，作用同 "或" 一样。可允许 "或" 门和 "异或" 门形成更大的 "或" 函数，用来实现算术功能。

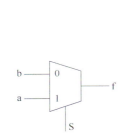

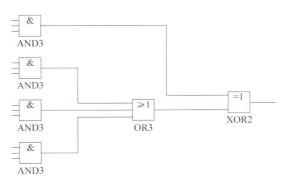

图 1-9　多路开关逻辑块　　　　　　　　图 1-10　"与" "或" "异或" 逻辑块

Altera 公司的 MAX5000、MAX7000 和 MAX9000 系列产品就是属于多级 "与或" 门的 FPGA 结构。图 1-11 所示为用 MAX5000 系列器件的逻辑单元实现一位全加器的原理图。

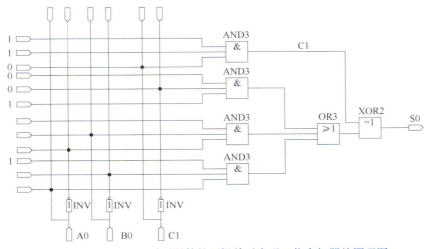

图 1-11　MAX5000 系列器件的逻辑单元实现一位全加器的原理图

Xilinx 公司和 Actel 公司的 FPGA 属于第一种 FPGA 结构。从逻辑块结构看，Xilinx

公司的 FPGA 属于查找表类型，Actel 公司的 FPGA 属于多路开关类型。而 Altera 公司的 FPGA 则是传统的 PLD 结构演变而来，因此应属于具有类似 PLD 的可编程逻辑块阵列和连续布线这一类，即第二种 FPGA 结构，其逻辑块是基于"与""或"门电路构成的。目前，主流的 FPGA 仍是基于查找表结构的。下面以查找表结构为基础来介绍逻辑块的性能。

逻辑块采用查找表 LUT 结构和触发器完成组合逻辑功能和时序功能。FPGA 逻辑单元中的一个查找表 LUT 单元只能处理四个输入的组合逻辑，通常来说，FPGA 包含的 LUT 和触发器的数量非常多。所以，如果设计中使用到大量的寄存器和触发器，那 FPGA 将是一个不错的选择。FPGA 的配置数据存放在静态随机存储器 SRAM 中，即 FPGA 的所有逻辑功能块、接口功能块和可编程内部连线 PI 的功能都由存储在芯片上的 SRAM 中的编程数据来定义。断电之后，SRAM 中的数据会丢失，所以每次接通电源时，由微处理器来进行初始化和加载编程数据，或将实现电路的结构信息保存在外部存储器 EPROM 中，FPGA 通过 EPROM 读入编程信息，由 SRAM 中的各位存储信息控制可编程逻辑单元阵列中各个可编程点的通 / 断，从而达到现场可编程的目的。

FPGA 内部寄存器既可配置为带同步 / 异步复位和置位、时钟功能的触发器，也可以配置成为锁存器。FPGA 依赖寄存器完成同步时序逻辑设计。一般来说，比较经典的基本可编程单元的配置是一个寄存器加一个查找表，但不同厂商的寄存器和查找表的内部结构有一定的差异，而且寄存器和查找表的组合模式也不同。

（2）可编程内部连线

可编程内部连线资源连通 FPGA 内部所有单元，连线的长度和工艺决定着信号在连线上的驱动能力和传输速度，连线资源的划分如下：

1）全局性的专用连线资源：用于完成器件内部的全局时钟和全局复位 / 置位的布线。

2）长线资源：用于完成器件 Bank 间的一些高速信号和第二全局时钟信号的布线。

3）短线资源：用于完成基本逻辑单元间的逻辑互连与布线。

4）其他：在逻辑单元内部还有着各种专用时钟、复位等控制信号线。

然而一般在设计过程中，往往由布局布线器根据输入的逻辑网表的拓扑结构和约束条件选择可用的布线资源，再连通所用的底层单元模块，所以常常忽略布线资源。

（3）内嵌专用硬核

内嵌专用硬核是指高端应用的可编程逻辑器件内部嵌入的专用硬核，它是相对底层嵌入的软核而言的，指的是 FPGA 处理能力强大的硬核，等效于 ASIC 电路。为了提高 FPGA 性能，芯片生产商在芯片内部集成了一些专用的硬核。例如，为了提高 FPGA 的乘法速度，主流的 FPGA 中集成了专用乘法器；为了使用通信总线与接口标准，很多高端的 FPGA 内部都集成了串并收发器，可以达到数十 Gbit/s 的收发速度。

（4）嵌入式块 RAM（BRAM）

大多数 FPGA 都具有内嵌的块 RAM，这大大拓展了 FPGA 的应用范围和灵活性。块 RAM 可被配置为单端口 RAM、双端口 RAM、内容地址存储器以及 FIFO 等常用存储结构。内容可寻址存储器（CAM）在其内部的每个存储单元都有一个比较逻辑，CAM 中的数据会和内部的每个数据进行比较，并返回与端口数据相同的所有数据的地址，因而在路由的地址交换器中有广泛的应用。除了块 RAM，还可以将 FPGA 中的 LUT 灵活地配置成 RAM/ROM 和 FIFO 等结构。在实际应用中，芯片内部块 RAM 的数量也是选择芯片的一个重要因素。单片块 RAM 的容量为 18Kbit，即位宽为 18bit、深度为 1024，也可以根据需要改变其位宽和深度，将多片块 RAM 级联起来形成更大的 RAM。

（5）可编程输入输出单元（I/O 单元）

I/O 单元是芯片与外界电路的接口部分，可完成不同电气特性下对输入 / 输出信号的驱动与匹配要求。通过改变上拉、下拉电阻，可以调整驱动电流的大小。目前，I/O 口的速率已提升得较高，一些高端的 FPGA 通过 DDR 寄存器技术可以支持高达 2Gbit/s 的数据速率。为了便于管理和适应多种电气标准，FPGA 的 I/O 被划分为若干个组，每个组的接口标准由其接口电压 VCC0 决定，一个组只能有一种 VCC0，但不同组的 VCC0 可以不同。另外，每组都能够独立地支持不同的 I/O 标准。通过软件的灵活配置，可以适配不同的电气标准与 I/O 物理特性。

（6）数字时钟管理模块（DCM）

Xilinx 推出的 FPGA 可提供数字时钟管理与相位环路锁定。相位环路锁定能提供精确的时钟综合，且能降低抖动，并实现过滤功能。DCM 的主要特点如下：

1）可实现零时钟偏移，消除时钟分配延迟，并实现时钟闭环控制。

2）时钟可以映射到 PCB 上用于同步外部芯片，这样减少了对外部芯片的要求，而将芯片内外的时钟控制一体化，以便于系统设计。

对于 DCM 模块来说，其关键参数为输入时钟频率范围、输出时钟频率范围和输入 / 输出允许抖动范围。

1.3.2　CPLD 的原理与基本结构

随着微电子技术的发展，设计与制造集成电路的任务已不完全由半导体厂商来独立承担。系统设计师们更愿意自己设计专用集成电路（ASIC）芯片，而且希望 ASIC 的设计周期尽可能短，最好是在实验室里就能设计出合适的 ASIC 芯片，并且立即投入实际应用之中。因此，20 世纪 80 年代中期，复杂可编程逻辑器件——CPLD 出现了。CPLD 产品采用的是连续式的布线结构。可以通过设计模型精确地计算信号在器件内部的时延。Altera 公司的 CPLD 芯片内部是一个包含有大量逻辑单元的阵列。与 Xilinx 公司的 XC 4000 产品不同的是，Altera 公司的 CPLD 芯片内部的逻辑结构分为两种：细粒度和粗粒度。细粒度就是一个逻辑单元，它包含有一个 4 输入查找表和一个可编程的寄存器；粗粒度就是逻辑阵列块，它一般由 8 个逻辑单元组成。每一个逻辑阵列块是一个独立的结构，它们拥有相同的输入结构、内部连线并能实现逻辑适配，而较粗的逻辑单元有利于提高器件的布通率。

CPLD 是一种用户根据各自需要而自行构造逻辑功能的数字集成电路。其基本设计方法是借助集成开发软件平台，用原理图、硬件描述语言等方法，生成相应的目标文件，通过下载电缆将代码传送到目标芯片中，从而实现设计的数字系统。CPLD 相对 PAL 和 GAL 器件而言，具有结构复杂、编程灵活、集成度高、设计开发周期短、适用范围广、开发工具先进、设计制造成本低等特点，可实现较大规模的电路设计，因此被广泛应用于产品的原型设计和产品生产（一般在 10000 件以下）之中。几乎所有应用中小规模通用数字集成电路的场合均可应用 CPLD 器件。此应用已深入网络、仪器仪表、汽车电子、数控机床、航天测控设备等方面，已成为电子产品不可缺少的组成部分，它的设计和应用成为电子工程师必备的一种技能。

基于乘积项的 CPLD 由逻辑块、可编程的内部互连线资源和输入 / 输出单元三部分组成，其结构框图如图 1-12 所示。CPLD 实现逻辑函数的基本原理与 PAL 基本相同，不同的是它拥有更多逻辑块，因而解决了单个 PAL 器件内部资源较少的问题。就编程工艺而言，早期的 CPLD 器件采用紫外线擦除的 EPROM 技术生产，现在多数的 CPLD 采用 EEPROM 编程工艺。下面将简要介绍其内部结构，具体细节建议读者查阅有关器件的数据手册。

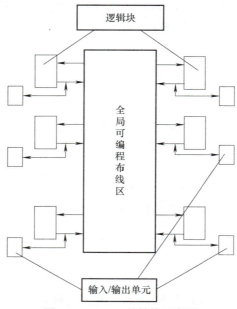

图 1-12 CPLD 的结构示意图

1. 逻辑块

逻辑块是 CPLD 的主要组成部分，它主要由可编程乘积项阵列、乘积项分配、宏单元三部分组成，其结构示意图如图 1-13 所示。对于不同公司、不同型号的 CPLD，逻辑块中乘积项的输入变量个数 n 和宏单元个数 m 不完全相同。

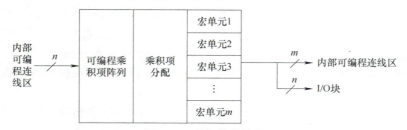

图 1-13 逻辑块的结构

（1）可编程乘积项阵列

可编程乘积项阵列决定了每个宏单元乘积项的平均数量和每个逻辑块乘积项的最大数量。如乘积项阵列有 n 个输入，就可以产生 n 个变量的乘积项。一般一个宏单元包含有 5 个乘积项，这样，在逻辑块中共有 $5m$ 个乘积项。

（2）宏单元

CPLD 中通用逻辑单元是宏单元。所谓宏单元就是由一些"与""或"阵列加上触发器构成的，其中"与或"阵列完成组合逻辑功能，触发器用以完成时序逻辑。通过对宏单元编程可将其配置为组合逻辑输出、寄存器输出、清零、置位等。宏单元的输出不仅送至 I/O 单元，还送到内部可编程连线区，以便被其他逻辑块使用。

（3）乘积项

乘积项分配电路由可编程的数据选择器和数据分配器构成。而乘积项就是宏单元中"与"阵列的输出，其数量标志着 CPLD 容量。乘积项阵列实际上就是一个"与或"阵列，每一个交叉点都是一个可编程熔丝，如果导通就是实现"与"逻辑，在"与"阵列后一般还有一个"或"阵列，用以完成最小逻辑表达式中的"或"关系。

2. 全局可编程布线区

可编程布线区的作用是实现逻辑块与逻辑块之间、逻辑块与 I/O 块之间以及全局信号到逻辑块和 I/O 块之间信号的连接。在 CPLD 内部实现可编程布线的方法有两种：一是基于存储单元控制的 MOS 管来实现可编程连接，另一种是基于多路数据选择器实现互连。由于 CPLD 内部采用固定长度的金属线进行各逻辑块互连，所以设计的逻辑电路具有时间可预测性，避免了分段式互连结构时序的缺点。

近年来，各个公司仍不断地推出集成度高、速度更快、功耗更低的 CPLD 新产品，芯核工作电源可以低至 1.8V。例如，Altera 公司的 MAX Ⅱ 系列 CPLD 中的逻辑块已不再是基于与或阵列架构，而是基于与 FPGA 类似的查找表架构。

3. I/O 块

I/O 块是 CPLD 外部封装引脚和内部逻辑间的接口。每个 I/O 块对应一个封装引脚，通过对 I/O 块中可编程单元的编程，可将引脚定义为输入、输出和双向功能。CPLD 的 I/O 单元简化原理框图如图 1-14 所示。

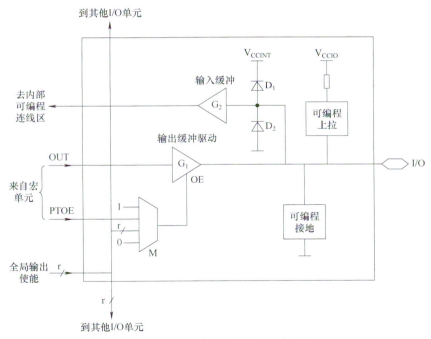

图 1-14 I/O 单元的简化原理框图

I/O 块中有输入和输出两条信号通路。当 I/O 引脚作输出时，三态输出缓冲器 G_1 的输入信号来自宏单元，其使能控制信号 OE 由可编程数据选择器 M 选择。其中，全局输出使能控制信号有多个，不同型号的器件，其数量也不同。当 OE 为低电平时，I/O 引脚可用作输入，引脚上的输入信号经过输入缓冲器 G_2 送至内部可编程布线区。

图 1-14 中的 D_1 和 D_2 是钳位二极管，用于 I/O 引脚的保护。另外，通过编程可以使 I/O 引脚接上拉电阻或接地，V_{CCINT} 是器件内部逻辑电路的工作电压，V_{CCIO} 是器件 I/O 单元的工作电压，它的引入可以使 I/O 引脚兼容多种电源系统。

1.3.3　FPGA 与 CPLD 的比较

CPLD 是复杂可编程逻辑器件的缩写，它属于大规模集成电路（LSIC）里的专用集成电路（ASIC），适合控制密集型数字系统设计。其主体结构仍然是与或阵列，自从 20 世纪 90 年代初 Lattice 公司推出高性能的具有在系统可编程功能的 CPLD 以来，CPLD 发展迅速。具有在系统可编程功能的 CPLD 器件由于具有同 FPGA 器件相似的集成度和易用性，在速度上还有一定的优势。

FPGA 是现场可编程门阵列的缩写，是作为专用集成电路 ASIC 领域中的一种半定制电路而出现的。自 Xilinx 公司 1985 年推出第一片 FPGA 以来，FPGA 的集成密度和性能提高很快，其集成密度最高达 500 万 / 片以上，系统性能可达 200MHz。由于 FPGA 器件集成度高，方便使用，在数字设计和电子生产得到迅速普及和应用。

同以往的 PAL、GAL 等相比较，FPGA/CPLD 的规模比较大，适合于时序、组合等逻辑电路应用场合，它可以替代几十甚至上百块通用 IC 芯片。由于芯片内部硬件连接关系的描述可以存放在磁盘、ROM、PROM 或 EPROM 中，因而在可编程门阵列芯片及外围电路保持不动的情况下，换一块 EPROM 芯片，就能实现一种新的功能。FPGA/CPLD 芯片及其开发系统问世不久，就受到世界范围内电子工程设计人员的广泛关注和普遍欢迎。CPLD 和 FPGA 既解决了定制电路的不足，又克服了原有可编程器件门电路数有限的缺点。FPGA 和 CPLD 都是可编程逻辑器件，有很多共同特点，但由于 CPLD 和 FPGA 存在结构上的差异，FPGA 和 CPLD 的机构和性能比较见表 1-3。

表 1-3　CPLD 和 FPGA 的机构和性能比较

	CPLD	FPGA
集成规模	小	大
编程工艺	EPROM、EEPROM、Flash	SRAM
单元粒度	大	小
互连方式	纵横	分段总线、长线、专用互连
触发器数	少	多
单元功能	强	弱
速度	高	低
引脚 - 引脚延迟	确定，可预测	不确定，不可预测
功耗 / 每个逻辑门	高	低

CPLD 和 FPGA 具有各自的特点，具体如下。

1）适合结构：CPLD 更适合完成各种算法和组合逻辑，FPGA 更适合于完成时序逻辑。换句话说，FPGA 更适合于触发器丰富的结构，而 CPLD 更适合于触发器有限而乘积项丰富的结构。

2）延迟：CPLD 的连续式布线结构决定了它的时序延迟是均匀的和可预测的，而 FPGA 的分段式布线结构决定了其延迟的不可预测性。

3）功率消耗：一般情况下，CPLD 的功耗要比 FPGA 大，且集成度越高越明显。CPLD 最基本的单元是宏单元，宏单元以逻辑模块的形式排列，而每个逻辑模块由 16 个宏单元组成，每个宏单元包含一个寄存器及其他有用特性。因此宏单元执行一个 AND 和一个 OR 操作后即可实现组合逻辑。

4）速度：CPLD 的速度比 FPGA 快，并且具有较大的时间可预测性。这是由于 CPLD 是逻辑块级编程，并且其逻辑块之间的互连是集总式的。而 FPGA 是门级编程。并且 CLB 之间采用分布式互连。

5）编程方式：在编程方式上，CPLD 主要是基于 EEPROM 或 Flash 存储器编程的，编程次数可达 1 万次，所以系统断电时编程信息也不会丢失。而 FPGA 大部分是基于 SRAM 编程的，编程信息在系统断电时会丢失。所以每次上电后，需要从外部进行编程，数据才会重新写入到 SRAM 中。其优点是可以编程任意次，也可在工作中快速编程，从而实现板级和系统级的动态配置。

6）编程：在编程上 FPGA 比 CPLD 具有更大的灵活性。CPLD 通过修改具有固定内连电路的逻辑功能来编程，即 CPLD 是在逻辑块下编程的。而 FPGA 主要通过改变内部连线的布线来编程，即 FPGA 可在逻辑门下编程。

7）集成度：FPGA 的集成度比 CPLD 高，具有更复杂的布线结构和逻辑实现。

8）保密性：CPLD 保密性好，FPGA 保密性差。

1.4　FPGA 与 ASIC

FPGA（可编程逻辑器件）和 ASIC（定制集成电路）是在数字电路设计中常见的两种不同类型的集成电路。FPGA 可以根据自己的需求进行编程，以实现特定的应用，它的开发周期相对较短，因为不需要定制的制造过程，对于小批量的生产，FPGA 的成本可能会稍高，但随着生产量的增加，成本会逐渐降低；而 ASIC 是为特定应用定制的，一旦设计完成并制造出来，其功能就固定了，无法更改，因此，ASIC 的设计需要在制造前完成，这通常涉及复杂的设计流程和高昂的前期成本，也正因为 ASIC 是为特定应用定制的，所以在大批量生产时它的成本效益会更高，它的设计和制造也都是为了效率和最大化性能。

视频
第 1 章 4.1

1.4.1　ASIC 简介

ASIC（Application Specific Integrated Circuits）即专用集成电路，是指应特定用户要求和特定电子系统的需要而设计、制造的集成电路。其特点是面向特定用户的需求，品种多、批量大，要求设计和生产周期短，它作为集成电路技术与特定用户的整机或系统技术紧密结合的产物，与 FPGA 相比具有体积更小、功耗低、可靠性高、性能高、保密性强、成本低等优点。按电路结构主要划分为数字 ASIC、模拟 ASIC、数模混合 ASIC 三大类，如图 1-15 所示。

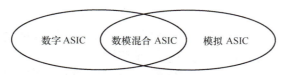

图 1-15　ASIC 电路结构分类图

ASIC 设计方法主要分为全定制（Full custom）法与半定制（Semi custom）法。全定制设计是按需求者规定的功能、性能要求，对电路的结构布局、布线均进行专门的最优化设计，以达到芯片的最佳利用。模拟集成电路设计一般属于全定制法。半定制法是在设计时使用芯片制造厂家提供的库里的标准逻辑单元（Standard Cell），可以从标准逻辑单元库中选择 SSI（门电路）、MSI（如加法器、比较器等）、数据通路（如 ALU、存储器、总线等）、存储器甚至系统级模块（如乘法器、微控制器等）和 IP 核等，这些逻辑单元已经布局完毕，而且设计较为可靠，设计者可以较方便地完成系统设计。如果设计较为理想，全定制能够比半定制的 ASIC 芯片达到更好的性能及效果。因此，一般在设计特定性能的模拟 ASIC 芯片时采用全定制法，数字电路设计一般采用半定制法。ASIC 设计方法分类图如图 1-16 所示。

图 1-16　ASIC 设计方法分类图

1.4.2　FPGA 与 ASIC 的特点及选择

ASIC 芯片在高密度、高集成度及高速度、高带宽等方面已经完全处于领导地位。45nm 工艺的高达 5.8 亿个晶体管的 Intel 处理器是高密度、高速度芯片的代表。在存储器芯片里，高密度、高速度和高带宽更充分地表现出来。三星公司的 DDR3 SDRAM 芯片采用了 90/65nm 的制造工艺，实现了 4GB 的存储容量和高达 1.6Gbps/pin 的数据传输速率，其支持电压却仅仅采用 1.5V 和 1.35V。FPGA 中 Stratix 器件具有 11.3 Gbit/s 收发器和 530KB 逻辑单元（LE），是 Altera 40nm 工艺 FPGA 系列中高性能器件的代表。Stratix Ⅳ GT FPGA 支持下一代 40/100GB 技术，包括通信系统、高端测试设备和军事通信系统中使用的 40/100Gbit/s 以太网（GbE）介质访问控制器（MAC）、光传送网（OTN）成帧器和映射器、40/100Gbit/s 增强前向纠错（EFEC）方案及 10Gbit/s 芯片至芯片和芯片至模块桥接应用。而 Xilinx 公司的 Virtex-6 HXT FPGA 平台的优化目标是通信应用需要最高的串行连接能力，多达 64 个 GTH 串行收发器可提供高达 11.2 Gbit/s 的带宽。

标准专用集成电路 ASIC 芯片具有尺寸小、速度高、功耗低的优点，但其短处也表现在设计复杂，并且只有大批量情况下才可能是低成本。FPGA 价格较高，能实现现场可编程设计验证特点，但也有体积大、能力有限，而且功耗比 ASIC 大的不利因素。正因如此，FPGA 和 ASIC 正在互相融合，取长补短。随着一些 ASIC 制造商提供具有可编程逻辑的标准单元，FPGA 制造商重新对标准逻辑单元产生兴趣，趋于融合两方优点的新型芯片正在成为可利用的商品。

尽管 ASIC 或 FPGA 在实现数字系统功能时是相同的，但两者也存在明显的差别。

ASIC 专用集成电路具有如下的特点：

1）实现功能的专一性。

2）可大规模制造生产。

3）混合信号可实现性。

4）与后端制造工厂工艺库的紧密关联性。

5）低成本、高性能。

ASIC 除上述列举的特性之外，越来越多的优势还表现在如下几个方面：

1）高性能安全的 IP 核的可设计性。

2）高效、低面积消耗的系统空间。

3）复杂系统的在片可设计、可制造性。

另一方面，FPGA 现场可编程门阵列相对于 ASIC 而言同样具有本身特有的优点，主要表现在如下几个方面：

1）强大的在片可编程 / 可配置的多次复用性。

2）实现功能设计的多样性。

3）不需要后端工艺库，设计的简化性。

4）实现设计—市场的短开发周期。

由此可见，ASIC 和 FPGA 由于各自的特点而在实际设计中也会各有侧重。对于要求复杂、设计较成熟及有很大的市场需求的产品，ASIC 方案将是不错的选择。如果是设计不完善、市场需求较少且仍然处于实验室阶段的产品，选择 FPGA 来实现则是更好的选择。然而，随着应用需求的多样化和复杂化，具有可重构 / 可配置计算功能的 ASIC 也正在被研究和开发，其产品已经在一些需求特殊的领域得到了应用。

习题 1

1.1　PLD 的基本结构包含哪些部分？这些部分如何协同工作以实现逻辑功能？

1.2　请说明 FPGA 和 CPLD 的结构差异，以及在什么场景下选择 FPGA 或 CPLD 较为合适。

1.3　从设计需求到最终的电路实现，FPGA 开发流程包含哪些主要步骤？

1.4　结合当前技术背景，简述 FPGA 的发展趋势及其未来的应用前景。

1.5　在不同应用场景下，选择合适的 FPGA 器件时应考虑哪些因素？

1.6　在设计项目中，应该如何判断是选择 FPGA 还是 ASIC 更为合适？

第 2 章
Verilog HDL 概述

现代计算机中应用比较广泛的是数字信号处理集成电路，它在数字逻辑系统中的基本单元是与门、或门和非门。这些门元件既可单独实现相应的开关逻辑操作，又可以构成各种触发器，实现状态记忆。在数字电路课程中，主要学习如何设计一些简单的组合逻辑电路和时序逻辑电路。但是如何设计一个复杂的数字系统，以及如何验证设计的系统功能是否正确呢？本章就讲解如何利用 Verilog 硬件描述语言来设计和验证这样一个复杂数字电路的方法。

视频
第 2 章 2.1

2.1　Verilog HDL 简介

Verilog HDL 是一种硬件描述语言（Hardware Description Language，HDL），是以文本的形式来描述数字系统硬件的结构和行为的语言，用它可以表示逻辑电路图、逻辑表达式，还可以表示数字逻辑系统所完成的逻辑功能。Verilog HDL 语言具有下述描述能力：设计的行为特性、设计的数据流特性、设计的结构组成以及包含响应监控和设计验证方面的时延和波形产生机制。所有这些都使用同一种建模语言。此外，Verilog HDL 语言提供了编程语言接口，通过该接口可以在模拟、验证期间从外部访问，包括模拟的具体控制和运行。

Verilog HDL 语言不仅定义了语法，而且对每个语法结构都定义了清晰的模拟、仿真语义，因此，用这种语言编写的模型能够使用 Verilog 仿真器进行验证。此外，Verilog HDL 语言从 C 语言中继承了多种操作符和结构，提供了扩展的建模能力。

2.1.1　Verilog HDL 的产生与发展

Verilog HDL 最初由 GDA（Gateway Design Automation）公司的 Phil Moorby 在 1983 年创建。Phil Moorby 后来成为 Verilog-XL 的主要设计者和 Cadence 公司的第一个合伙人。在 1984 至 1985 年间，Moorby 设计出了第一个名为 Verilog-XL 的仿真器；1986 年，他对 Verilog HDL 的发展又做出了另一个巨大贡献，提出了用于快速门级仿真的 XL 算法。

随着 Verilog-XL 算法的成功，Verilog HDL 得到迅速发展。1989 年，GDA 公司被 Cadence 公司收购，Verilog HDL 成为私有财产。1990 年，Cadence 公司公开发表 Verilog HDL，并

成立 OVI（Open Verilog International）组织来负责促进 Verilog HDL 的发展。在 OVI 的努力下，1995 年，IEEE 制定了 Verilog HDL 的第一个国际标准，即 Verilog HDL1364—1995；2001 年，IEEE 发布了 Verilog HDL 的第二个标准版本，即 Verilog HDL1364—2001；2005 年发布了 System Verilog IEEE 1800—2005 标准；2009 年发布了模拟和数字电路都适用的 Verilog IEEE 1800—2009 标准，成为 HDVL，使得 Verilog 语言在综合、仿真验证和模块的重用等性能方面都有大幅度的提高。图 2-1 展示了 Verilog HDL 的产生与发展。

图 2-1　Verilog HDL 的产生与发展

2.1.2　Verilog HDL 的抽象级别

所谓不同的抽象级别，实际上是指同一个物理电路，可以在不同层次上用 Verilog 语言来描述。如果只从行为和功能的角度来描述某一电路模块，就称作行为模块。如果从电路结构的角度来描述该电路模块，就称作结构模块。Verilog HDL 模型可以是实际电路中不同级别的抽象，抽象级别可以分为五级：

1）系统级（system level）：用于高级语言结构（如 case 语句）实现的设计模块外部性能的模型。

2）算法级（algorithmic level）：用于高级语言结构实现的设计算法模型（写出逻辑表达式）。

3）RTL 级（register transfer level）：描述数据在寄存器之间流动和如何处理这些数据的模型。

4）门级（gate level）：描述逻辑门（如与门、非门、或门、与非门、三态门等）以及逻辑门之间连接的模型。

5）开关级（switch level）：描述器件中晶体管和存储节点及其之间连接的模型。

2.1.3　Verilog HDL 的特点

Verilog HDL 可用于复杂数字逻辑电路和系统的总体仿真、子系统仿真和具体电路综合等各个设计阶段。

Verilog 硬件描述语言的主要功能特性如下：

1）基本逻辑门：语言中内置了 and、or 和 nand 等基本逻辑门，可直接调用。

2）用户定义原语（UDP）创建的灵活性：用户定义的原语既可以是组合逻辑原语，也可以是时序逻辑原语。

3）开关级基本结构模型：例如 PMOS 和 NMOS 等开关级基本结构模型也被内置在语言中。

4）时延与时延显示功能：提供显式语言结构可指定设计中的端口到端口的时延、路径时延，并对设计进行时序检查。

5）可采用三种不同方式或混合方式对设计建模：行为描述方式—使用过程化结构建模；数据流方式—使用连续赋值语句方式建模；结构化方式—使用门和模块实例语句描述建模。

6）支持两类数据类型：线网类型——表示结构实体之间的物理连接；寄存器类型——表示抽象的数据存储元件。

7）能够描述层次设计：可使用模块实例结构描述任何层次。

8）设计的规模可以是任意的：语言不对设计的规模（大小）施加任何限制。

9）Verilog HDL 语言的描述能力能够通过使用编程语言接口（PLI）机制进一步扩展：PLI 是允许外部函数访问 Verilog 模块内信息、允许设计者与模拟器交互的例程集合。

10）设计能够在多个层次上加以描述：从开关级、门级、寄存器传送级（RTL）到算法级，包括进程和队列级。

11）能够使用内置开关级原语在开关级对设计完整建模。

12）同一语言可用于生成模拟激励和指定测试的验证约束条件：例如输入值的指定。

13）Verilog HDL 能够监控模拟验证的执行：模拟验证执行过程中设计的值能够被监控和显示。这些值也能够用于与期望值比较，在不匹配的情况下，打印报告消息。

14）在行为级描述中，Verilog HDL 不仅能够在 RTL 级上进行设计描述，而且能够在体系结构级描述及其算法级行为上进行设计描述。

15）能够使用门和模块实例化语句在结构级进行结构描述。

16）Verilog HDL 具有混合方式建模能力：一个设计中的子模块可用不同级别的抽象模型来描述。

17）Verilog HDL 还具有内置逻辑函数：例如 &（按位与）和 |（按位或）。

18）对高级编程语言结构，例如条件语句、情况语句和循环语句，语言中都可以使用。

19）可以显式地对并发和定时进行建模。

20）提供强有力的文件读写能力。

21）语言在特定情况下是非确定性的：在不同的模拟器上模型可以产生不同的结果，例如，事件队列上的事件顺序在标准中没有定义。

2.2　数据类型及运算符

程序最基本的元素是数据，只有确定了数据的类型，才能确定变量的大小并对变量进行操作。Verilog 的数据类型主要可分为变量和常量两大类。

2.2.1　常量

在程序运行过程中，其值不能被改变的量称为常量。Verilog 的常量分为整型、实数型和字符串型三类。

1. 整型常量

整型常量即整常数，有 4 种进制表示形式：二进制（b 或 B）、十进制（d 或 D）、十六进制（h 或 H）与八进制（o 或 O）。整常数的表达方式有以下 3 种格式：

（1）简单的十进制格式

格式形式 :< 数字 >

这种格式是直接由 0 ～ 9 的数字串组成的十进制数，可以用符号 "+" 或 "−" 来表示数的正负，默认位宽是 32 位。

示例：

```
32          // 十进制数 32
-15         // 十进制数 -15
```

（2）默认位宽的基数格式

格式形式 :'< 进制 >< 数字 >

符号 "'" 为基数格式表示的固有字符，不可省略。这种格式采用默认位宽，其宽度由具体的机器系统决定，但至少是 32 位。

示例：

```
'o721          //32 位八进制数
'hAF           //32 位十六进制数
```

（3）指定位宽的基数格式

格式形式：< 位宽 >'< 进制 >< 数字 >

示例 :

```
8'ha2,8'HA2                // 字母不区分大小写
4'd2                       //4 位十进制数
6'o27                      //6 位八进制数
```

规则：

1) 补位规则。当定义位宽比实际位数长，且数值的最高位为 0 或 1 时，相应的高位补 0；但当数值最高位为 x 或 z 时，相应的高位补 x 或 z。

示例：

```
10'b10=10'b0000000010
10'bx0x1=xxxxxxx0x1
```

2) 截断规则。当定义位宽比实际位数短时，最左边的位被截断。

示例：

```
3'b10010111=3'b111
```

3) x 和 z 值的含义。x 代表不确定值，z 代表高阻值。每个字符代表的二进制数的宽度取决于所用的进制。例如：在 H 中表示二进制数的 4 位处于 x 或 z；在 O 中表示八进制数的 3 位处于 x 或 z；在 B 中表示二进制数的 1 位处于 x 或 z。

当用二进制表示时，如果已表明位宽的数中某些位用 x 或 z 表示，则只有在最左边的 x 或 z 具有扩展性。为清晰可见，建议直接写出每一位的值。

示例：

```
8'bzx=8'bzzzz_zzzx
8'b1x=8'b0000_001x
```

此外，"？"是 z 的另一种表达符号，建议在 case 语句中使用"？"表示高阻态 z。
示例：

```
4'b101z        // 位宽为 4 的二进制数，从低位数起第一位为高阻值
12'dz          // 位宽为 12 的十进制数，其值为高阻值（第 1 种表达方式）
12'd?          // 位宽为 12 的十进制数，其值为高阻值（第 2 种表达方式）
```

4）负数的表示规则。负号不可以放在位宽和进制之间，也不可以放在进制和具体的数之间，只能写在最左端。
示例：

```
-8'd4          // 表示 4 的补码
8'd-4          // 错误
```

为提高程序的可读性，在较长的数字之间可用下画线"_"隔开，但不可以用在"<进制>"和"<数字>"之间。
示例：

```
16'b1010_1011_1100_1111        // 合法格式
8'b_0011_1011                  // 非法格式
```

2. 实数型常量

实数可以用十进制与科学计数法两种格式表示，如果采用十进制格式，小数点两边必须都有数字，否则为错误格式。
示例：

```
1.8            // 十进制计数法
3.8e10         // 科学记数法，其值为 3.8×10^{10}
2.1E-9         // 可用 E 或 e 表示，其值为 2.1×10^{-9}
2.             // 错误格式，因为小数点右边必须有数字
```

3. 字符串型常量

字符串常量是由一对双引号括起来的字符序列。出现在双引号内的任何字符（包括空格和下画线）都将被视为字符串的一部分，字符串不能分多行书写。
示例：

```
"INTERNAL ERROR"
```

实际上，每个字符都会被转换成 8 位的 ASCII 码。字符串的主要作用是在仿真时显示一些相关的信息，或者指定显示的格式。

4. 参数（parameter）型常量

在 Verilog HDL 中，使用 parameter 来定义常量，即用 parameter 定义一个标识符来代表一个常量，称为符号常量。使用参数说明的常量只被赋值一次。

为了提高程序的可读性和便于修改，常采用标识符代表一个常量，其格式为：

```
parameter 参数名 1= 表达式，参数名 2= 表达式，…，参数名 n= 表达式；
```

其中，parameter 是参数型数据的确认符。确认符后跟着一个用逗号分隔开的赋值语句表。在每一个赋值语句的右边必须是一个常数表达式，也就是说，该表达式只能包含数字或先前已定义过的参数。见下例：

```
parameter  msb=6;                              // 定义参数 msb 为常量 6
parameter  e=24,f=28;                          // 定义两个常数参数
parameter  r=5.6;                              // 声明 r 为一个实型参数
parameter  byte_size=8,byte_msb=byte_size-1;   // 用常数表达式赋值
parameter  average_delay=(r+f)/2;              // 用常数表达式赋值
```

参数型常数常被用于定义延迟时间和变量宽度。在模块或实例引用时，可通过参数传递改变在被引用模块或实例中已定义的参数。下面将通过一个例子进一步说明在层次调用

的电路中改变参数常用的一些用法。

　　示例：采用 parameter 定义的 8 位数据比较器，其比较结果有大于、等于和小于三种。只需要更改 parameter 参数定义的数据宽度，就可以很容易地将程序改为 1 位、4 位或任意位宽的比较器。

```
module compare8(a,b,larger,equal,less)
        parameter  size=8;
        input [size-1:0] a,b;
        output larger,equal,less;
        wire larger,equal,less;
        assign  larger=(a>b);
        assign  equal=(a==b);
        assign  less=(a<b);
endmodule
```

2.2.2　变量

　　在程序运行过程中，其值可以改变的量称为变量。变量用来表示数字电路中的物理连线、数据存储和传输单元等物理量，并占据一定的存储空间，用于存放变量的值。

　　Verilog HDL 的变量体现了其为硬件建模的特性，有 4 种基本的逻辑状态：

　　1）0：低电平、逻辑 0 或逻辑非。

　　2）1：高电平、逻辑 1 或"真"。

　　3）x 或 X：不定或未知的逻辑状态。

　　4）z 或 Z：高阻态。

　　Verilog HDL 的变量类型可分为线网类型和寄存器类型。线网类型主要用于表示 Verilog HDL 中结构实体之间的物理连线，其数值由驱动元件决定。如果没有驱动元件接到线网上，则其默认值为高阻态（z）；寄存器类型主要表示数据的存储单元，其默认值为不定态（x）。二者最大的区别在于：寄存器类型数据会保持最后一次的赋值，而线网类型数据则需要持续的驱动。

1. 线网类型

　　常用的线网类型有以下几种：

　　wire：标准连线（默认为该类型）。

　　tri：具备高阻状态的标准连线。

　　wor：线或类型驱动。

　　trior：三态线或特性的连线。

　　wand：线与类型驱动。

　　triand：三态线与特性的连线。

　　trireg：具有电荷保持特性的连线。

　　tri1：上拉电阻（pullup）。

　　tri0：下拉电阻（pulldown）。

　　supply0：地线，逻辑 0。

　　supply1：电源线，逻辑 1。

　　规则：

　　1）在上述线网类型中，只有 wire、tri、supply0 和 supply1 是可综合的，其余类型不可综合，只能用于仿真。

2）Verilog HDL 程序模块中输入 / 输出信号类型默认为 wire 型。

3）线网数据类型的通用说明语法为：

```
net_kind[msb:lsb]net1,net2,…
```

4）线网类型变量的赋值（即驱动）只能通过数据流 assign 操作来完成，不能用于 always 语句中。

常用的连线型变量有 wire 型（连线型）和 tri 型（三态型）。两者语法格式和功能相同，不同的是 tri 型表示多驱动源驱动同一根线。

wire 型信号通常表示一种电气连接。例如，为模块内部的信号连续赋值时，该信号应定义为 wire 型。Verilog 程序模块中输入、输出信号类型默认时自动定义为 wire 型。其格式如下：

```
wire[n-1:0]数据名1,数据名2,…,数据名i;
```

或

```
wire[n:1]数据名1,数据名2,…,数据名i;
```

以上定义格式表示共有 i 条总线，每条总线内有 n 条线路。其中，wire 是 wire 型数据的确认标识符；[n-1: 0] 和 [n:1] 代表该数据的位宽，即该数据有几位（bit）；最后跟着的是数据的名字。如果一次定义多个数据，则数据名之间用逗号隔开。声明语句的最后要用分号表示语句结束。

示例：

```
wire  a;              //定义了一个1位的名为a的wire型数据
wire[7:0] b,c;        //定义了两个8位的名为b和c的wire型数据
wire[4:1] d;          //定义了一个4位的名为d的wire型数据
```

注意事项：

wire 型信号可以用作任何表达式的输入，也可以用作 "assign" 语句或实例元件的输出。wire 型信号取值可以为 0、1、x、z。如果 wire 变量没有接驱动源，其值为 z。

2. 寄存器类型

寄存器表示一个抽象的数据存储单元，其存储的值可以通过赋值语句进行改变。因此，寄存器型变量对应的是具有状态保持作用的电路元件，如触发器或寄存器。

寄存器变量只能在 always 语句和 initial 语句这两个过程语句中通过过程赋值语句进行赋值。always 和 initial 语句是 Verilog HDL 提供的功能强大的结构语句，设计者可以在这两个结构语句中有效控制对寄存器的赋值操作。常用类型如下：

reg：常用的寄存器型变量，用于行为描述中对寄存器类的说明，由过程赋值语句赋值。

integer：32 位带符号整型变量。

time：64 位无符号时间变量。

real：64 位浮点、双精度、带符号实型变量。

realtime：其特征和 real 型一致。

reg 的扩展类型——memory 类型。

上述寄存器类型中，real 和 time 型是纯数学的抽象描述，不对应任何具体的硬件电路，不能被综合。time 主要用于对模拟时间的存储与处理，real 主要表示实数寄存器，用于仿真。

（1）reg 型

reg 型变量是最常用的寄存器类型，这种寄存器型变量只能存储无符号数。reg 型数据

的默认初始值为不定值 x。

reg 型数据的格式与 wire 型类似，具体如下：

```
reg [n-1:0] 数据名 1，数据名 2，…，数据名 i;
```

或

```
reg [n:1] 数据名 1，数据名 2，…，数据名 i;
```

示例：

```
reg  y;                    //定义了一个 1 位的名为 y 的 reg 型数据
reg [1:0] regb;            //定义了一个 2 位的名为 regb 的 reg 型数据
reg [4:1] regc,regd;       //定义了两个 4 位的名为 regc 和 regd 的 reg 型数据
```

reg 寄存器中的值为无符号数，如果给 reg 存入一个负数，通常会被视为正数。

示例：

```
reg [1:4] comb;            //定义一个 4 位寄存器 comb
comb=-2;                   //赋值给 comb,comb 值为 14(1110)，因为 -2 的补码为 1110
```

reg 型数据常用来表示"always"模块内的指定信号，常代表触发器。通常，在设计中要由"always"模块通过使用行为描述语句来表达逻辑关系，在"always"或"initial"过程块内被赋值的每一个信号都必须定义成 reg 型。

对于 reg 型数据，其赋值语句的作用就如同改变一组触发器的存储单元的值。reg 型变量并不一定对应着寄存器或触发器，也有可能对应着连线。综合时，综合器根据具体情况来确定是映射成寄存器还是连线。

示例：

```
module zonghe(a,b,c,f1,f2);
      input a,b,c;
      output f1,f2;
      wire a,b,c;
      reg f1,f2;
      always@(a or b or c)
         begin
            f1=a|b;  //f1 和 f2 综合时没有被映射成寄存器，而是映射为连线
            f2=f1&c;
         end
endmodule
```

（2）integer 整型

整型数据常用于循环控制变量，用来表示循环的次数。在算术运算中被视为二进制补码形式的有符号数。除了寄存器型数据被当作无符号数来处理外，整型数据与 32 位寄存器型数据在实际意义上相同。

示例：

```
integer count; //简单的 32 位有符号整数 count
```

（3）real 实型

Verilog HDL 支持实型常量与变量。实型数据在机器码表示法中是浮点数值，可用于对延迟时间的计算。

示例：

```
real  stime; //实型数据 stime
```

（4）time 时间型

时间型数据与整型数据类似，只是它是 64 位无符号数。时间型数据主要用于对模拟时间的存储与计算处理，常与系统函数 $time 一起使用。

示例：

```
time  start,stop;  //两个 64 位的时间变量
```

（5）memory 型用 reg 声明存储器

在 Verilog HDL 中不能直接声明存储器，而是通过为 reg 型变量建立 reg 型数组可以建立 memory 型变量，即用 reg 声明存储器。其格式如下：

```
reg [n-1:0] 存储器名 [m-1:0];
```

或

```
reg [n-1:0] 存储器名 [m:1];
```

其中，reg ［n-1: 0］定义了存储器中每一个存储单元的数据位宽，即该存储单元是一个 n 位的寄存器。存储器名后的［m-1: 0］或［m: 1］则定义了该存储器中寄存器的数量，最后用分号结束定义语句。

示例：

```
reg [7:0] mema [255:0];
```

这个例子定义了一个名为 mema 的存储器，该存储器有 256 个 8 位的存储器。该存储器的地址范围是 0 ～ 255。

注意事项：

1）对存储器进行地址索引的表达式必须是常数表达式，但可以用 parameter 参数进行定义，便于修改。例如：

```
parameter width=8,memsize=1024;
reg [width-1:0] mymem [memsize-1:0];
```

2）在同一个数据类型声明语句里，可以同时定义存储器型数据和 reg 型数据。例如：

```
parameter wordsize=16,memsize=256;  //定义两个参数
reg [wordsize-1:0] mem [memsize-1:0],writereg,readreg;
```

该例中，mem 是存储器，由 256 个 16 位寄存器组成，而 writereg 和 readreg 是 16 位寄存器。

3）可以只用一条赋值语句就完成一个寄存器的赋值，但是不能只用一条赋值语句就完成对整个存储器的赋值，应当对存储器中的每个寄存器单独赋值。

示例——对寄存器的赋值：

```
reg [1:5] dig;          //dig 为一个 5 位寄存器
dig=5'b11011;           // 可以在一条赋值语句中完成对寄存器的赋值
```

示例——对存储器赋值：

```
reg [0:3] xrom [1:4];   //xrom 是由 4 个 4 位寄存器构成的存储器
xrom [1] =4'hA;         // 对其中一个寄存器 xrom [1] 赋值
xrom [2] =4'h8;         // 对其中一个寄存器 xrom [2] 赋值
xrom [3] =4'hF;         // 对其中一个寄存器 xrom [3] 赋值
xrom [4] =4'h5;         // 对其中一个寄存器 xrom [4] 赋值
```

为存储器赋值的另外方法是采用系统任务 $readmemb 或 $readmemh。

4）Verilog HDL 中的变量名、参数名等标识符对字母大小写敏感。

2.2.3　运算符及优先级

Verilog HDL 语言的运算符范围很广，按其功能可分为以下几类：

1）算术运算符：+，-，*，/，%。

2）赋值运算符：=，<=。

3）关系运算符：>，<，>=，<=。

4）等式运算符：==，! =，===，! ==。

5）逻辑运算符：&&，||，! 。

6）条件运算符：？：。

7）位运算符：～，|，^，&，^～。

8）移位运算符：<<，>>。

9）位拼接运算符：{}。

10）其他。

在 Verilog HDL 语言中运算符所带的操作数是不同的，按操作数的个数可分为 3 种：

1）单目运算符（unary operator）：可以带一个操作数，操作数放在运算符的右侧。

2）双目运算符（binary operator）：可以带两个操作数，操作数放在运算符的两侧。

3）三目运算符（ternary operator）：可以带三个操作数，这三个操作数用三目运算符分隔开。

示例：

```
clk=~clk;                    // ~是一个单目取反运算符,clk 是操作数
c=a | b;                     //| 是一个双目按位或运算符,a 和 b 是操作数
out=sel？in1:in0;            // ? :是一个三目条件运算符,sel、in1、in0 是操作数
```

下面对常用的几种运算符进行介绍。

1. 算术运算符

在 Verilog HDL 语言中，算术运算符又称为二进制运算符，共有下面几种：

1）+：加法运算符，或正值运算符，如 rega+regb，+3。

2）-：减法运算符，或负值运算符，如 rega-3，-3。

3）*：乘法运算符，如 rega*2。

4）/：除法运算符，如 5/2。

5）%：模运算符，或称为求余运算符，要求%两侧均为整型数据。如 8%3 的值为 2。

在进行整数除法运算时，结果值要略去小数部分，只取整数部分，如 7/4 结果为 1；而进行取模（或求余）运算时，结果值的符号位采用模运算式里第一个操作数的符号位，应用举例见表 2-1。

表 2-1　模运算符运行结果

模运算表达式	结果	说明
10%3	1	余数为 1
11%3	2	余数为 2
12%3	0	余数为 0，无余数
-11%3	-2	结果取第一个操作数的符号位，所以余数为 -2
11%-3	2	结果取第一个操作数的符号位，所以余数为 2

注意事项：

1）在进行算术运算时，若有一个操作数有不确定的值 x，那么整个运算结果也为不确定值 x。如：/b10x1+' b0111 的结果为不确定数' bxxxx。

2）进行算术运算时，操作数的长度可能不一致，这时运算结果的长度由最长的操作数决定。但在赋值语句中，运算结果的长度由赋值目标长度决定。

2. 赋值运算符

赋值运算分为连续赋值和过程赋值两种。

（1）连续赋值

连续赋值语句和过程块一样也是一种行为描述语句，它只能用来对线网型变量进行赋值，而不能对寄存器变量进行赋值，其基本的语法格式为：

```
线网型变量类型［线网型变量位宽］线网型变量名；
assign#（延时量）线网型变量名 = 赋值表达式；
```

示例：

```
    wire  a;
assign  a=1'b1;
```

一个线网型变量一旦被连续赋值语句赋值之后，赋值语句右端赋值表达式的值将持续对被赋值变量产生连续驱动。只要右端表达式任一个操作数的值发生变化，就会立即触发对被赋值变量的更新操作。在实际使用中，连续赋值语句有下列几种应用：

```
wire a,b;  assign a=b;                 // 对标量线网型赋值
wire [7:0] a,b;  assign a=b;           // 对矢量线网型赋值
wire [7:0] a,b;  assign a [3] =b [1];     // 对矢量线网型中的某一位赋值
wire [7:0] a,b;  assign a [3:0] =b [3:0] ;// 对矢量线网型中的某几位赋值
wire a,b;  wire [1:0] c;  assign c={a,b};// 对任意拼接的线网型赋值
```

（2）过程赋值

过程赋值主要用于两种结构化模块（initial 模块和 always 模块）中的赋值语句。在过程块中只能使用过程赋值语句（在过程块中不能出现连续赋值语句），同时过程赋值语句也只能用在过程赋值模块中。过程赋值语句的基本格式为：

```
< 被赋值变量 >< 赋值操作符 >< 赋值表达式 >
```

其中，< 赋值操作符 > 是 "="（阻塞赋值）或 "<="（非阻塞赋值）。过程赋值语句只能对寄存器类型的变量（reg、integer、real 和 time）进行操作，经过赋值后，上面这些变量的取值将保持不变，直到另一条赋值语句对变量重新赋值为止。

过程赋值操作的具体目标可以是：

1）reg、integer、real 和 time 型变量（矢量和标量）。

2）上述变量的一位或几位。

3）上述变量用 {} 操作符所组成的矢量。

4）存储器类型，只能对指定地址单元的整个字进行赋值，不能对其中某些位单独赋值。

示例：

```
reg c;
always@(a)
begin c=1'b0;
end
```

3. 关系运算符

关系运算符是对两个操作数进行大小比较，如果比较结果为真（true），则结果为 1，如果比较结果为假（false），则结果为 0。关系运算符多用于条件判断，共有以下 4 种：

1）a<b：a 小于 b。

2）a> b：a 大于 b。

3）a <=b：a 小于或等于 b。

4）a >=b：a 大于或等于 b。

所有的关系运算符有着相同的优先级别，但关系运算符的优先级低于算术运算符。

示例：

1）a < size−1，等同于 a <(size−1)。

2）size−(1<a)，不等同于 size−1 < a。

从上面的例子可以看出这两种不同运算符的优先级别。当表达式 size−(1<a) 进行运算时，关系表达式先被运算，然后返回结果值 0 或 1 被 size 减去；而当表达式 size−l<a 进行运算时，size 先被减去 1，然后再同 a 相比。

注意事项：

1）如果操作数中有一位出现 x 或 z，那么表达式结果为 x。

示例：

```
4'b10x1<4'b1101          // 结果为 x
52<8'hxFF                // 结果为 1（真）
```

2）如果操作数的长度不同，那么长度短的操作数在高位添 0 补齐。

示例：

```
'b1000>='b001110  // 结果为 0（假），等价于 'b001000>='b001110
```

4. 等式运算符

与关系运算符类似，等式运算符也是对两个操作数进行比较，如果比较结果为假，则结果为 0，反之为 1。

在 Verilog HDL 语言中存在 4 种等式运算符：

1）==：等于。

2）!=：不等于。

3）===：全等。

4）!==：全不等。

这 4 种运算符都是二目运算符，它要求有两个操作数。其中"=="和"!="是把两个操作数的逻辑值做比较，由于操作数中某些位可能是 x 或 z，所以比较结果也有可能是 x。而"==="和"=="是按位进行比较，即便在两个操作数中某些位出现了 x 或 z，只要它们出现在相同的位，那么就认为两者是相同的，比较结果为 1，反之为 0，而不会出现结果为 x 的情况。

"==="和"!=="运算符常用于 case 表达式的判别，所以又称为"case 等式运算符"。

示例：

```
a=4'b010;b=4'bx10;c=4'bx101;d=4'bxx10
```

则

```
a===b     // 结果为假，值为 0，严格按位比较
b==d      // 结果为 x，因为操作数出现了 x
b===d     // 结果为真，值为 1，严格按位比较
b===c     // 结果为 0
a!=d      // 结果为 x
b!==d     // 结果为 0
```

这 4 种等式运算符的优先级别是相同的。如果操作数的长度不同，那么长度短的操作数在高位添 0 补齐。

5. 逻辑运算符

在 Verilog HDL 语言中存在以下 3 种逻辑运算符：

1）&& 逻辑与：二目运算符。

2）|| 逻辑或：二目运算符。

3）! 逻辑非：单目运算符。

分别是对操作数做与、或、非运算，操作结果为 0 或 1。表 2-2 为逻辑运算的真值表。

表 2-2　逻辑运算的真值表

a	b	! a	! b	a&&b	a‖b
真	真	假	假	真	真
真	假	假	真	假	真
假	真	真	假	假	真
假	假	真	真	假	假

注意事项：

在逻辑运算符中，如果操作数是 1 位的，则用"1"表示逻辑真状态，用"0"表示逻辑假状态；若操作数由多位组成，则必须把操作数当作一个整体来处理，即如果操作数所有位都是 0，那么该操作数整体看作具有逻辑 0；反之，只要其中一位为 1，那么该操作数整体看作具有逻辑 1。如果任意一个操作数包含 x，则该操作数被当作 x。

示例：

```
! 4'b010x            // 结果为 x
'b1010&&'b1111       // 结果是 1
'b0000&&'b1001       // 结果是 0
2'b0x&&2'b10         // 结果是 x（相当于 x&&1）
```

逻辑运算符中"&&"和"‖"的优先级低于关系运算符，"！"的优先级高于算术运算符。为了提高程序的可读性，明确表达各运算符间的优先关系，建议使用括号。

示例：

```
(a>b)&&(x>y)          // 可写成  a>b&&x>y。
(a==b)||(x=y)         // 可写成  a==b||x=y。
(！a)||(a>b)          // 可写成！ a||a>b。
```

6. 条件运算符

条件运算符是唯一的三目运算符，根据条件表达式的值来选择执行表达式，其格式如下：

```
条件表达式? 待执行表达式 1：待执行表达式 2
```

条件表达式计算的结果可以是真（1）或假（0），如果条件表达式结果为真，选择执行待执行表达式 1；如果条件表达式结果为假，选择执行待执行表达式 2。

如果条件表达式结果为 x 或 z，那么两个待执行表达式都要计算，然后把两个计算结果按位进行运算得到最终结果。如果两个表达式的某一位都为 1，那么该位的最终结果为 1；如果都是 0，那么该位结果为 0；否则该位结果为 x。

示例：

```
wire [0:2] student=marks>18 ? Grade_A:Grade_B;
```

上例中，计算表达式 marks>18 是否成立，如果为真，Grade_A 就赋给 student；如果为假，Grade_B 就赋给 student。

7. 位运算符

Verilog HDL 作为一种硬件描述语言，是专门针对硬件电路而设计的。在硬件电路中，信号有 4 种状态值，即 1、0、x、z。在电路中信号进行与、或、非等逻辑运算时，反映在 Verilog HDL 中则是相应的操作数的位运算。Verilog HDL 提供了以下 5 种位运算符：

1）～：按位取反。

2）&：按位与。

3）|：按位或。

4）^：按位异或。

5）^～：按位同或（异或非）。

说明：

1）位运算符中除了"～"是单目运算符以外，其余均为双目运算符，即要求运算符两侧各有一个操作数。

2）位运算符中的双目运算符要求对两个操作数的相应位进行运算操作。

下面对各运算符分别进行介绍。

1）取反运算符"～"：～是一个单目运算符，用来对一个操作数进行按位取反运算。其运算规则见表 2-3。

示例：

```
rega='b1011;              //rega 的初值为 'b1011
rega=~rega;               //rega 的值进行取反运算后变为 'b0100
```

2）按位与运算符"&"：就是将两个操作数的相应位进行与运算。其运算规则见表 2-4。

3）按位或运算符"|"：就是将两个操作数的相应位进行或运算。其运算规则见表 2-5。

4）按位异或运算符"^"（也称之为 XOR 运算符）：就是将两个操作数的相应位进行异或运算。其运算规则见表 2-6。

5）按位同或运算符"^～"：就是将两个操作数的相应位先进行异或运算再进行非运算。其运算规则见表 2-7。

表 2-3　取反运算规则

～	结果
1	0
0	1
x	x

表 2-4　按位与运算规则

&	0	1	x
0	0	0	0
1	0	1	x
x	0	x	x

表 2-5　按位或运算规则

		0	1	x
0	0	1	x
1	1	1	1
x	x	1	x

表 2-6　按位异或运算规则

^	0	1	x
0	0	1	x
1	1	0	x
x	x	x	x

表 2-7　按位同或运算规则

^~	0	1	x
0	1	0	x
1	0	1	x
x	x	x	x

两个长度不同的数据进行位运算时，系统会自动地将两者按右端对齐，位数少的操作数会在相应的高位用 0 补齐，以使两个操作数能够按位进行操作。

示例：

```
若 A=5'b11011,  B=3'b101,
则 A&B=(5'b11011)&(5'b00101)=5'b00001
```

8. 移位运算符

在 Verilog HDL 中有两种移位运算符："<<"（左移位运算符）和 ">>"（右移位运算符）。其使用方法如下：

```
a>>n 或 a<<n
```

a 代表要进行移位的操作数，n 代表要移的位数。这两种移位运算都用 0 来填补移出空位。进行移位运算时应注意移位前后变量的位数。

示例：

```
4'b1001>>3=4'b0001;        // 右移 3 位后，低 3 位丢失，高 3 位用 0 填补
4'b1001>>4=4'b0000;        // 右移 4 位后，低 4 位丢失，高 4 位用 0 填补
4'b1001<<1=5'b10010;       // 左移 1 位后，用 0 填补低位
4'b1001<<2=6'b100100;      // 左移 2 位后，用 00 填补低位
1<<6=32'b1000000;          // 左移 6 位后，用 000000 填补低位
```

从上面的例子可以看出，操作数进行右移时，位数保持不变，但是右移的数据会丢失；进行左移操作时，左移位数会扩充。将操作数左移 n 位，相当于将操作数乘以 2n。

9. 位拼接运算符

在 Verilog HDL 语言中有一个特殊的运算符：位拼接运算符 "{}"，可以用来把两个或多个信号的某些位拼接起来进行运算操作。其使用方法如下：

```
{信号 1 的某几位，信号 2 的某几位，…，信号 n 的某几位}
```

即把某些信号的某些位详细地列出来，中间用逗号分开，最后用大括号括起来表示一个整体信号。例如，在进行加法运算时，可将进位输出与和拼接在一起使用。

示例：

```
output [3:0] sum;              // 和
output cout;                   // 进位输出
input [3:0] ina,inb;
input cin;
assign{cout,sum}=ina+inb+cin;  // 进位与和拼接在一起
```

示例：

`{a,b[3:0],w,3'b101}`，也可以写为 `{a,b[3],b[2],b[1],b[0],w,1'b1,1'b0,1'b1}`

另外，可用重复法简化表达式，如：`{4{w}}` 等同于 `{w,w,w,w}`。也可用嵌套方式简化书写，如：`{b,{3{a,b}}}` 等同于 `{b,{a,b},{a,b},{a,b}}`，也等同于 `{b,a,b,a,b,a,b}`。

注意事项：

在位拼接表达式中，不允许存在没有指明位数的信号，必须指明信号的位数，若未指明，则默认为 32 位的二进制数。

示例：

`{1,0}=64'h00000001_00000000`

注意，`{1,0}` 不等于 `2'b10`。

10. 运算符优先级

下面对各种运算符的优先级别关系做一总结，图 2-2 示出了各运算符的运算级别。为了提高程序的可读性，建议使用括号来控制运算的优先级。

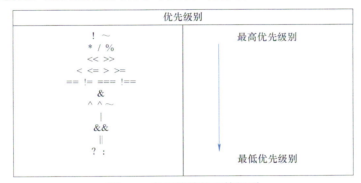

图 2-2　各运算符的运算级别

2.3　模块结构及描述方式

2.3.1　模块结构

Verilog 设计中的基本单元是"模块"（block）。一个模块由两部分组成，一部分描述接口，另一部分描述逻辑功能（定义输入是如何影响输出）。

图 2-3 是程序模块，图 2-4 是一个电路图符号，电路图符号的引脚是程序模块的接口，程序模块描述了电路图符号所能实现的逻辑功能。程序模块中的第二、第三行说明了接口的信号流向，第四、第五行说明了模块的逻辑功能。

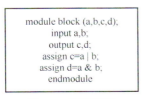

图 2-3　程序模块

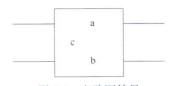

图 2-4　电路图符号

从这一例子可以看出，每个模块嵌套在 module 和 endmodule 声明语句之中，主要包括 4 个部分：端口定义、I/O 说明、内部信号声明和功能定义。

1. 端口定义

模块的端口定义了输入输出口，也是与其他模块联系的端口的标识。定义格式为：

```
module 模块名（口 1，口 2，口 3，口 4，……）；
```

在引用的模块中，有些信号要输入到被引用的模块中，有些信号需要从被引用的模块中取出来。在引用模块时其端口可以用两种方法连接：

1）在引用时，严格按照模块定义的端口顺序来连接，不用标明原模块定义时规定的端口名，例如：

```
模块名（连接端口 1 信号名，连接端口 2 信号名，连接端口 3 信号名，……）；
```

2）在引用时用"."符号，标明原模块是定义时规定的端口名，例如：

```
模块名（. 端口 1 名（连接信号 1 名），. 端口 2 名（连接信号 2 名），……）；
```

这样表示的好处在于可以用端口名与被引用模块的端口相对应，而不必严格按端口顺序对应，提高了程序的可读性和可移植性。

示例：

```
……
MyDesignMK Ml(.sin(Serial In),.pout(ParallelOut),……);
……
```

其中，.sin 和 .pout 都是 Ml 的端口名，而 Ml 则是与 MyDesignMK 完全一样的模块。MyDesignMK 已经在另一个模块中定义过，它有两个端口，即 sin 和 pout。与 sin 端口连接的信号名为 Serial In，与 pout 端口连接的信号名为 ParallelOut。

2. I/O 说明

I/O 说明的格式如下：

```
input [信号位宽 -1:0] 端口名 i;          // 第 i 个输入口
output [信号位宽 -1:0] 端口名 j;         // 第 j 个输出口
inout [信号位宽 -1:0] 端口名 k;          // 第 k 个双向总线端口
```

当同一类信号的位宽相同时，可以合并在一起。

示例：

```
input [2:0] a,b,c;
```

该例中 a、b、c 三个输入信号的位宽同为 3 位。

I/O 说明也可以写在端口声明语句里。其格式如下：

```
module module_name(input por1,input por2,……
                   output por1,output por2,……);
```

3. 内部信号声明

在模块内，除了进行 I/O 口说明，还要声明数据类型，wire 和 reg 类型变量。

```
reg [width-1:0] R 变量 1,R 变量 2,……;
     wire [width-1:0] W 变量 1,W 变量 2,……;
```

其中，reg 为寄存器型变量，wire 为连线型变量。

4. 功能定义

在 Verilog 模块中，有以下 3 种方法描述电路的逻辑功能：

（1）用 "assign" 语句（连续赋值语句）

示例：

```
assign x=b&c;
```

只需在 "assign" 后面添加关系方程式。上例描述了一个有两个输入的与门。

注意事项：

1）assign 语句被赋值的变量必须是 wire 型，操作数可以是 wire 型、reg 型。

2）总是处于激活状态。

3）可用于描述一个完整的设计。

示例：2 选 1 数据选择器

```
module  mux(out,a,b,sel);
            input a,b,sel;
            output  out;
            assign out=(sel==0)？a:b;
endmodule
```

（2）用实例元件（元件调用）

Verilog HDL 内部定义了一些基本门级元件模块。使用实例元件的调用语句，不必重新编写这些基本门级元件模块，直接调用这些模块。要求模块中每个实例元件的名字必须是唯一的，以避免与其他调用与门（and）的实例混淆。

元件调用类似于在电路图输入方式下调入元件图形符号来完成设计。这种方式侧重于电路的结构描述。

使用实例元件的格式：

门元件关键字　<实例名>　（端口列表）；

示例：

```
and#2 ul(q,a,b);
```

例子中表示在设计中用到一个跟与门（and）一样的名为 ul 的与门，其输入端为 a、b，输出为 q，输出延迟为 2 个单位时间。

（3）用"always"块（过程赋值语句）

示例：

```
always@(posedge clk or posedge rst)
        begin
            if(rst)q <=0;
            else if(en)q <=d;
        end
```

"assign"语句是描述组合逻辑最常用的方法之一，而"always"块既可用于描述组合逻辑也可描述时序逻辑。上面的例子用 always 块生成了一个带有异步清除端的 D 触发器。always@（<event expression>）语句的括号内表示的是敏感信号或表达式。即当敏感信号或表达式的值发生变化时，执行"always"块内语句。posedge 表示上升沿触发，negedge 表示下降沿触发。

上面的三个例子分别采用了"assign"语句、实例元件和"always"块。在功能定义部分可以同时使用这三种表示方法，这些方法描述的逻辑功能是同时执行的。

示例：

```
module ex(……);
  input……;
  output……;
  reg……;
    assign a=b&c;  // 并行执行
    always@(……)  // 顺序语句,内部语句顺序执行
      begin
      ……
      end
```

```
        and u1(a,b,c);
    endmodule
```

　　然而，在"always"模块内，逻辑是按照指定的顺序执行的。"always"块中的语句称为"顺序语句"，因为它们是顺序执行的。请注意，两个或者更多的"always"模块也是同时执行的，但是模块内部的语句是顺序执行的。

5. 要点总结

　　Verilog 在学习中虽然许多与 C 语言类似，但是类似的语句只能出现在过程块中（即 initial 和 always 块），而不能随意出现在模块功能定义的范围内。以下 4 点与 C 语言有很大的不同：

　　1）在 Verilog 模块中所有过程块（如：initial 块、always 块）、连续赋值语句、实例引用都是并行的。

　　2）它们表示的是一种通过变量名互相连接的关系。

　　3）在同一模块中这三者出现的先后顺序没有关系。

　　4）只有连续赋值语句 assign 和实例引用语句可以独立于过程块而存在于模块的功能定义部分。

2.3.2　描述方式

　　在使用 Verilog 描述电路时，有 3 种描述方式：行为描述方式、结构描述方式和混合描述方式。

　　（1）行为描述方式

　　使用以下三种语句来描述模型：

　　1）assign 连续赋值语句：属于数据流描述，连续赋值语句是并行执行，执行顺序与书写顺序无关。被赋值变量必须为 wire 型。

　　2）initial 过程语句：在一个模型中，语句只执行一次。

　　3）always 过程语句：在一个模型中，语句循环执行。

　　initial 和 always 语句中被赋值的变量必须为 reg 型。

　　（2）结构描述方式

　　使用以下几种基本结构来建模：

　　1）内置门级元件。

　　2）模块实例调用。

　　3）用户自定义的门级元件。

　　（3）混合描述方式

　　将行为描述方式和结构描述方式混合使用。可以含有连续赋值语句、always 语句、initial 语句、内置门级元件、模块实例调用等语句。

　　下面对过程语句、块语句和赋值语句进行讲解。

1. 过程语句

　　initial 和 always 是过程语句的关键词。过程语句是行为描述的主要组成部分，由"initial 或 always"和语句块所组成，而语句块主要是由过程性赋值语句（包括过程赋值语句即"= 或 <="和过程连续赋值语句即"assign"）和高级程序语句（包括条件语句和循环语句）这两种行为语句构成的。

过程块具有如下特点：

- 在行为描述模块中出现的每个过程块（initial 块或 always 块）都代表一个独立的进程。
- 在进行仿真时，所有过程块的执行都是从 0 时刻开始并行进行的（块语句的执行顺序与书写顺序无关）。
- 每个过程块内部的多条语句的执行方式可以是顺序执行的（当块定义语句为 begin-end 时），也可以是并行执行的（块定义语句为 fork-join 时）。
- always 过程块和 initial 过程块都是不能嵌套使用的。

（1）initial 过程块

initial 过程块是由过程语句 initial 和语句块组成的，该语句只执行一次，并且在仿真 0 时刻开始执行。格式如下：

```
initial
        <块定义语句 1>:<块名 >
        块内部局部变量说明：
        时间控制 1   行为语句 1；
        ……
        时间控制 n   行为语句 n；
        <块定义语句 2>
```

1）块定义语句可以是 "begin-end" 或 "fork-end" 语句组。块定义语句将它们之间的多条行为语句组合在一起，使之构成一个语句块。定义了块名的过程块称为有名块，在有名块中可以定义局部变量。

2）只有在有块名中才能定义局部变量。块内局部变量必须是寄存器型变量。

3）时间控制用来对过程块内各条语句的执行时间进行控制。

4）行为语句可以是过程赋值语句、过程连续赋值语句和高级程序语句。

5）initial 过程块主要是用于初始化和波形生成，它通常是不可综合的。

示例：

```
initial
        begin
        inputs='b000000;            // 初始时刻为 0
        #10  inputs='b011001;       //10 个时间单位后取值为 011001
        #20  inputs='b011011;       //20 个时间单位后取值为 011011
        #5  inputs='b011000;        //5 个时间单位后取值为 011000
    end
```

示例——用 initial 语句对存储器进行初始化：

```
initial
        begin
            for(addr=0;addr<size;addr=addr+1)
            memory [addr] =0;          // 对 memory 存储器进行初始化
        end
```

通过 initial 语句对 memory 存储器进行初始化，其所有存储单元的初始值都置成 0。

（2）always 过程块

always 过程块是由 always 过程语句和语句块组成的，利用 always 过程块可以实现锁存器和触发器，也可以用来实现组合逻辑。格式如下：

```
always@(敏感事件列表)
        < 块定义语句 1 >:< 块名 >
        块内部局部变量说明；
```

```
时间控制 1     行为语句 1;
      ……
时间控制 n     行为语句 n;
< 块定义语句 2 >
```

1）带有敏感事件列表的语句块的执行要受敏感事件的控制。多个敏感事件可以用 or 组合起来，只要其中一个发生，就执行后面的语句块。

2）< 块定义语句 > 和 initial 的一样。可以是顺序块 "begin-end" 或并行块 "fork-join"。

3）块名、时间控制和行为语句的规定和 initial 的一样。

always 语句中的敏感事件列表可以是边沿触发，也可以是电平触发。若敏感事件是多个信号，那么多个信号之间用关键词 or 分隔。如：

```
always@(posedge clock or posedge reset)
begin
                // 由两个沿触发的 always 块，只要其中一个沿出现，就立即执行一次过程块
end
always@(a or b or c)
begin
        // 由多个电平触发的 always 块，只要 a、b、c 中任何一个发生变化，从高到低或从低到高都会执行一次过程
end
```

边沿触发的 always 块常常用来描述时序电路，而电平触发的 always 块常常用来描述组合电路。最好不要将边沿敏感事件和电平敏感事件混合使用。在用 always 过程块实现组合逻辑时要注意将所有的输入信号都列入敏感事件列表中，而在用 always 过程块实现时序逻辑时却不一定要将所有的输入信号列入敏感事件列表。

示例——同步置数、同步清零的计数器：

```
module count(out,data,load,reset,clk);
input load,clk,reset;              //load 同步置数信号 , reset 同步清零信号
input [7:0] data;
output [7:0] out;
reg [7:0] out;
always@(posedge clk)               //clk 上升沿触发
begin
        if(! reset)        out<=8'h00;        // 同步清零，低电平有效
        else if(load)      out<=data;         // 同步置数，高电平有效
        else               out<=out+1;        // 计数
end
endmodule
```

下面比较一下同步清零和异步清零的区别：同步清零信号要起作用，必须等时钟触发沿来到才能有效。所以敏感事件列表中不需要列出同步置数信号 load 和同步清零信号 reset。异步清零信号则不用等时钟触发沿来到，只要异步清零信号有效就立即清零。所以敏感事件列表中需要把异步清零信号也列入其中。

由于 always 语句有重复循环执行的特性，当敏感事件默认时，语句块将一直循环执行下去，会造成仿真死锁状态发生。

示例：

```
always
  begin
        clk=~clk;
  end
```

此例将会产生 0 延迟的无限循环跳变过程，这时会发生仿真死锁，原因是 always 语句

没有时序控制。

正确写法应为：

```
always
     begin
          #10  clk=~clk;
     end
```

由于 always 语句不断活动的特性，因此只有和一定的时序控制（如 #10）结合在一起才有用。

2. 块语句

块语句就是在"initial 过程块"或"always 过程块"中由块定义语句 1 和块定义语句 2 所界定的一组行为语句。块定义语句分为两种：

1）串行块——"begin-end"语句组，它们用来组合需要顺序执行的语句，有时又称为顺序块。

2）并行块——"fork-join"语句组，它们用来组合需要并行执行的语句。

块定义语句 1（begin 或 fork）标示语句块的开始，块定义语句 2（end 或 join）标示语句块的结束。当语句块内只包含一条行为语句时，块定义语句可以省略。

（1）串行块（begin-end）

格式如下：

```
begin:<块名>
      块内局部变量说明：
      时间控制 1  行为语句 1；
             ……
      时间控制 n  行为语句 n；
end
```

串行块的块内局部变量说明可以是 reg 型、integer 型、real 型寄存器型变量声明语句。

串行块执行的特点：

1）块内的语句是按顺序执行的，即只有上面一条语句执行完后下面的语句才能执行。

2）每条语句的延迟时间是相对于前一条语句的仿真时间而言的。

3）直到最后一条语句执行完，程序流程控制才跳出该顺序块。

示例：

```
begin
     b = a;
     c = b;    //c 的值为 a 的值
end
```

对于顺序块，起始时间就是第一条语句开始执行的时间，结束时间就是最后一条语句结束的时间。

在顺序块里延迟控制时间来分开两个赋值语句的执行时间，见下例：

```
begin
     b = a;
     #10  c = b;              // 在两条赋值语句间延迟 10 个时间单位
end
```

这里标识符"#"表示延迟，在模块调用中"#"表示参数的传递。

示例——用 initial 完成对测试变量的赋值：

```
`timescale 1ns/1ns
module test;
reg A,B,C;
```

```
initial
    begin
        A=0,B=1,C=0;
    #50 A=1,B=0;
    #50 A=0,C=1;
    #50 B=1;
    #50 B=0,C=0;
    #50 $finish;
    end
endmodule
```

注意：每条语句的延迟时间都是相对于前一条语句的仿真时间而言的，体现了串行块执行的特点。

（2）并行块（fork-join）

格式如下：

```
fork:<块名 >
        块内局部变量说明 :
        时间控制 1   行为语句 1;
            ……
        时间控制 n   行为语句 n;
join
```

并行块的块内局部变量说明可以是 reg 型、integer 型、real 型、time 型寄存器型变量声明语句。

并行块执行的特点：

1）并行块内各条语句是同时并行执行的。

2）各条语句的起始执行时间都等于程序流程控制进入该并行块的时间。

3）块内各条语句中指定的延时控制都是相对于程序流程控制进入并行块的时刻的延时，也就是相对于并行块开始执行时刻的延时。

4）当并行块内执行时间最长的那条块内语句结束后，程序流程控制跳出并行块。整个并行块的执行时间等于执行时间最长的那条语句所需的执行时间。

在 fork_join 块内，各条语句不必按顺序给出，因此在并行块里，各条语句在前还是在后是无关紧要的。

（3）并行块和串行块的嵌套使用

块可以嵌套使用，串行块和并行块能够混合在一起使用。

示例：

```
always                          //always 语句开始
    begin:SEQ_A                 // 顺序语句块 SEQ_A 开始
        # 4 dry = 5;            //S1
        fork:PAR_A              //S2，并行语句块 PAR_A 开始
            # 6 cun=7;          //P1
            begin:SEQ_B         //P2，顺序语句块 SEQ_B 开始
                exe=box;        //S5
                #5 jap=exe;     //S6
            end
            #2 dop=3;           //P3
            #4 gos=2;           //P4
        join
        #8 bax=1;               //S3
        #2 zoom=52;             //S4
    end
```

3．赋值语句

在 Verilog HDL 语言中，信号的两种赋值方式分别为：连续赋值和过程赋值。下面分别详细讲述。

（1）连续赋值语句（assign）

关键词 assign 是连续赋值语句的标示。使用 assign 语句为 wire 型变量赋值，不可用连续赋值语句对寄存器型变量赋值。连续赋值语句是描述组合逻辑最常用的方法之一，其赋值符号为"="。

示例——用 assign 语句描述一个二输入的与门：

```
module  simpsig(a,b,c);
  input  a,b;
  output  c;
  assign  c=a&b;
endmodule
```

a、b、c 三个变量均为 wire 型变量，a 和 b 信号的任何变化都将把 a&b 的值赋给信号 c，也可以用一条语句完成声明和赋值的功能。如：wire c=a&b。

示例——用连线赋值语句定义 2 选 1 数据选择器：

```
module MUX2_1(out,a,b,sel);
input a,b,sel;
    output out;
    assign out=(sel==0)？a:b;
endmodule
```

（2）过程赋值语句（assign）

过程赋值语句用于对 reg 型变量赋值，是使用在过程块（always 或 initial）中的赋值语句。在过程块中只能使用过程赋值语句（不能在过程块中使用连续赋值语句）。过程赋值语句又分为非阻塞赋值语句和阻塞赋值语句。赋值格式如下：

<被赋值变量>　<赋值操作符>　<赋值表达式>

赋值操作符左侧是赋值目标，右侧是表达式。阻塞赋值语句的操作符是"="，非阻塞赋值语句的操作符是"<="。

过程赋值语句操作目标如下：

1）reg、integer、real 等寄存器型变量。

2）寄存器型变量的某一位或某几位。

3）存储器类，只能对某地址单元的整个字进行赋值，不能对其中某些位单独赋值。

4）寄存器变量用位拼接运算符构成的寄存器整体。

示例——过程赋值语句的赋值目标：

```
reg a;
reg [0:7] b;
integer i;
reg [0:7] mem [0:1023];
initial
  begin
    a=0;                    //对一个 1 位寄存器 a 赋值
    i=356;                  //对一个整型变量 i 赋值
    b[2]=1'b1;              //对 8 位寄存器 b 的第 3 位赋值
    b[0:3]=4'b1111;         //对 8 位寄存器 b 的前 4 位赋值
    mem[200]=8'h f b;       //对存储器 mem 的第 201 个存储单元赋值
    {a,b}=9'b100101111;     //对用位拼接符构成的寄存器整体赋值
  end
```

1) 非阻塞（Non-Blocking）赋值方式（如 b<= a; ）。

其执行过程为：首先计算右端赋值表达式的取值，然后等到整个过程块结束时，才对被赋值变量进行赋值操作。

示例：

```
initial
    begin
        A<=B;           // 语句 S1
        B<=A;           // 语句 S2
    end
```

S1 和 S2 是两条非阻塞赋值语句，在仿真 0 时刻 S1 首先执行，计算其赋值表达式 "B" 的值，但没有对 A 进行赋值操作。同时 S1 操作不会阻塞 S2 的执行；S2 也开始执行，计算其赋值表达式 "A" 的值，此时 S2 的赋值表达式中 A 的值仍是初值，S2 的赋值操作也要等到过程块结束时执行。当块结束时，S1、S2 两条语句对应的赋值操作同时执行，分别将计算得到的 A 和 B 初值赋给变量 B 和 A，这样就交换了数据。

注意：非阻塞赋值符 "<=" 与小于或等于符 "<=" 看起来是一样的，但意义完全不同，小于或等于符是关系运算符，用于比较大小，而非阻塞赋值符用于赋值操作。

2) 阻塞（blocking）赋值方式（如 b = a; ）。

● 赋值语句执行完后，块才结束。

● b 的值在赋值语句执行完后立刻就改变。

● 在时序逻辑中使用时，可能会产生意想不到的结果。

其执行过程为：首先计算右端赋值表达式的取值，然后立即将计算结果赋给等号左端的被赋值变量。即 b 的值在该条语句结束后立即改变。如果一个块语句中有多个阻塞赋值语句，那么在前面的赋值语句没有完成之前，后面的语句就不能执行，仿佛被阻塞了一样，因此称为阻塞赋值语句。

示例：

```
initial
        begin
            a=0;    // 语句 S1
            a=1;    // 语句 S2
        end
```

S1 和 S2 是两条阻塞赋值语句，都在仿真 0 时刻执行赋值，但是先执行 S1，a 被赋值 0 后，S2 才能开始执行。而 S2 的执行，使 a 重新被赋值为 1。因此，过程块结束后，a 的值最终为 1。

3) 阻塞赋值语句和非阻塞赋值语句的主要区别。

① 非阻塞赋值语句的赋值方式（b<=a）：块语句执行结束时才能整体完成赋值操作；b 的值并不是立即就改变的，在块结束后才赋值给 b；这是一种常用的赋值方式，特别是在编写可综合模块时。硬件有对应的电路。

非阻塞语句的赋值不是马上执行，也就是说，always 块内的下一条语句执行时，b 并不等于 a，而是保持原来的值。在 always 块结束后，才能赋值，b 的值才改变成 a。

② 阻塞赋值语句的赋值方式（b=a）：赋值语句执行完后，块才结束；完成该赋值语句后，才能执行下一语句的操作（即上一条阻塞赋值语句阻塞下一条语句执行）；b 的值在赋值语句执行完后就立即改变；硬件没有对应的电路，因而综合结果未知。

阻塞语句赋值方式是马上执行的，也就是说执行下一条语句时，b 已经等于 a。尽管这种方式比较直观，但可能会引起错误。

　　建议在初学时使用一种方式，不要混用。在可综合风格的模块中使用非阻塞赋值。

　　示例：

```
always@(posedge clk)
        begin
                b<=a;
                c<=b;
        end
```

　　clk 信号上升沿来到时，赋值必须等到块语句结束后才能执行，因此 b 等于 a，而 c 等于 b 的原值。映射成两个 D 触发器。这个"always"块实际描述的电路功能如图 2-5 所示。

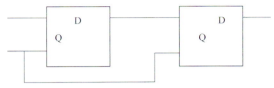

图 2-5　非阻塞赋值方式的"always"电路图

　　示例：

```
always@(posedge elk)
        begin
                b=a;
                c=b;
        end
```

　　clk 信号上升沿来到时，赋值立即顺序执行，b 马上等于 a，c 马上等于 b（即 a 的值）。映射成一个 D 触发器。图 2-6 为阻塞赋值方式的"always"块图。图 2-7、图 2-8 为非阻塞、阻塞赋值方式仿真波形图。

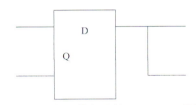

图 2-6　阻塞赋值方式的"always"块图

图 2-7　非阻塞赋值方式仿真波形图

图 2-8　阻塞赋值方式仿真波形图

对于非阻塞赋值，c 的值落后于 b 的值，这是因为 c 被赋的值是 b 的初值。对于阻塞赋值，b 的值是立即更新，更新的值又赋给了 c，所以 b 和 c 相同。

过程赋值和连续赋值的对比见表 2-8。

表 2-8　过程赋值与连续赋值对比表

	过程赋值	连续赋值
assign	无 assign	有 assign
赋值符号	使用 "＝" 或 "<=" 赋值语句	使用 "＝" 赋值符号
位置	在 always 语句或 initial 语句内使用	不能在 always、initial 语句内使用
执行条件	与周围其他语句有关	等号右端操作数的值发生变化时
用途	驱动寄存器 reg	驱动线网 wire

2.4　逻辑控制语句

视频
第 2 章 2.4

2.4.1　条件语句（if-else 语句）

if-else 条件分支语句用来判定所给条件是否满足，根据判定结果（真或假）决定执行给出的两种操作之一。它有三种格式：

（1）if 结构
```
If( 表达式 )
语句;
```
示例：
```
if(a > b)
   out1=int1;
```
（2）if-else 结构
```
If( 表达式 )
        语句 1
     else
        语句 2
```
示例：
```
If(a>b)
        out1=int1;
     else
        out1=int2;
```
（3）if-else if-else 结构
```
if( 表达式 1)        语句 1;
    else      if( 表达式 2)    语句 2;
    else      if( 表达式 3)    语句 3;
                  :
    else      if( 表达式 m)    语句 m;
    else                语句 n;
```
示例：
```
always@(some_event)        // 斜体字表示块语句
```

```
begin
    if(a>b)        outl=int1;
    else    if(a==b)  outl=int2;
    else              outl=int3;
end
```

关于 if-else 语句的几点说明：

1）条件语句必须在过程块语句中使用。所谓过程块语句是指由 initial 和 always 语句引导的执行语句集合。除这两种语句引导的 begin-end 块中可以编写条件语句外，模块中的其他地方都不能编写。

2）使用 if 语句时，无论其条件表达式是什么形式，都必须用括号括起来，如 if（a>b）、if（SEL==1）等。这点与 VHDL 不同。

3）3 种形式的 if 语句在 if 后面都有"表达式"，一般为逻辑表达式或关系表达式。系统对表达式的值进行判断，若为 0、x、z，按"假"处理；若为 1，按"真"处理，执行指定的语句。

4）第（2）（3）种形式的 if 语句，在每个 else 前面有一分号，整个语句结束处有一分号。例如：

```
If(a>b)
outl=intl;
else                    // 各有一个分号
outl=int2;
```

5）在 if 和 else 后面可以包含一个内嵌的操作语句，也可以有多个操作语句，此时用 begin 和 end 这两个关键词将几个语句包含起来成为一个复合块语句。如：

```
If(a>b)
    begin
        out1<=int1;
        out2<=int2;
    end
  else
    begin
        out1<=int2;
        out2<=int1;
    end
```

注意：在 end 后不需要再加分号。因为 begin-end 内是一个完整的复合句，无须再附加分号。

6）允许一定形式的表达式简写方式。如下面的例子：

```
If(expression)      等同于    if(expression==1)
If(! expression)   等同于     if(expression ! =1)
```

7）if 语句的嵌套。在 if 语句中又包含一个或多个 if 语句称为 if 语句的嵌套。一般形式如下：

```
If(expression 1)
    If(expression2)        语句 1;（内嵌 if)
    else                   语句2;
else
    if(expression3)        语句 3;（内嵌 if)
    else                   语句 4;
```

应当注意 if 与 else 的配对关系，else 总是与它上面的最近的 if 配对。如果 if 与 else 的数目不一样，为了实现程序设计者的企图，可以用 begin-end 块语句来确定配对关系。例如：

```
if()
    begin
    if()    语句 1  (内嵌 if)
    end
else
    语句 2
```

这时，begin-end 块语句限定了内嵌 if 语句的范围，因此 else 与第一个 if 配对。

2.4.2 条件语句（case 语句）

if-else 语句是二选一的选择语句，而 case 语句是一种多选择语句，通常用于多条件译码电路（如译码器、数据选择器、状态机、微处理器的指令译码）。case 语句是一段用 case-endcase 封装起来的段代码，它的表述方式有 3 种，即 case、casex 和 casez 表述的 case 语句，格式分别如下：

```
case(敏感表达式)    <case 分支项> endcase
casez(敏感表达式)   <case 分支项> endcase
casex(敏感表达式)   <case 分支项> endcase
```

（1）case 语句

分支项的一般格式如下：

```
分支表达式：               语句；
默认项(default 项)：        语句；
```

"敏感表达式" 又称为 "控制表达式"，通常表示为控制信号的某些位。分支项表达式则用控制信号的具体状态值来表示，因此分支项表达式又可以称为常量表达式。

当控制表达式的值与分支表达式的值相等时，就执行该分支表达式后的语句块。如果所有的分支表达式的值都没有与控制表达式的值匹配的，就执行 default 分支。

说明：

1）default 项可有可无，一个 case 语句里只准有一个 default 项。

2）每一个 case 分项的分支表达式的值必须互不相同，否则就会出现矛盾（对表达式的同一个值，有多种执行方案）。

3）执行完 case 分项后的语句，则跳出该 case 语句结构，终止 case 语句的执行。

4）在用 case 语句表达式进行比较的过程中，只有当信号的对应位的值能明确进行比较时，比较才能成功。因此，要注意详细说明 case 分项的分支表达式的值。

5）case 语句的所有表达式值的位宽必须相等，只有这样，控制表达式和分支表达式才能进行对应位的比较。

下面是一个简单的使用 case 语句的例子。该例子中对寄存器 rega 译码，以确定 result 的值。

```
reg [15:0] rega;
reg [9:0] result;
case(rega)
    16'd0:  result=10'b0111111111;
    16'd1:  result=10'b1011111111;
    16'd2:  result=10'b1101111111;
    16'd3:  result=10'b1110111111;
    16'd4:  result=10'b1111011111;
    16'd5:  result=10'b1111101111;
    16'd6:  result=10'b1111110111;
    16'd7:  result=10'b1111111011;
    16'd8:  result=10'b1111111101;
```

```
    16'd9:  result=10'b1111111110;
     default  result=10'bx;
      endcase
```

示例——4 选 1 多路选择器：

```
module multiplexer(data_a,data_b,data_c,data_d,out_addr,data_out);
        input [3:0] data_a,data_b,data_c,data_d;
        input [1:0] out_addr;
        output reg [3:0] data_out;
   always@(*)
     begin
            case(out_addr)
              2'b00:data_out=data_a;
              2'b01:data_out=data_b;
              2'b10:data_out=data_c;
              2'b11:data_out=data_d;
              endcase


    end
 endmodule
```

最后，看一下 case 语句与 if-else-if 语句区别：

1）if-else-if 结构中的条件表达式比 case 语句更为直观。

2）case 语句提供了处理分支表达式的值某些位为不定值 x 和高阻值 z 的情况。在 case 语句中 x 或 z 和 0、1 一样，只要两个值的相同位置出现 x 或 z，就认为两个值相同。

示例：

```
case(5'b10x0z)
    5'b1000z:  a=4'b0001;
    5'bx001z:  a=4'b0010;
    5'b10x0z:  a=4'b1111;
    default:a=4'b0000;
endcase
```

最后结果 a=4'b1111。

（2）casez 与 casex 语句

Verilog HDL 针对电路的特性提供了 case 语句的其他两种形式，即 casez 和 casex，这可用来处理比较过程中的不必考虑的情况（don't care condition），即在表达式进行比较时，不将该位的状态考虑在内。与 case 语句的区别：

1）case 语句，是全等比较，即控制表达式和分支项表达式的值各对应位必须全等。

2）在 casez 语句中，若分支表达式某些位的值为高阻值 z，则不考虑对这些位的比较，只对非 z 位进行比较。

3）在 casex 语句中，若分支表达式某些位的值为 z 或不确定值 x，则不考虑对这些位的比较，只对非 x 或非 z 位进行比较。

下面将给出 case、casez、casex 的真值，如表 2-9 所示。

表 2-9 case、casez、casex 真值表

case	0	1	x	z	casez	0	1	x	z	casex	0	1	x	z
0	1	0	0	0	0	1	0	0	1	0	1	0	1	1
1	0	1	0	0	1	0	1	0	1	1	0	1	1	1
x	0	0	1	0	x	0	0	1	1	x	1	1	1	1
z	0	0	0	1	z	1	1	1	1	z	1	1	1	1

示例——用 casez 实现操作码译码：

```
begin
  casez(opcode)
      4'b1zzz:out=a+b;
      4'b01？？ :out=a-b;
      4'b001？ :out=(~a)+1;
      4'b0001:out=(~b)+1;
  endcase
end
```

示例——用 casex 实现操作码译码：

```
begin
  casex(opcode)
      4'b1zzx:out=a+b;
      4'b01xx:out=a-b;
      4'b001？ :out=(~a)+1;
      4'b0001:out=(~b)+1;
  endcase
end
```

这两节讲述了两类条件语句（if-else 语句和 case 语句）的使用方法，下面看下使用条件语句时，应该注意的事项：

1）应注意列出所有条件分支，否则当条件不满足时，编译器会生成一个锁存器保持原值。这一点可用于设计时序电路，如计数器；条件满足加 1，否则保持原值不变。

2）而在组合电路设计中，应避免生成隐含锁存器。有效的方法是在 if 语句最后写上 else 项，在 case 语句最后写上 default 项。

2.4.3 循环语句

在 Verilog HDL 中存在着 4 种类型的循环语句，用来控制执行语句的执行次数。

1）forever：无限连续的执行语句，可用 disable 语句中断。

2）repeat：连续执行一条语句 n 次。

3）while：执行一条语句，直到某个条件不满足。如果一开始条件即不满足（为假），则该语句一次也不能被执行。

4）for：在变量内执行循环语句，达到条件跳出。

1. forever 语句

forever 语句是无限循环语句，该循环语句中的循环体部分将不断重复执行。该语句不需要声明任何变量，格式如下：

```
forever 语句;
```

或

```
      forever
begin
多条语句
end
```

forever 循环语句常用于产生周期性的波形，作为仿真测试信号。它与 always 语句的不同之处在于不能独立写在程序中，而必须写在 initial 块中。

示例——用 forever 语句产生周期为 20 个单位事件的时钟波形：

```
initial
      begin
```

```
        clk = 0;           //clock 初始值为 0
        # 5  forever       // 延时 5 个单位时间后执行 forever 循环
      # 10 clk = ~clk;
          // 每隔 10 单位时间 clk 翻转一次,形成周期为 20 的方波
    end
```

注意:forever 的过程语句中必须有某种形式的时序控制,否则 forever 会在 0 时延后连续执行过程语句。上例中如果没有时序控制"# 10"的话,clk 就得不到时钟波形。

如果需要在某个时刻跳出 forever 循环语句所指定的无限循环,可以通过在循环体语句中使用中止语句(disable 语句)来实现。

示例:

```
initial
    begin
        counter=0;
        clk=0;
        #1000;
        begin:FOREVER_PART              // 外层有名块
            forever
                begin                   // 内层块,被循环执行语句块
                    counter=counter+1;
                    if(counter>200)    disable FOREVER_PART
// 如果 counter>200 成立,disable 语句中止 FOREVER_PART 块,即跳出 forever
                    #25 clk=~clk;
                end
        end
    end
```

2. repeat 语句

repeat 语句是重复执行若干次的语句,带有一个控制循环次数的常数或变量。repeat 语句的格式如下:

```
    repeat(表达式)语句;
```

或

```
        repeat(表达式)
begin
多条语句
end
```

在 repeat 语句中,其表达式通常为常量表达式,用以控制循环次数。

下面的例子中使用 repeat 循环语句及加法和移位操作来实现一个 8 位二进制数乘法器。

```
module mult_re(outcome,a,b);
parameter size = 8;
output [2*size:1] outcome;
input [size:1] a,b;              //a 为被乘数,b 为乘数
    reg [2*size:1] outcome;
    reg [2*size:1] temp_a;      // 中间变量,存放操作数 a 左移一位后的结果
reg [size:1] temp_b;            // 中间变量,存放操作数 b 右移一位后的结果
    always@(a or b)
begin:
        temp_a=a;
        temp_b=b;
        outcome=0;
        repeat(size)            //size 为循环次数,循环执行 8 次
          begin
            if(temp_b [1])  // 如果 temp_b 最低位为 1,就执行下面的加法
              outcome=outcome+temp_a;
```

```
                    temp_a=temp_a<<1;// 操作数 a 左移一位，以便代入上式求积
                    temp_b=temp_b>>1;// 操作数 b 右移一位，以便取 temp_b [1]
            end
        end
endmodule
```

3. while 语句

while 语句有条件地执行一条或多条语句。格式如下：

                    while (循环执行条件表达式) 语句

或

                    while (循环执行条件表达式)

```
begin
多条语句
end
```

首先判断循环执行条件表达式是否为真。如果为真，则执行后面的语句或语句块；然后再回头判断循环执行条件表达式是否为真，若为真，再执行一次后面的语句；如此不断反复，直到条件表达式不为真。

下例用 while 循环语句对 rega 这个 8 位二进制数中值为 1 的位进行计数：

```
begin:counts
    reg [7:0] tempreg;// 用作循环执行条件表达式
    count=0;
    tempreg=rega;
    while(tempreg)  // 若 tempreg 非 0，则执行以下语句
        begin
            if(tempreg [0])
                count=count + 1;       // 只要 tempreg 的最低位为 1，则 count 加 1
                tempreg=tempreg>>1;    // 右移 1 位，改变循环执行条件表达式的值
        end
end
```

在使用 while 循环语句时，注意以下几点：

1）首先判断循环执行语句条件表达式是否为真，若不为真，则其后的语句一次也不被执行。

2）在执行语句中，必须有一条改变循环执行条件表达式的值的语句。

3）while 语句只有当循环块有事件控制，即 @（posedge clk）时才可综合。

4. for 语句

for 语句是一种条件循环，语句中有一个控制执行次数的循环变量。for 语句的一般形式为：

```
for ( 表达式 1；表达式 2；表达式 3) 语句
```

它的执行过程为：

1）执行表达式 1，实际是对循环次数的变量赋初值。

2）判断条件表达式 2，若其值为真（非 0），则执行 for 语句中指定语句后，然后转到第 3）步；若为假（0），则结束循环，转到第 4）步。条件表达式 2 实际为循环结束条件。

3）在执行指定的语句后，执行表达式 3，然后继续判断条件表达式 2。表达式 3 实际为循环变量增量表达式。

4）执行 for 语句下面的语句。

for 语句最简单的应用形式：

```
for ( 循环变量赋初值；循环结束条件；循环变量增值 )
        执行语句；
```

for 循环语句用 while 循环语句改写：

```
        begin
            循环变量赋初值 ;
            While( 循环结束条件 )
                begin
                    执行语句
                    循环变量增值 ,
                end
        end
```

用 for 语句来实现前面用 while 循环语句对 rega 这个 8 位二进制数中值为 1 的位进行计数：

```
begin:block
integer i;
count=0;
for(i=0;i<=7;i=i+1)
if(rega [i] ==1)
count=count+1;
end
```

则会发现使用 for 语句会更简单。下面再举几个例子，体会 for 语句的用法。

示例——用 for 语句来初始化 memory：

```
begin:  init_mem
    reg [7:0]  tempi;// 存储器的地址变量
    for(tempi=0;tempi<memsize;tempi=tempi+ 1)
            memory [tempi] =0;
    end
```

示例——用 for 循环语句来实现前文所举例的两个 8 位二进制数乘法器：

```
module mult_for(outcome,a,b);
    parameter size = 8;
output [2*size:1] outcome;
input [size:1] a,b;    //a 为被乘数 ,b 为乘数
    reg [2*size:1] outcome;
    integer i;
    always@(a or b)
begin
    outcome=0;
        for(i=1;i<=size;i=i+ 1)
            if(b [i] )    // 等同于 if(b [i] ==1)
        outcome=outcome+(a<<(i-1));//a 左移 (i-1) 位 ,同时用 (i-1) 个 0 填补移除位
    end
endmodule
```

示例——用 for 语句实现 7 人表决器：若超过 4 人（含 4 人）投赞成票，则表决通过：

```
module voter(pass,vote);
    input [7:1] vote;
    output pass;
    reg [2:0] sum;
    integer i;           // 循环变量 i
    reg pass;
    always@(vote)
        begin
            sum=0;
            for(i=1;i<=7;i=i+1)              //for 语句，循环体是第一个 if 语句
                if(vote [i] )    sum=sum+1;
                if(sum [2] )      pass=1;  // 或写为 if(sum [2:0] >=3'd4),若超过 4 人赞成，则表决通过
                    else  pass=0;
```

```
                end
          endmodule
```

示例——分别用 for、while 和 repeat 语句实现了显示一个 32 位整型数据的循环：

for 循环：

```
module loope;
integer i;                        //i 是 32 位整型寄存器变量
initial
    for(i=0;i<4;i=i+1)            //for 循环
      begin
      $display("i=%h",i);
      end
endmodule
```

while 循环：

```
module loope;
integer i;                        //i 是 32 位整型寄存器变量
initial
      begin
      i=0;
      while(i<4)                  //while 循环
          begin
          $display("i=%h",i);
          i=i+1;
          end
      end
endmodule
```

repeat 循环：

```
module loope;
integer i;                        //i 是 32 位整型寄存器变量
initial
      begin
      i=0;
      repeat(4)                   //repeat 循环
          begin
          $display("i=%h",i);
          i=i+1;
          end
      end
endmodule
```

三个程序的输出结果都是：

```
i=00000000
i=00000001
i=00000002
i=00000003
```

视频
第 2 章 2.5

2.5 系统任务及函数

除了在前面已经讨论过的过程块和连续赋值语句这两部分外，行为描述模块还包括任务定义和函数定义这两部分。

这两部分在行为描述模块中都是可选的，它们是存在于模块中的一种"子程序"结构。利用任务和函数可以把一个很大的程序模块分解成许多较小的任务和函数，便于理解和调试。学会使用定义任务和函数语句可以简化程序的结构，增强代码的可读性。

2.5.1　系统任务

任务是一段封装在关键词 task-endtask 之间的程序，是通过调用来执行的，有接收数据的输入端和返回数据的输出端。另外，任务可以彼此调用，而且任务内还可以调用函数。

1. 任务的定义

Verilog HDL 语言中，"任务（task）"类似于其他编程语言中的"过程"。任务的使用包括任务定义和任务调用。任务既可表示组合逻辑又可表达时序逻辑，定义的形式如下：

```
task <任务名>;
        <端口及数据类型声明语句>
    begin    <语句1>
             <语句2>
             ……
             <语句n>
      end
endtask
```

在定义任务时，请注意以下几点：

1）第一行 task 语句不能列出端口名列表。

2）在任务定义结构中的行为语句部分可以有延时语句、敏感事件控制语句等时间控制语句出现。

3）一个任务可以没有输入、输出和双向端口，也可以有一个或多个输入、输出和双向端口。

4）一个任务可以没有返回值，也可以通过输出端口或双向端口返回一个或多个返回值。

5）在一个任务中可以调用其他的任务和函数，也可以调用该任务本身。

6）在任务定义结构内可以出现 disable 中止语句，这条语句的执行将中断正在执行的任务，程序将返回调用任务的地方继续向下执行。

7）"局部变量说明"用来对任务内用到的局部变量进行宽度和类型说明，这个说明语句的语法与进行模块定义时的相应说明语句语法是一致的。

8）由"begin"和"end"关键词界定的一组行为语句指明了任务被调用时需要进行的操作。在任务被调用时，这些行为语句将按串行方式得到执行。

9）任务定义与"过程块""连续赋值语句"及"函数定义"这三种成分以并列方式存在于行为描述模块中，它们在层次级别上是相同的。任务定义结构不能出现在任何一个过程块的内部。

示例：

```
task read_mem;                                  // 任务定义结构的开头，指定任务名为 "read_mem"
      input [15:0] address;                     // 输入端口说明
      output [31:0] data;                       // 输出端口说明
      reg [3:0] counter;                        // 局部变量说明
      reg [7:0] temp [1:4];                     // 局部变量说明
      begin                                     // 语句块，指明任务被调用时需要进行的操作
          for(counter=1;counter<=4;counter=counter+1)
          temp [counter] =mem [address+counter-1] ;
          data={temp [1] ,temp [2] ,temp [3] ,temp [4] };
      end
endtask                                    // 任务定义结构的结尾
```

上例定义了一个名为"read_mem"的任务，该任务有一个 16 位的输入端口"address"、一个 32 位的输出端口"data"、一个 4 位的局部变量"counter"和一个 8 位的存储器"temp"。当上例所定义的任务被调用时，begin 和 end 中间的语句得到执行，它们用来执行对存储器"mem"进行的四次读操作，将其结果合并后输出到端口"data"。

2. 任务的调用

任务的调用是通过"任务调用语句"来实现的。任务调用语句的语法如下：

```
<任务名> (端口 1, 端口 2, ……, 端口 n);
```

其中，"（端口 1，端口 2，……，端口 n)"组成了一个端口名列表。

在调用任务时必须注意：

1）任务调用语句只能出现在过程块内。

2）任务调用语句就像一条普通的行为语句那样得到处理。

3）当被调用的任务具有输入或输出端口时，任务调用语句必须包含端口名列表，这个列表内各个端口名出现的顺序和类型必须与任务定义结构中端口说明部分的端口顺序和类型相一致，注意只有寄存器类型的变量才能与任务的输出端口相对应。

示例——对前例的任务 read_mem 进行调用：

```
module  demo_task_invo;
    reg [7:0] mem [128:0];
    reg [15:0] a;
    reg [31:0] b;
    initial
      begin
        a=0;
        read_mem(a,b);          // 第一次调用
        #10;
        a=64;
        read_mem(a,b);          // 第二次调用
      end
      <任务 "read_mem" 定义部分>
endmodule
```

在上面的模块中，任务"read_mem"得到了两次调用。由于这个任务在定义时说明了输入端口和输出端口，所以任务调用语句内必须包含端口名列表"（a，b)"。其中变量 a 与任务的输入端口"address"相对应，变量 b 与任务的输出端口"data"相对应，并且这两个变量在宽度上也是与对应的端口相一致的。这样，在任务被调用执行时，变量 a 的值通过输入端口传给了 address；在任务调用完成后，输出信号 data 又通过对应的端口传给了变量 b。为了使程序更容易读懂，下面通过一个具体的例子来说明怎样在模块的设计中使用任务。

示例——通过任务调用完成 4 个 4 位二进制输入数据的冒泡排序：

```
module sort4(ra,rb,rc,rd,a,b,c,d);
output [3:0] ra,rb,rc,rd;
input [3:0] a,b,c,d;
reg [3:0] ra,rb,rc,rd;
            reg [3:0] va,vb,vc,vd;// 中间变量，用于存放两个数据比较交换的结果
            always@(a or b or c or d)
                begin
                    (va,vb,vc,vd)={a,b,c,d};
                    /* 任务的调用 */
                    sort2(va,vc);// 比较 va 与 vc, 较小的数据存入 va
```

```
                    sort2(vb,vd);// 比较 vb 与 vd, 较小的数据存入 vb
                    sort2(va,vb);// 比较 va 与 vb, 较小的数据存入 va ( 最小值 )
                    sort2(vc,vd);// 再比较 vd 与 vc, 较小的数据存入 vc ( 则 vd 为最大值 )
                     sort2(vb,vc);// 再比较 vb 与 vc 谁更小 , 较小的数据存入 vb
                     (ra,rb,rc,rd)={va,vb,vc,vd};
                end
          task sort2;                  // 任务 : 比较两个数大小 , 按从小到大排序
          inout [3:0] x,y;             // 双向类型
          reg [3:0] temp;
          if(x>y)
            begin
                temp=x;                //x 与 y 内容互换 , 要求顺序执行 , 所以采用阻塞赋值
                x=y;
   y=temp;
            end
          endtask
      endmodule
```

3. 任务的特点

在利用任务编程时，任务有以下特点：

1）任务的定义与引用都在一个 module 模块内部。

2）任务的定义与 module 的定义有些类似，同样需要进行端口说明与数据类型说明。另外，任务定义的内部没有过程块，但在块语句中可以包含定时控制部分。

3）当任务被引用时，任务被激活。

4）一个任务可以调用别的任务或函数。

2.5.2　函数

函数（function）的目的是通过返回一个值来响应输入信号的值，和任务一样，函数也是一段可以执行特定操作的程序，这段程序处于关键词 function-endfunction 之间。

Verilog HDL 语言中的函数使用包括了函数的定义、返回值、函数的调用和使用规则，下面具体说明。

1. 函数的定义

```
function <返回值类型或范围> <函数名>;
            <输入端口说明>
            <局部变量说明>
               begin
               <行为语句 1;>
               <行为语句 2;>
                   ……
               <行为语句 n;>
               end
   endfunction
```

注意：<返回值类型或范围>这一项是可选项，如默认则返回值为一位寄存器类型数据。另外，在函数的定义中，必须有一条赋值语句，给函数中的一个内部寄存器赋以函数的结果值，该内部寄存器与函数同名。

下面举例说明函数定义的用法：

示例：

```
function [7:0] gefun;  // 函数的定义
   input [7:0] x;
```

```
    ……
      <语句>                        // 进行运算
      gefun=count;                  // 赋值语句，此处的 gefun 是内部寄存器
      endfunction
    assign number=gefun(rega);      // 对函数的调用
```

word_aligner 中的函数 aligned_word 可以将一个数据字向左移动，直到最高位是 1 时为止。word_aligner 的输入是一个 8 位的数据字，输出也是一个 8 位的数据字。

示例：

```
module word_aligner(word_out,word_in);
    output [7:0] word_out;
    input [7:0] word_in;
    assign word_out=aligned_word(word_in);
    function [7:0] aligned_word;          // 函数的定义
    input [7:0] word_in;
      begin
         aligned_word=word_in;
         if(aligned_word ! =0)
        while(aligned_word[7]==0)aligned_word=aligned_word<<1;
      end
endfunction
endmodule
```

示例：

```
function [7:0] getbyte;          // 函数定义结构的开头，注意此行中不能出现端口名列表
    input [63:0] word;           // 说明第一个输入端口（输入端口 1）
    input [3:0] bytenum;         // 说明第二个输入端口（输入端口 2）
    integer bit;                 // 局部变量说明
    reg [7:0] temp;              // 局部变量说明
        begin
            for(bit=0;bit<=7;bit=bit+1)
            temp[bit]=word[((bytenum-1)*8)+bit];   // 第一条行为语句
            getbyte=temp           // 第二条行为语句：将结果赋值给函数名变量 getbyte
        end
endfunction                       // 函数定义结束
```

函数定义时必须注意：

1) 与任务一样，函数定义结构只能出现在模块中，而不能出现在过程块内。

2) 函数必须至少有一个输入端口。

3) 函数不能有任何类型的输出端口（output 端口）和双向端口（inout 端口）。

4) 在函数定义结构中的行为语句部分内不能出现任何类型的时间控制描述，也不允许使用 disable 终止语句。

5) 与任务定义一样，函数定义结构内部不能出现过程块。

6) 在一个函数内可以对其他函数进行调用，但是函数不能调用其他任务，任务可以调用函数。

7) 在第一行"function"语句中不能出现端口名列表。

8) 函数只返回一个数据，其默认为 reg 类型。

9) 传送到函数的参数顺序和函数输入参数的说明顺序相同。

10) 虽然函数只返回单个值，但返回的值可以直接给信号连接赋值。这在需要有多个输出时非常有效。如：

```
{o1,o2,o3,o4}=f_or_and(a,b,c,d,e);
```

2. 函数返回值

函数的定义蕴含声明了与函数同名的、函数内部的寄存器。如在函数的声明语句中

< 返回值的类型或范围 > 为默认，则这个寄存器是一位的，否则是与函数定义中 < 返回值的类型或范围 > 一致的寄存器。函数的定义把函数返回值所赋值寄存器的名称初始化为与函数同名的内部变量。

返回值类型可以有三种形式：

1）"［msb：lsb］"：这种形式说明函数名所代表的返回数据变量是一个多位的寄存器变量，它的位数由［msb：lsb］指定，如下函数定义语句：

```
function [7:0] adder;
```

以上语句定义了一个函数 "adder"，它的函数名 "adder" 还代表着一个 8 位宽的寄存器变量，其最高位为第 7 位，最低位为第 0 位。

2）"integer"：这种形式说明函数名代表的返回变量是一个整数型变量。

3）"real"：这种形式说明函数名代表的返回变量是一个实数型变量。

3. 函数的调用

函数调用是通过将函数作为表达式中的操作数来实现的，其调用格式如下：

< 函数名 >　(< 输入表达式 1 >,< 输入表达式 2 >,……,< 输入表达式 m >);

其中，m 个 "< 输入表达式 >" 与函数定义结构中说明的各个输入端口一一对应，它们代表着各个输入端口的输入数据。这些输入表达式的排列顺序及类型必须与各个输入端口在函数定义结构中的排列顺序及类型保持严格一致。

在调用函数时必须注意如下几点：

1）函数的调用不能单独作为一条语句出现，它只能作为一个操作数出现在调用语句内。

示例——对所定义的函数 "getbyte" 进行调用：

```
out=getbyte(input1,number);
```

在这条调用语句中，函数调用部分 "getbyte（input1，number）" 被看作是一个操作数，这个操作数的取值就是函数调用的返回值。在整个调用语句中，函数调用部分是作为 "赋值表达式" 出现在整条过程赋值语句中的，函数调用部分不能单独作为一条语句出现，这就是说语句 "getbyte（input1，number）；" 是非法的。

2）函数调用既能出现在过程块中，也能出现在 assign 连续赋值语句中。比如语句：

```
wire [7:0] net1;reg [63:0] input1;
    assign net1=getbyte(input1,3);
```

函数调用就出现在一条连续赋值语句内，这条语句指定由函数调用返回值对 8 位连线型变量 net1 进行连续驱动。

3）函数在综合时被理解成具有独立运算功能的电路，每调用一次函数，相当于改变此电路的输入，以得到相应的计算结果。

示例——函数的调用：

```
module demo_function_call;
reg [7:0] call_output;
reg [63:0] input1;
reg [3:0] input2;
initial
    begin
    input1=64'h123456789abcdef0;
    input2=3;
    call_output=getbyte(input1,input2);          // 第一次调用
    $display("after the first call,the returned value is:%b",call_output);
```

```
        #100;
        $display("second call,return value:%b",getbyte(input1,6));      //第二次调用
        end
    <函数 getbyte 定义部分 >
endmodule
```

上例模块中的 initial 过程块对函数"getbyte"分别进行了两次调用：

函数 getbyte 的第一次调用是作为过程赋值语句"call_output=getbyte（input1，input2）；"右端的赋值表达式出现的，调用时的输入表达式分别为两个寄存器变量 input1 和 input2，它们将与函数定义结构中的第一个和第二个输入端口相对应，因此这两个寄存器变量的取值将分别被传递给函数输入端口"word"和"bytenum"。函数调用完成后，过程赋值语句中的"getbyte"将具有函数调用的返回值，这个返回值将作为"赋值表达式"参与对变量 call_output 进行的过程赋值操作。

函数 getbyte 的第二次调用是作为系统任务 $display 语句内的"输出变量表项"出现的，调用时的输入表达式分别是一个寄存器变量"input1"和一个常数"6"，它们的值将被分别传递给函数定义中的两个输入端口"word"和"bytenum"。函数调用完成后，$display 语句中的"getbyte"将具有函数调用的返回值，这个返回值将作为"输出变量表项"参与 $display 语句的执行。

由以上所给出的函数定义和函数调用的例子可以看出，在函数定义中必须有一条赋值语句来对函数名变量进行赋值，这样才能通过这个函数名变量来将函数调用的结果（返回值）传递给调用语句。

函数的每一次调用只能通过函数名变量返回一个值。在有些时候我们要求一次函数调用能返回多个值，可以通过在函数定义和函数调用中使用合并操作符"{}"来解决这一问题。

示例——由一个函数返回多个值的方法：

```
module demo_multiout_function;
reg [7:0] a,b,c,d;
initial
        begin
        a=8'h54;
        b=8'h32;
        {c,d}=multiout_fun(a,b);
        // 语句 S1, 进行了函数调用的过程赋值语句
        $display("the value of c is:%h  d is:%h",c,d);
        end
  function [15:0] multiout_fun;
  input [7:0] in1,in2;
  reg [7:0] out1;
  reg [7:0] out2;
      begin
        out1=in1&in2;
        out2=in1 | in2;
        multiout_fun={out1,out2};
        // 语句 S2, 对函数名变量进行赋值
      end
  endfunction
  endmodule
```

上例中定义了一个函数 multiout_fun，我们想从这个函数中同时得到两个返回值 out1 和 out2，由于函数调用时只能由函数名返回一个值，因此 out1 和 out2 的取值不可能同时独

立地被返回，但是可以借助于合并操作符"{}"来实现多个输出值的同时输出：

在函数定义内，语句 S2 通过合并操作符把两个输出值 out1 和 out2 合并成一个值并将它赋值给函数名变量"multiout_fun"。这样，虽然函数在形式上还是只有 multiout_fun 变量这一个返回值，但是在这个返回值内实际上包含了两个输出数据。

在对函数进行了调用的过程赋值语句 S1 中，函数调用返回值"multiout_fun"被赋值给由两个变量 c 和 d 组合而成的一个合并变量。这样，在执行了赋值语句 S1 后，函数调用返回值"multiout_fun"中所包含的两部分输出值将分别被赋值给变量 c 和 d，这样也就实现了将函数输出 out1 和 out2 的值分别传递给变量 c 和 d。

在使用函数时必须注意：由于在函数定义结构中不能出现任何类型的时间控制语句，所以函数调用执行所需的时间只能是零仿真时间，也就是说，函数调用启动时刻和函数调用返回时刻是相同的。

4. 使用规则

与任务相比较，函数的使用有较多的约束。下面给出函数的使用规则：

1）函数的定义不能包含有时序控制操作（无延迟控制 #、时间控制 @ 或 wait 语句）。

2）函数不能启动任务。

3）定义函数时至少要有一个输入参量。

4）在函数的定义中必须有一条赋值语句给函数中的一个内部变量赋以函数的结果值，该内部变量具有和函数名相同的名字。

5. 举例说明

下面的例子中定义了一个可进行阶乘运算的名为 factorial 的函数，该函数返回一个 32 位的寄存器类型的值，还可后向调用自身，并且打印出部分结果值。

示例——阶乘函数的定义和调用：

```verilog
module  tryfact;
 // 函数的定义 ------------------------------------------
   function [31:0] factoriali
     inpu t [3:0] operand;
     reg [3:0] index;
     begin
       factorial=1;        //0 的阶乘为 1,1 的阶乘也为 1
       for(index=2;index<=operand;index=index+1)
       factorial=index*factorial;
     end
   endfunction
 // 函数的测试 ------------------------------------------
   reg [31:0] result;
   reg [3:0] n;
   initial
     begin
         result=1;
         for(n=2;n<=9;n=n+1)
            begin
                $ display("Partial result n=%d result=%d",n,result);
                result=n*factorial(n)/((n*2)+1);
            end
         $ display("Finalresult=%d",result);
     end
endmodule// 模块结束
```

前面已经介绍了足够多的语句类型，可以编写一些完整的模块。之后，将给出一些实际的例子。这些例子都给出了完整的模块描述，因此可以对它们进行仿真测试和结果检验。通过学习和反复地练习就能逐步掌握利用 Verilog HDL 设计数字系统的方法和技术。

6. 函数与任务的共同点和区别

函数与任务的共同点：

1）任务和函数必须在模块内定义，其作用范围仅适用于该模块，可以在模块内多次调用。

2）任务和函数中可以声明局部变量，如寄存器、时间、整数、实数和事件，但是不能声明线网类型的变量。

3）任务和函数中只能使用行为级语句，但是不能包含 always 和 initial 块，设计者可以在 always 和 initial 块中调用任务和函数。

函数与任务的不同点：

1）函数只能与主模块共用一个仿真时间单位，而任务可以定义自己的仿真时间单位。

2）任务可以没有输入变量或有任意类型的 I/O 变量，而函数允许有输入变量且至少有一个，输出则由函数名自身担当。

3）函数还可以出现在连续赋值语句 assign 的右端表达式中。

4）函数调用通过函数名返回一个返回值，而任务调用必须通过 I/O 端口传递返回值。

5）在函数中不能调用其他任务，而在任务中则可以调用其他的任务或函数。

2.5.3 常用的系统任务及函数

Verilog HDL 提供了一些定义好的任务和函数，称为系统任务和系统函数，通过直接调用可以方便地完成某些操作。依据实现功能的不同，系统任务可分成以下几类：显示任务（display task）、文件输入 / 输出任务（File I/O task）、时间标度任务（timescale task）、模拟控制任务（simulation control task）、时序验证任务（timing check task）、PLA 建模任务（PLA modeling task）、随机建模任务（stochastic modeling task）、实数变换函数（conversion functions for real）、概率分布函数（probabilistic distribution function）。

系统任务和函数可经常与 Verilog 的预编译语句联合使用，主要用于 Verilog 仿真验证。限于篇幅，这里只讨论一些常用的内容。系统任务和系统函数的名字都是用字母"$"开头的，下面分别给予介绍。

1. $ display 和 $ write 任务

$display 与 $write 都属于显示类系统任务，格式如下：

```
$ display(pl,p2,……,pn);
$ write(pi,p2,……,pn);
```

这两个函数和系统任务是用来输出信息，即将参数 p2 ~ pn 按参数 p1 给定的格式输出。参数 pl 通常称为"格式控制"，参数 p2 ~ pn 通常称为"输出表列"。这两个任务的作用基本相同，但 $display 与 $write 稍有不同：在输出文本结束时，$display 会在文本后加一个换行，而 $write 是不加的。如果想在一行里输出多个信息，可以使用 $write。在 $display 和 $write 中，其输出格式控制是用双引号 " " 括起来的字符串，它包括两种信息：

（1）格式说明，由"%"和格式字符组成。它的作用是将输出的数据转换成指定的格式输出。格式说明总是由"%"字符开始的。对于不同类型的数据用不同的格式输出。

表 2-10 给出了常用的几种输出格式。

表 2-10　常用的几种输出格式

输出格式	说明
%h 或 %H	以十六进制数的形式输出
%d 或 %D	以十进制数的形式输出
%o 或 %O	以八进制数的形式输出
%b 或 %B	以二进制数的形式输出
%c 或 %C	以 ASCII 码字符的形式输出
%v 或 %V	输出网络型数据信号强度
%m 或 %M	输出等级层次的名字
%s 或 %S	以字符串的形式输出
%t 或 %T	以当前的时间格式的形式输出
%e 或 %E	以指数的形式输出实型数
%f 或 %F	以十进制数的形式输出实型数
%g 或 %G	以指数或十进制数的形式输出实型数（无论何种格式都以较短的结果输出）

（2）普通字符，即需要原样输出的字符。其中一些特殊的字符可以通过表 2-11 给出的转换序列来输出。表中的字符形式用于格式字符串参数中，用来显示特殊的字符。

表 2-11　特殊字符输出方法

换码序列	功能
\n	换行
\t	横向跳格（即跳到下一个输出区）
\\	反斜杠字符 \
\"	双引号字符"
\o	1～3 位八进制数代表的字符
%%	百分符号 %

示例——假设 a、b、c 的值分别是 1、2、3：

```
$display("a=%d",a);
$display("b=%d",b);
$display("c=%d",c);
```

得到输出：

```
a=1
b=2
c=3
```

如果使用 $write：

```
$write("a=%d",a);
$write("b=%d",b);
$write("c=%d",c);
```

得到输出：

```
a=1b=2c=3
```

可以看出，$display 自动地在输出后进行换行，而 $write 则不是这样，它是一行显示多个信息。

示例：

```
module  sdisp2;  // 注意无输入输出端口
reg [31:0] rval;
pulldown(pd);    //pd 接下拉电阻
initial
      begin
      rval=101;// 赋整数 101
      $display("rval=%h hex%d decimal",rval,rval);// 十六进制、十进制显示
      $display("rval=%o otal%b binary",rval,rval);// 八进制、二进制显示
      $ display(rval has%c ascii character value",rval);// 字符格式显示输出
      $display("pd strength value is%v",pd);//pd 信号强度显示
      $display("current scope is%m");// 当前层次模块名显示
      $display("%s is ascii value for 101",101);// 字符串显示
      $display("simulation time is%t",$time);// 显示当前仿真时间
      end
   endmodule
```

其输出结果为：

```
rval=00000065 hex 101 decimal
rval=00000000145 octal 00000000000000000000000001100101 binary
rval has e ascii character value
pd strength value is StX
current scope is sdisp2
e is ascii value for 101
simulation time is 0
```

输出数据的显示宽度：在 $display 中，显示宽度是自动按照输出格式进行调整的。对于十进制，输出前面的 0 用空格代替，但对于其他进制，前面的 0 仍然显示出来。

一般情况下，用 "%d" 输出的时候，结果显示是右对齐的。如果一定要让它左对齐，可以使用 "%0d"（即在%和表示进制的字符中间插入一个 0），规定最小的区域宽度为 0，最后输出显示就是左对齐了。见下例：

```
$ display("d=%0h a=%0h",data,addr);
```

这样在显示输出数据时，在经过格式转换以后，总是用最少的位数来显示表达式的当前值。

示例：

```
module printval;
reg [11:0] r1;
initial
    begin
    r1=10;
    $display("Printing with maximum size=%d==%h",r1,r1);
    $ display("Printing with minimum size=%0d=%0h",r1,r1);
    end
endmodule
```

输出结果为：

```
Printing with maximum size=10=00a:
Printing with minimum size=10=a;
```

由前面的两个例子可以看到，$display 可以很方便地插入到需要观察的 Verilog 语句后面，即时显示出所需要观察的信号变量，而且还可以以多种格式显示出来。

如果输出列表中表达式的值包含有不确定的值或高阻值，其结果输出遵循以下规则。

1）在输出格式为十进制的情况下：

如果表达式值的所有位均为不定值，则输出结果为小写的 x。

如果表达式值的所有位均为高阻值，则输出结果为小写的 z。

如果表达式值的部分位为不定值，则输出结果为大写的 X。

如果表达式值的部分位为高阻值，则输出结果为大写的 Z。

2）在输出格式为十六进制和八进制的情况下：

每 4 位二进制数为一组代表 1 位十六进制数，每 3 位二进制数为一组代表 1 位八进制数。

如果表达式值相对应的某进制数的所有位均为不定值，则该位进制数的输出结果为小写的 x。

如果表达式值相对应的某进制数的所有位均为高阻值，则该位进制数的输出结果为小写的 z。

如果表达式值相对应的某进制数的部分位为不定值，则该位进制数的输出结果为大写的 X。

如果表达式值相对应的某进制数的部分位为高阻值，则该位进制数的输出结果为大写的 Z。

对于二进制输出格式，表达式值的每一位的输出结果为 0、1、x、z。下面举例说明：

```
$display("% d",1'bx);
输出结果为：x
$display("% h",14'bx0_1010);
输出结果为：xxXa
$display("% h%o",12'b001x_xx10_1x01,12'b001_xxx_101_x01);
输出结果为：XXX1x5X
```

注意：因为 $write 在输出时不换行，要注意它的使用。可以在 $write 中加入换行符 \n，以确保明确的输出显示格式。

2. $monitor 和 $strobe 任务

虽然利用 $display 可以即时显示出需要观察的信号变量，但不是所有情况下，$display 都可以胜任。比如，当需要在一个信号变量发生变化时显示其当前值，或者在使用非阻塞语句时，$display 显示值需要分析。在显示任务中还有 $monitor 和 $strobe，它们在有些情况下可以弥补 $display 的不足。为了更清晰地理解它们三者之间的区别，下面举例说明：

示例：

```
module sdisp3;  // 无输入输出信号
        reg [1:0] a;
        reg b;
        initial $monitor("\$monitor:a=%b",a);  //$monitor 监测 a 的变化
        initial begin
        b=0;a=0;
        $strobe("\$strobe:a=%b",a);                    //$strobe 显示 a 的赋值
        a=1;
        $display("\$display:a=%b",a);                   //$display 显示 a 的当前赋值
        a=2;
        $monitor("\$monitor:b=%b",b);                   //$monitor 取代前一个 $monitor
        a=3;
        #30 $finish;                                    // 延时 30 个时间单位后，仿真终止
        end
    always#10 b=~b;                                     //b 每隔 10 个时间单位，值翻转
endmodule
```

仿真输出的结果如下：

```
#$display:a=01
#$strobe:a=11
```

```
#$monitor:b=0
#$monitor:b=1
#$monitor:b=0
```

仿真结果分析：

1) $display：$display 最容易理解，因为在 $display 的前一语句，对 a 已经赋值 1，所以 $display 打印出"a=01"。

2) $strobe：但 $strobe 显示的似乎是 a 的最后赋值，这是因为 $strobe 不是单纯地显示 a 的当前值。它的功能是，当该时刻的所有事件处理完毕后，在这个时刻的结尾显示格式化字符串。虽然 a 有多次赋值，但都属于初始时刻赋值，在这个时刻的结尾，a 被赋值 3，所以 $strobe 才开始显示为"a=11"。也就是说，无论 $strobe 是在该时刻的哪个位置被调用，只有当 $strobe 被调用的时刻，所有活动（如赋值）结束后，$strobe 才显示字符串，对于阻塞和非阻塞赋值都一样。

3) $monitor：$monitor 的显示结果较难理解，明明有两个 $monitor，显示 a 的 $monitor 却消失了，只有显示 b 的 $monitor 在起作用。这是由于使用 $monitor 还要符合一些约定。当有多个 $monitor 语句时，那么在执行时，后一个被执行的 $monitor 取代前一个 $monitor 的执行。这也就是为什么只有一个 b 的 $monitor 被执行。

另外，使用 $monitor 时还需注意：

- 一条 $monitor 语句可以显示多次，每次都是随参数表中的信号变量变化而启动。
- 为了使程序员更容易控制 $monitor 何时发生，可以通过 $monitoron 任务（用于启动监控任务）和 $monitoroff 任务（用于停止监控任务）来实现。
- $monitor 与 $display 的不同之处还在于 $monitor 往往在 initial 块中调用，只要不调用 $monitoroff，$monitor 便不间断地对其所设定的信号进行监视。

3. 仿真控制任务

仿真控制任务用于使仿真进程停止。该类任务有两个：$finish 和 $stop。两者用法相同，以 $stop 为例说明：

```
initial  #500 $stop;
```

执行此 initial 语句将使仿真进程在 500 个时间单位后停止。

这两个系统任务都是终止仿真，不过 $finish 终止仿真进程后，会把控制权返回操作系统；而 $stop 终止仿真进程后，没有返回操作系统，而是返回仿真器的命令行。

示例——仿真结束任务：

```
initial
  begin
      clock=1'b0;
      ......              //需要完成的任务
      #200 $stop          //暂停仿真并进入交互方式
      #500 $finish        //结束仿真任务
  end
```

4. 显示层次

通过显示任务（比如 $display、$write、$monitor 或者 $strobe 任务）中的 %m 的选项，可以显示任意级别的层次。例如，当一个模块的多个实例执行同一段 Verilog 代码时，%m 选项会区分哪个模块在输出。%m 选项无需参数，它会自动输出当前模块实例的全层次路径名，包括模块实例名、任务名、函数名和命名块。

示例——显示层次：

```
module  M;
  initial
      $display("displaying in%m")
endmodule
// 调用模块 M
module top;
  M m1();
  M m2();
  M m3();
endmodule
```

仿真输出：

```
displaying in top.m1
displaying in top.m2
displaying in top.m3
```

5. 文件输入 / 输出任务

Verilog 的结果通常输出到标准输出和 verilog.log 文件中，可以通过输入输出任务将结果定向输出到指定的文件。文件的输出有以下作用：

- 将数据和分析的工作从 testbench 中隔离出来，以便于协同工作。
- 可通过其他软件工具（C/C++、Matlab 等）快速产生数据。
- 将数据写入文档后，可使用 C/C++、Excel 以及 Matlab 工具进行分析。

因此在测试代码中完成文件输入输出操作，是测试大型设计的必备手段。

（1）打开文件

首先定义 integer 指针，然后调用 $fopen（file_name，mode）任务，不需要模式时，调用 $fopen（file_name），常用 mode 包括：

1）"w" 打开文件并从文件头开始写，如果不存在就创建文件。

2）"w+" 打开文件并从文件头开始读写，如果不存在就创建文件。

3）"a" 打开文件并从文件末尾开始写，如果不存在就创建文件。

4）"a+" 打开文件并从文件末尾开始读写，如果不存在就创建文件。

示例：

```
integer file_id;
file_id=fopen("file_path/file_name");
```

$fopen 将返回关于文件 file_name 的整数（指针），并把它赋给整型变量 file_id。

任务 $fopen 返回一个被称为多通道描述符（multichannel descriptor）的 32 位值。多通道描述符中只有一位被设置为 1。标准输出有一个多通道描述符，其最低位（第 0 位）被设置成 1。标准输出也称为通道 0。标准输出一直是开放的。以后对 $fopen 每一次调用打开一个新的通道，并且返回第 1 位、第 2 位等，直到 32 位描述符的第 30 位。第 31 位是保留位。通道号与多通道描述符中被设置为 1 的位相对应。下例说明了使用方法。

示例：

```
// 多通道描述符
integer  handle1,handle2,handle3;     // 整型数为 32 位
// 标准输出是打开的 ;descriptor=32'h0000_0001( 第 0 位置 1)
initial
    begin
        handle1=$fopen("file1.out");//handle1=32'h0000_0002
        handle2=$fopen("file2.out");//handle1=32'h0000_0004
```

```
                    handle3=$fopen("file3.out");//handle1=32'h0000_0008
          end
```
多通道描述符的特点在于可以有选择地同时写多个文件。

（2）读取文件

在 Verilog 中，用来从文件中读取数据到存储器中的任务有两个：$readmemb（读取二进制格式数）和 $readmemh（读取十六进制格式数）。格式如下：

```
$readmemb("<数据文件名>",<存储器名>,<起始地址>,<结束地址>);
```
其中，<起始地址>和<结束地址>是可选项。如果没有<起始地址>和<结束地址>，则存储器从其最低位开始加载数据直到最高位。如果有<起始地址>和<结束地址>，则存储器从其起始地址开始加载数据直到结束地址。下面举例说明。

先定义一个有 256 个地址的字节存储器 mem：

```
reg [7:0] mem [1:256];
```
下面给出的系统任务以各自不同的方式装载数据到存储器 mem 中：

```
initial $readmemh("mem.data",mem);
initial $readmemh("mem.data",mem,16);
initial $readmemh("mem.data",mem,128,1);
```
还可以把指定的数据放入指定的存储器地址单元内，就是在存放数据的文本内，给相应的数据规定其存储地址，形式如下：

```
@<十六进制形式的地址> <数据>
```
系统任务执行时将把该数据放入指定的地址，后续读入的数据会从该指定地址的下一个存储单元开始向后加载。

示例：

```
@3  B
```
数据 B 会被放入存储器地址为 3 的单元内，后续读入的数据会从地址 4 开始存放。

（3）写文件

显示、写入、探测和监控系统任务都有一个用于向文件输出的相应副本，该副本可用于将信息写入文件。

调用格式：

```
$fdisplay(file_id,p1,p2,…,pn)
$fmonitor(file_id,p1,p2,…,pn)
$fstrobe(file_id,p1,p2,…,pn)
$fwrite(file_id,p1,p2,…,pn)
```
p1，p2，…，pn 可以是变量、信号名或者带引号的字符串。file_id 是一个多通道描述符，它可以是一个句柄或者多个文件句柄按位的组合。Verilog 会将输出写到与 file_id 中值为 1 的位相关联的所有文件中。

示例：

```
// 所有的 file_id 都在前例中定义
integer desc1,desc2,desc3;
initial
begin
  desc1=handle1 | 1;
  $fdisplay(desc1,"display1");// 写到文件 file1.out 和标准输出 stdout
  desc2=handle1 | handle1;
  $fdisplay(desc1,"display2");// 写到文件 file1.out 和 file2.out
  desc3=handle3;
  $fdisplay(desc3,"display2");// 只写到文件 file3.out
end
```

（4）关闭文件

关闭文件可通过系统任务 $fclose 来实现，其调用格式如下：

```
$fclose(file_id);
```

整个过程为：系统函数 $fopen 用于打开一个文件，并返回一个整数指针。然后，$fdisplay 就可以使用这个文件指针在文件中写入信息。写完后，则可以使用 $fclose 系统关闭这个文件。文件一旦被关闭，就不能再写入。

示例：

```
integer write_out_file;// 定义一个文件指针
    integer write_out_file=$fopen("write_out_file.txt");
    $fdisplay(write_out_file,"@%h\n% h",addr,data);
$fclose("write_out_file");
```

以上语法是将 addr、data 分别显示在 "@%h\n％ h" 中的 2 个％ h 的位置，并写入 write_out_file 文件指针所指向的 write_out_file.txt 中。

6. 仿真时间函数

在 Verilog HDL 中有两种类型的时间系统函数：$time 和 $realtime。用这两个时间系统函数可以得到当前的仿真时刻。该时刻是以模块的仿真时间尺度 timescale 为基准的。不同之处是 $time 返回 64 位的整型时间，而 $realtime 返回实型时间。

示例：

```
`timescale  10 ns / 1ns
    module  test;
        reg set,
        pararaeter  p=1.6;
        initial
        begin
            $monitor($time,"set=",set);
            #p set=0;
            #p set=1;
        end
    endmodule
```

输出结果为：

```
0 set=x
2 set=0
3 set=1
```

上例中，时间尺度为 10ns，由于 $time 输出的时刻是时间尺度的整数倍，即输出 1.6 和 3.2，且 $time 的返回值是整数，所以 1.6 和 3.2 经过取整后分别为 2 和 3。

若采用 $realtime 系统函数，返回的时间是一个实型数。

示例：

```
`timescale 10ns / 1ns
module test;
    reg set;
    parameter  p=1.55;
    initial
    begin
        $monitor($realtime,"set=",set);
        #p set=0:
        #p set=1;
    end
endmodule
```

输出结果为：

```
0 set=x
1.6 set=0
3.2 set=1
```

由结果可以看出，$realtime 直接返回仿真时刻经过尺度变换后的实型数，无须进行取整操作。

7. 随机函数 random

随机函数提供一种随机数机制，每次调用这个函数都可以返回一个新的随机数，格式如下：

```
$random%b
```

其中，b>0。它给出了一个范围在（–b+1）：（b–1）中的随机数。

示例：

```
reg [23:0] rand;
rand=$random%60;            // 产生 -59~59 之间的随机数
    reg [23:0] rand;
    rand={$random}%60;      // 通过位拼接操作产生一个值在 0~59 之间的数
```

2.6　仿真文件撰写语法

视频
第 2 章 2.6

在进行 FPGA 设计时，仿真文件的编写是验证设计正确性的重要步骤。仿真文件通常用于创建一个测试环境，在其中对设计进行功能和时序仿真。以下是仿真文件撰写的基本语法和方法。

2.6.1　仿真文件的基本结构

仿真文件通常包括以下几个部分：

- ltimescale 指令：设置仿真时间单位和时间精度。
- lmodule 声明：定义仿真模块。
- 信号声明：定义仿真中使用的信号。
- lDUT（Device Under Test）实例化：实例化待测试的设计模块。
- 初始化块：设置初始条件和仿真时长。
- 过程块：生成测试向量，监控信号变化，输出波形。

示例：

```
`timescale 1ns/1ps
module testbench;
    // 信号声明
    reg clk;
    reg rst;
    reg [7:0] data_in;
    wire [7:0] data_out;

    //DUT 实例化
    my_design dut(
        .clk(clk),
        .rst(rst),
        .data_in(data_in),
```

```
        .data_out(data_out)
    );

    // 初始化块
    initial begin
        // 初始化信号
        clk=0;
        rst=0;
        data_in=0;

        // 复位操作
        rst=1;
        #10;
        rst=0;

        // 测试向量生成
        data_in=8'hA5;
        #20;
        data_in=8'h5A;

        // 仿真结束
        #100;
        $finish;
    end
    // 时钟信号生成
    always#5 clk=~clk;

    // 波形输出
    initial begin
        $dumpfile("testbench.vcd");
        $dumpvars(0,testbench);
    end
endmodule
```

2.6.2　初始化过程

初始化过程是仿真文件的一个重要组成部分，设置仿真开始时的初始条件，包括信号的初始值、复位操作等。在 initial 块中可以指定初始条件和仿真时长：

- 初始信号设置：在仿真开始时设置各个信号的初始值，例如时钟信号 clk 设为 0，复位信号 rst 设为 0 等。
- 复位操作：在仿真开始时常常需要进行复位操作，以确保设计从一个已知的状态开始工作。通过设置复位信号，并在适当的时间撤销复位信号来实现。
- 仿真时长设置：通过调用 $finish 系统任务来设置仿真结束的时间点。

示例：

```
initial begin
  // 初始化信号
  clk=0;
  rst=0;
  data_in=0;

  // 复位操作
  rst=1;
```

```
        #10;
        rst=0;

        // 仿真结束
        #100;
        $finish;
    end
```

2.6.3　测试向量生成

测试向量是仿真过程中输入信号的变化序列，用于模拟实际工作中的信号输入，以验证设计在各种情况下的表现。通过 initial 块和时间控制语句（如 #10）定义测试向量：

- 静态测试向量：一次性设置输入信号值，并在仿真过程中保持不变。
- 动态测试向量：在仿真过程中根据时间或其他条件变化输入信号值，模拟真实操作环境中的信号变化。

示例：

```
initial begin
// 测试向量生成
data_in=8'hA5;
#20;
data_in=8'h5A;
#20;
data_in=8'hFF;
end
```

2.6.4　波形输出

波形输出是仿真文件的一个重要部分，通过生成波形文件，可以在仿真工具中查看信号的变化情况。使用 $dumpfile 和 $dumpvars 系统任务生成波形文件：

- $dumpfile：指定生成的波形文件的名称和格式。
- $dumpvars：指定需要记录的信号和仿真模块。

示例：

```
initial begin
$dumpfile("testbench.vcd");
$dumpvars(0,testbench);
end
```

2.6.5　仿真结果分析

仿真结果分析是通过查看生成的波形文件或在 initial 块中使用 $display 系统任务输出关键信号的变化情况，来验证设计的功能和时序是否满足预期要求：

- 波形查看：通过仿真工具（如 ModelSim、VCS 等）查看生成的波形文件，分析信号的时序和逻辑关系。
- $display 系统任务：在仿真过程中输出关键信号的变化情况，便于调试和验证。

示例：

```
initial begin
$monitor("At time%t,data_in=%h,data_out=%h",$time,data_in,data_out);
end
```

2.7　**Verilog HDL 设计实例**

视频
第 2 章 2.7

2.7.1　简要语法总结

1. 典型的 Verilog 模块结构

```
module M(P1,P2,P3,P4);
      input P1,P2;
      output [7:0] P3;
      inout P4;
      reg [7:0] R1,M1 [1:1024] ;
      wire W1,W2,W3,W4;
      parameter C1="This is a string";
         initial
               begin: 块名
               // 声明语句
               end
         always@ (触发事件 )
           begin
           // 声明语句
           end
      // 连续赋值语句
         assign W1=Expression;
         wire(Strong 1,Weak0) [3:0] #(2,3)W2=Expression;
      // 模块实例引用
      COMPU1(W3,W4);
      COMP U2(.P1(W3),,P2(W4));

         task T1,      // 任务定义
            input A1;
                  inout A2;
                  output A3;
                     begin
                  // 声明语句
                  end
         endtask


            function [7:0] FI;      // 函数定义
               input A1;
                     begin
                  // 声明语句
                  FI= 表达式 ;
                     end
               endfunction
endmodule     // 模块结束
```

2. 声明语句

```
#delay
wait(Expression)
@(A or B or C)
@(posedge Clk)
      Reg=Expression;
      Reg <=Expression;
  VectorReg [Bit] =Expression;
```

```
VectorReg [MSB:LSB] =Expression;
Memory [Address] =Expression;
Assign Reg=Expression;
deassign Reg;

TaskEnable(…);
disable TaskOrBlock;
EventName;
if(Condition)
    ⋮
else if(Condition)
    ⋮
else
    ⋮

case(Selection)
Choice1
    ⋮
Choice2,  Choice3
    ⋮
default:
    ⋮
endcase

for(I=0;I<MAX;I=I+1)
    ⋮
    repeat(8)
    ⋮
    while(Condition)
    ⋮
    forever
    ⋮
```

上面的简要语法总结可供读者快速查找，应注意其语法表示方法与本书中其他地方的不同。

2.7.2 设计实例

下面以乐曲播放器为例子，给出部分程序，分段说明每段程序的含义。

（1）时钟信号发生器模块

代码中，模块 clk_gen 的功能是利用系统板上 50MHz 时钟信号产生 5MHz 和 4Hz 的时钟信号，这两个信号分别作为音频发生器和节拍发生器的时钟信号。模块 clk_gen 的端口参数功能描述如下：

- reset：同步复位输入信号。
- clk50M：50 MHz 输入信号。
- clk_5MHz：5 MHz 输出信号。
- clk_4Hz：4 Hz 输出信号，这里一拍的持续时间定义为 1/4 s（0.25 s）。

代码如下：

```
module clk_gen(reset,clk50M,clk_5MHz,clk_4Hz);
    input reset;                    // 同步复位信号（低电平有效）
    input clk50M;                   // 输入时钟信号
    output reg clk_5MHz,clk_4Hz;   // 输出时钟信号
```

```
        reg [20:0] count;
        reg [2:0] cnt;

        always@(posedge clk_5MHz)                    // 生成 4Hz 时钟信号
                if(!reset)
                            count<=0;
                else
                    begin
                        count<=count+1;
                        if(count==21'h98968)
                                begin
                                        count<=0;
                                        clk_4Hz<=~clk_4Hz;
                                end
                    end

        always@(posedge clk50M)                      // 生成 5 MHz 时钟信号
                if(!reset)
                            cnt<=0;
                  else
                      begin
                          cnt<=cnt+1;
                          if(cnt==3'b101)
                                  begin
                                          cnt<=0;
                                          clk_5MHz<=~clk_5MHz;
                                  end
                      end
endmodule
```

（2）音频产生器模块

音频产生器模块 tone_gen 的功能是根据输入音符的索引值，输出对应的音频信号，该模块各端口信号描述如下：

- reset：输入同步复位信号。
- code：输入音符索引值。
- freq_out：code 对应的音频输出信号。

代码如下：

```
module tone_gen(reset,clk,code,freq_out);
  input reset,clk;
  input [4:0] code;
  output reg freq_out;
  reg [16:0] count,delay;
  reg [13:0] buffer [20:0];         // 用于存放各音符的计数终值
  initial                           // 初始化音符计数终止值
        begin
            buffer [0] =14'H2553;
            buffer [1] =14'H2141;
            buffer [2] =14'H1DA0;
            buffer [3] =14'H1BF7;
            buffer [4] =14'H18EA;
            buffer [5] =14'H1632;
            buffer [6] =14'H13C6;
            buffer [7] =14'H12AA;
            buffer [8] =14'H10A1;
            buffer [9] =14'HED0;
```

```
            buffer [10] =14'HDFB;
            buffer [11] =14'HC75;
        buffer [12] =14'HB19;
            buffer [13] =14'H9E3;
            buffer [14] =14'H955;
            buffer [15] =14'H850;
            buffer [16] =14'H768;
            buffer [17] =14'H6FE;
            buffer [18] =14'H63A;
            buffer [19] =14'H58C;
            buffer [20] =14'H4F1;
        end
    always@(posedge clk)
        if(!reset)
                count<=0;
        else
            begin
                count<=count+1'b1;
                if(count==delay&&delay! =1)
                    begin
                        count<=1'b0;
                        freq_out<=~freq_out;
                    end
            end
        else if(delay==1)
                freq_out<=0;
        end
always@(code)
    if(code>=0&&code<=20)
        delay=buffer [code] ;
    else
        delay=1;
endmodule
```

（3）乐曲控制模块

乐曲控制模块的功能是依次从乐曲存储器中取得一个音符的索引值和节拍数据，在乐曲节拍持续时间内输出该音符对应的频率信号，直到乐曲结束。demo_play 模块各端口信号描述如下：

- reset：同步复位输入信号。
- clk_4hz：输入时钟信号。
- code_out：音符的索引值输出信号。

代码如下：

```
module demo_play(reset,clk_4hz,code_out);
    input reset;                        // 复位信号
    input clk_4hz;                      // 时钟信号 ,4 分音符为一拍
    output reg [4:0] code_out;          // 音符索引值
    reg [7:0]  count;                   // 地址计数器
    reg [2:0] delay;                    // 节拍数据
    wire [7:0] play_data;
    wire  read_flag;
    reg  over;
    always@(posedge clk_4hz)
        if(! reset)
```

```
                    begin
                        count<=8'h00;
                        delay<=3'b000;
                        over<=0;
                    end
            else
                if(~over)
                    begin
                        delay<=delay-1'b1;
                        if(delay==0)
                            begin
                                if(play_data==255)              // 乐曲结束数据标志
                                    over<=1;
                                delay<=play_data[7:5];          // 更新节拍数据
                                code_out<=play_data[4:0];       // 更新音符数据
                                count<=count+1'b1;
                            end
                    end
    // 在时钟下降沿从乐曲存储器中读取乐曲数据
    demo_music u1(.address(count),.clock(~clk_4hz),.q(play_data));
endmodule
```

这个例子主要让大家体会一下前面语法的应用。大家可以自行添加程序以及测试文件，分配引脚，在实验板上察看运行结果。

习题 2

2.1　简述 Verilog HDL 的历史背景及其在硬件描述语言中的地位。

2.2　请举例说明 Verilog HDL 如何用模块化的方式描述一个简单的组合逻辑电路。

2.3　列举 Verilog HDL 中的基本数据类型，并描述几种常用运算符的功能及其优先级。

2.4　模块的定义由哪些部分组成？每个部分在设计中起到什么作用？

2.5　简述 Verilog HDL 仿真文件的基本结构，并说明如何生成测试向量和分析仿真结果。

2.6　请描述如何用 Verilog HDL 实现一个 4 位二进制计数器，并说明其工作原理。

第 3 章
Vivado 集成开发环境

Vivado 是全球著名的可编程逻辑器件厂商赛灵思（Xilinx）公司在 2012 年推出的新一代集成开发环境，旨在应对芯片规模的显著提升和设计复杂度的大幅增加，助力下一代全可编程 FPGA 和 SoC 的设计与开发，其设计理念与其前身 ISE 相比有着显著的进步：更加强调以 IP 为中心的系统级设计思想；允许设计者在多个方案中探索最优的实现方法；提供了更高效的时序收敛能力；提供设计者对 FPGA 布局布线高效的控制能力等。

换言之，从 Xilinx 基于 28nm 工艺的 7 系列 FPGA 开始，Vivado 将成为 FPGA 工程师不可或缺的利器。同时，Vivado 并非是孤立的，围绕 Vivado，Xilinx 推出了高层次综合工具 Vivado HLS，这样算法开发可以根据场合需求借助基于模型的 System Generator 或基于 C/C++/System C 的 Vivado HLS 来完成。

视频
第 3 章 3.1、3.2

3.1 Vivado 简介

Vivado 是由 Xilinx 公司推出的一款集成式设计环境（IDE），它主要用于 FPGA 设计和开发。这款工具整合了综合、实现、布局布线等关键工具，为数字电路设计提供了全面的支持。在 Vivado 中，综合器可以将高级语言描述的设计转换为逻辑电路，而实现器则可以将逻辑电路映射到目标 FPGA，并进行布局布线。

Vivado 的强大功能和易用性使其在 FPGA 设计领域备受欢迎，广泛应用于通信、嵌入式系统、数字信号处理等领域。它支持多种数据输入方式，内嵌综合器以及仿真器，可以完成从新建工程、设计输入、分析综合、约束输入到 设计实现，最终生成比特流下载到 FPGA 的全部开发流程。

Vivado 是 FPGA 厂商 Xilinx 公司于 2012 年发布的集成设计环境。其包括高度集成的设计环境和新一代从系统到 IC 级的工具，这些均建立在共享的可扩展数据模型和通用调试环境基础上。这也是一个基于 AMBAAXI4 互联规范、IP-XACT IP 封装元数据、工具命令语言（TCL）、Synopsys 系统约束（SDC）以及其他有助于根据客户需求量身定制设计流程并符合业界标准的开放式环境。Xilinx 构建的 Vivado 工具把各类可编程技术结合在一起，能够扩展多达 1 亿个等效 ASIC 门的设计。该软件利用大型的仿真技术，利用计算机的超级算法，为用户提供了大型流程优化方案以及加工技术的改进，利用计算机虚拟技术，可以从基础的加工到生产的流程实现一体化的操作方案，内置逻辑仿真器、独立的编程控制器，让设计速度提高四倍以上，从而缩短产品的上市时间。Vivado 设计套件有着开箱即用特性，即下载安装后就可以直接使用。下面介绍这款软件的安装步骤。

3.1.1　Vivado 安装及新建工程

　　本节以 Vivado 2024.1 为例，讲述 Vivado 软件的安装方法。在满足系统配置的计算机上，可以按照下面的步骤安装 Vivado 软件。

　　1）双击 Vivado 2024.1 安装包中的 setup.exe 文件，弹出如图 3-1 所示的欢迎信息窗口，单击"Next"按钮。

图 3-1　欢迎信息窗口

　　2）弹出选择软件安装类型对话框，输入下载时注册的用户名和密码，选择"Download and Install Now"，如图 3-2 所示。此后根据提示进行操作，单击"Next"按钮，进入要安装的产品界面，如图 3-3 所示。

　　3）选择安装的芯片型号，对于不需要的芯片型号，可以不选，以降低安装空间占用，单击"Next"按钮，如图 3-4 所示。

　　4）在弹出的安全协议选取对话框中选中"I Agree"，单击"Next"按钮，如图 3-5 所示。

　　5）选择安装目录，单击"Next"按钮，如图 3-6 所示。

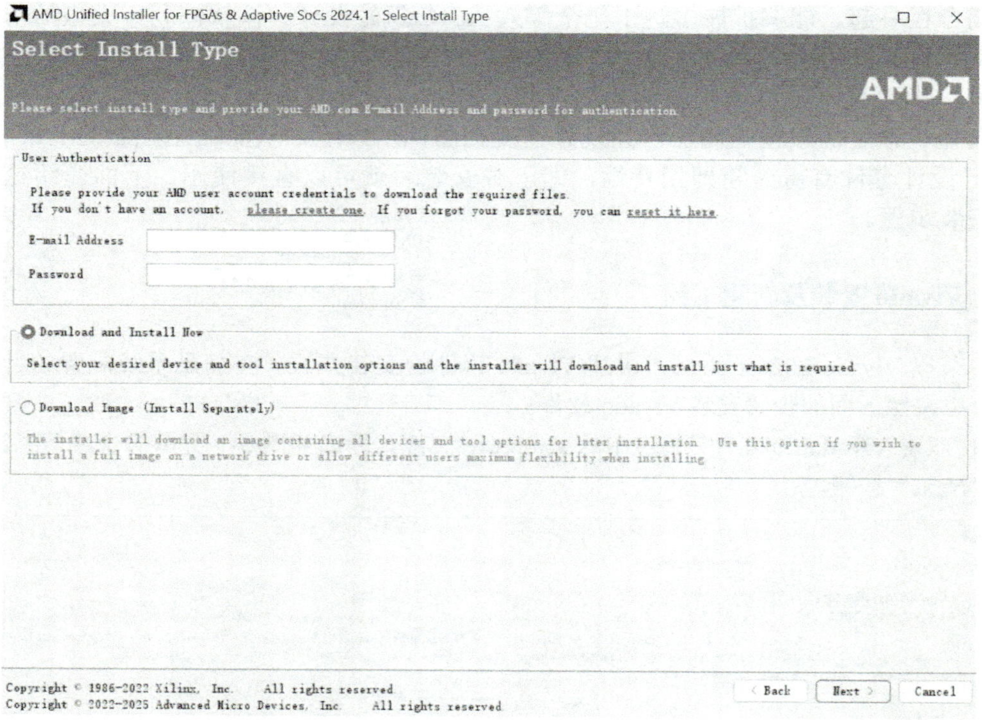

图 3-2　选择软件安装类型对话框

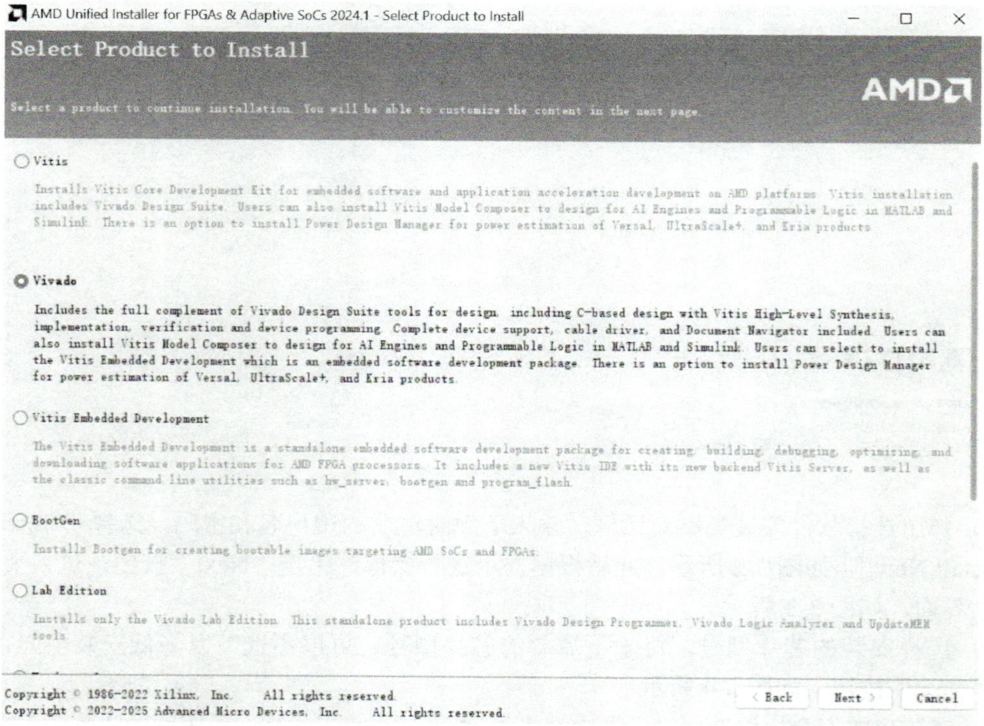

图 3-3　选择对话框

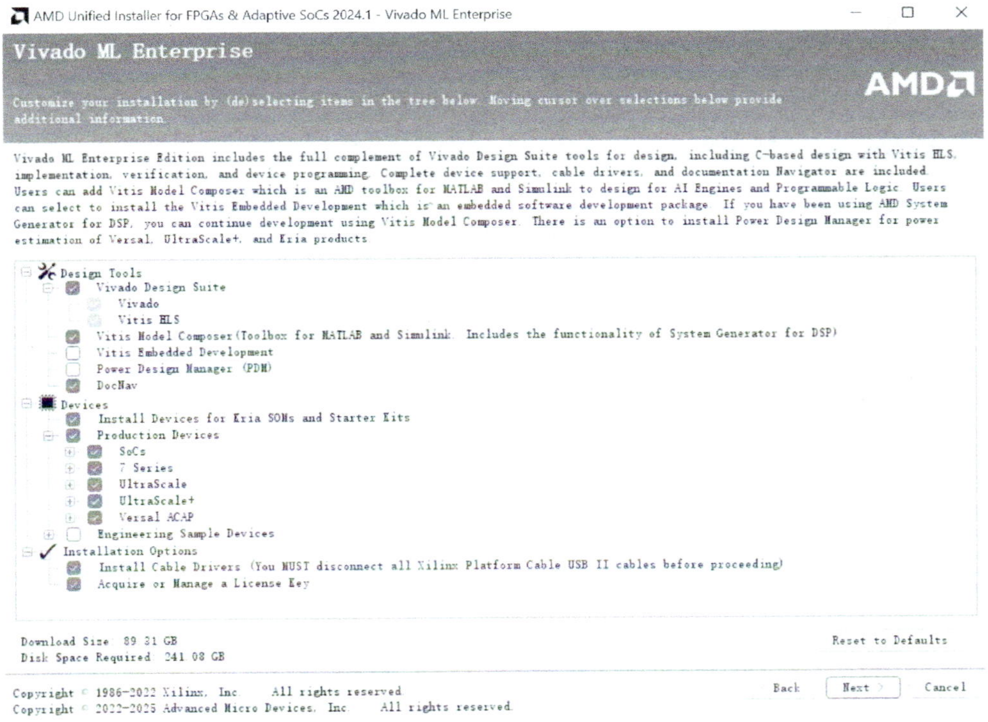

图 3-4　芯片型号选择

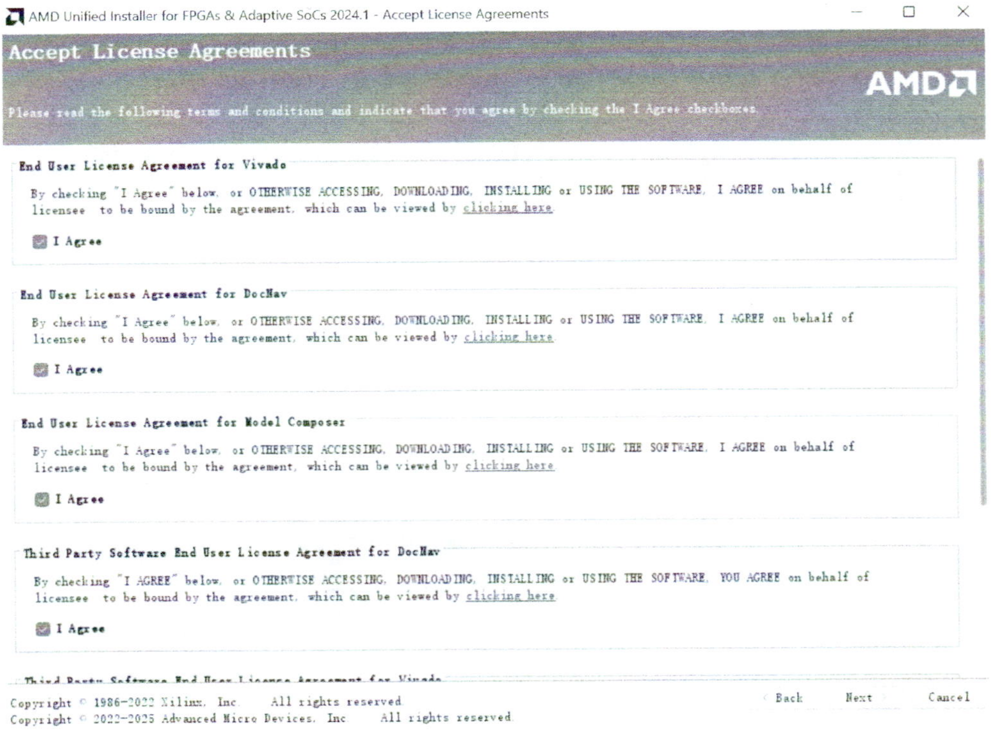

图 3-5　安全协议选取

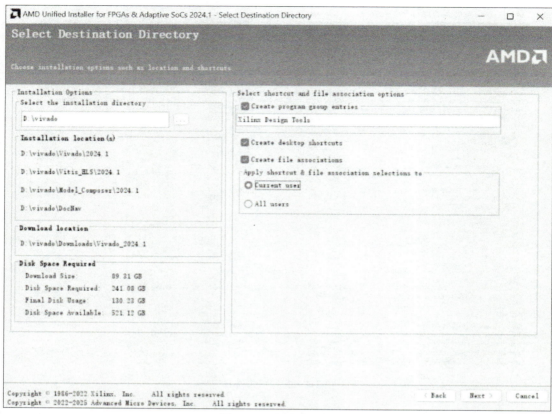

图 3-6　选择安装目录

6）等待安装完毕，弹出安全警告提示，选择信任安装，如图 3-7 所示。

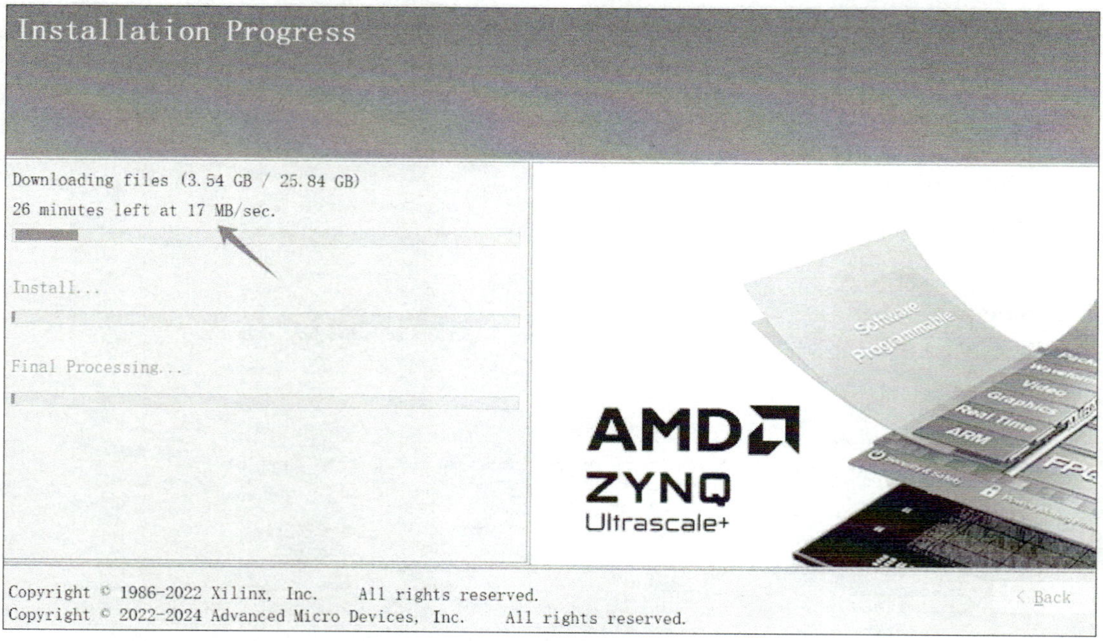

Installation Progress

Downloading files (3.54 GB / 25.84 GB)
26 minutes left at 17 MB/sec.

Install...

Final Processing...

AMD
ZYNQ
Ultrascale+

图 3-7　信任安装

7）安装之后会弹出 WinPcap Setup（许可证协议安装）窗口，单击"I Agree"按钮，安装完成之后单击"Finish"按钮，如图 3-8 ～图 3-10 所示。

图 3-8　许可证协议安装（1）

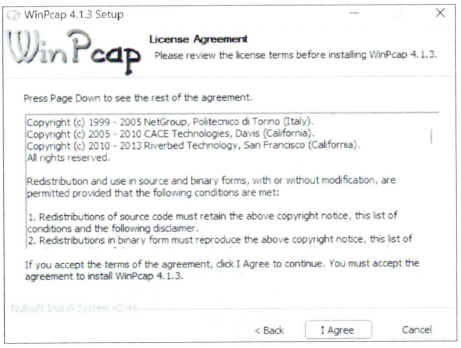

图 3-9　许可证协议安装（2）

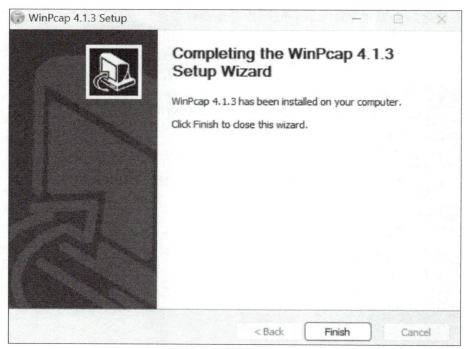

图 3-10   许可证协议安装（3）

　　等待相关插件安装，即可完成 Vivado 2024.1 软件安装，安装成功之后的界面如图 3-11 所示。

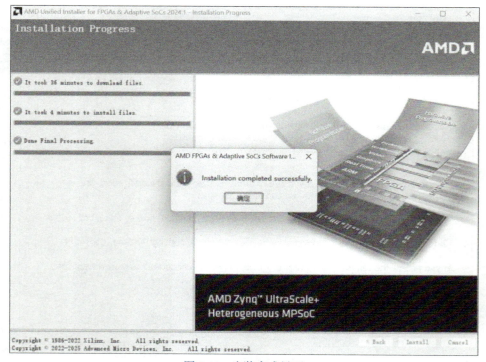

图 3-11   安装完成界面

3.1.2　用户界面介绍

图 3-12 为 Vivado 主界面。

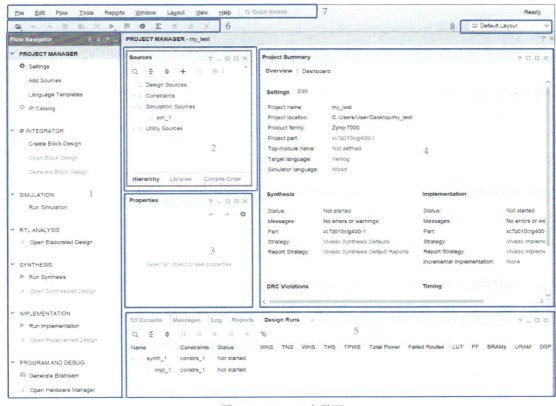

图 3-12　Vivado 主界面

Flow Navigator：提供对命令和工具的访问，包含从设计输入到生成比特流的整个过程。

Add Sources：添加源文件。

Language Templates：语言模板。

IP Catalog：IP 目录。

IP INTEGRATOR：IP 集成器。

Create Block Design：块设计。

Run Simulation：开始仿真。

RTL ANALYSIS：RTL 分析。

Open Elaborated Design：打开详细描述的设计。

Run Synthesis：分析综合。

Open Synthesized Design：打开综合的设计。

Run Implementation：实现。

PROGRAM AND DEBUG：编程和调试。

Generate Bitstream：生成比特流。

Sources 窗口：显示层次结构（Hierarchy）、IP 源文件（IP Sources）、库（Libraries）和编译顺序（Compile Order）的视图。

Netlist 窗口：提供分析后的（elaborated）或综合后的（synthesized）逻辑设计的分层视图。

Project Summary 窗口：提供了当前工程的摘要信息，它在运行设计命令时动态地更新，用于显示和编辑基于文本的文件和报告的 Text Editor。

Tcl Console：允许输入 TCL 命令，并查看以前的命令和输出的历史记录。

Messages：显示当前设计的所有消息，按进程和严重性分类，包括 Error、Critical、Warning 等。

Log：显示由综合、实现和仿真 run 创建的日志文件。

Reports：提供对整个设计流程中的活动 run 所生成的报告的快速访问。

Design Runs：管理当前工程的 runs。

3.1.3　工程创建

1）启动 Vivado，在 Vivado 开发环境里单击"Create Project"，创建新工程。图 3-13 为 Vivado 启动界面。

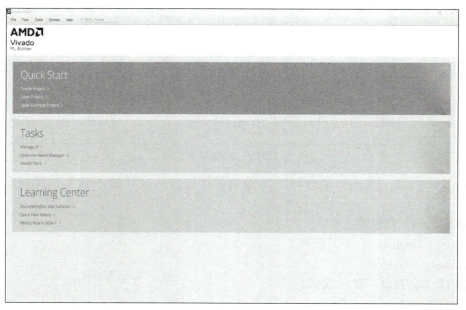

图 3-13　Vivado 启动界面

2）在弹出的窗口中单击"Next"按钮，如图 3-14 所示。在弹出的窗口中输入工程名和存放的工程路径，工程名在这里取"project_1"，如图 3-15 所示。工程路径不能含有中文字符，路径名也不宜太长。

3）单击"Next"按钮后，在弹出窗口的工程类型中选择"project_1"；在目标语言（Target language）中选择"Verilog"；在添加文件窗口中直接单击"Next"按钮，不添加任何文件。

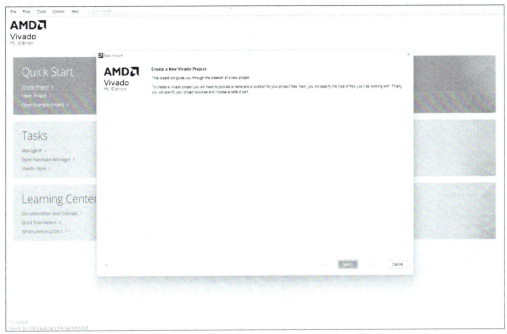

图 3-14 新建工程界面

图 3-15 工程名称、路径选取

在器件选择窗口中根据自己使用的 FPGA 开发板进行选择，如图 3-16 所示。

单击"Finish"按钮完成工程创建，如图 3-17 所示。

创建 Verilog HDL 文件：

1）工程创建完成后随之进入 Vivado 软件界面。单击"PROJECT MANAGER"→"Add Sources"（或者快捷键 <Alt+A>），如图 3-18 所示。

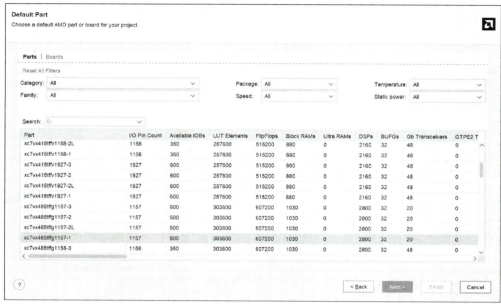

图 3-16　器件选择界面

图 3-17　完成工程创建

2）选择"Add or create design sources"添加或创建设计源文件，单击"Next"按钮，如图 3-19 所示。注意：创建仿真文件时选择"Add or create simulation sources"即可。

3）单击"Create File"按钮，如图 3-20 所示。

4）文件命名为"q123"，单击"OK"按钮。再单击"Finish"按钮完成"q123.v"文件的添加（见图 3-21）。

图 3-18　创建 Verilog HDL 文件

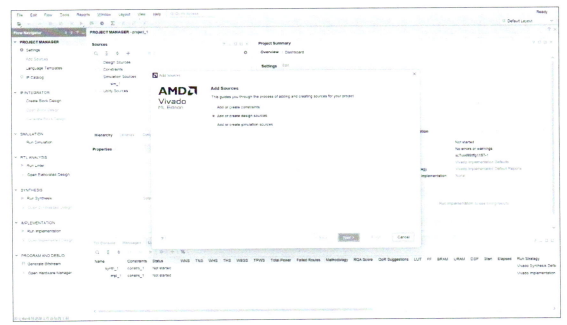

图 3-19　设计源文件

5）在弹出的模块定义窗口中，可以指定 q123.v 文件的模块名称，默认为"q123"，单击"OK"按钮，完成模块定义（见图 3-22）。

6）双击"q123.v"打开文件，可以编辑代码（见图 3-23）。

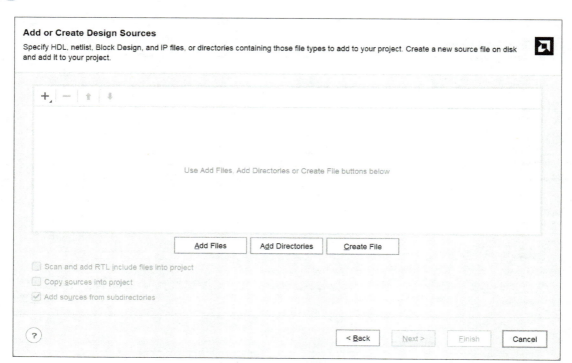

图 3-20　文件创建界面

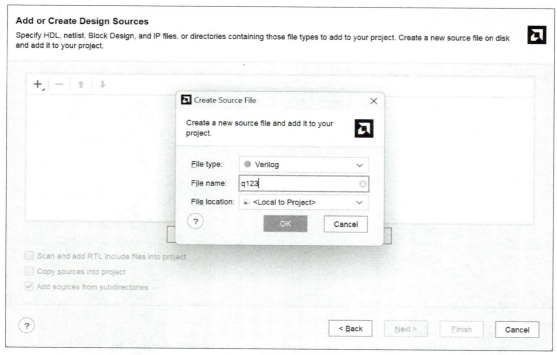

图 3-21　文件添加界面

Define a module and specify I/O Ports to add to your source file.
For each port specified:
   MSB and LSB values will be ignored unless its Bus column is checked.
   Ports with blank names will not be written.

Module Definition

Module name: q123

I/O Port Definitions

Port Name	Direction	Bus	MSB	LSB
	input ⌄	☐		

?   OK   Cancel

图 3-22　模块定义界面

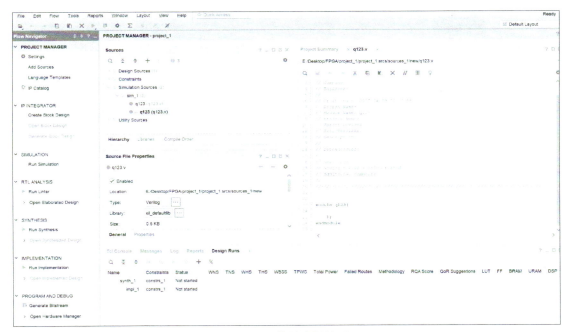

图 3-23　代码编辑界面

3.1.4　实例讲解

设计文件代码如下：

```verilog
module v2(a,b,c
    );
    input a,b;
    output [1:0] c;
```

```
        assign c=a+b;
    endmodule
```

测试文件代码如下：

```
module v2_tb;
    reg a,b;
    wire [1:0] c;
    initial
    begin
        a=0;b=0;
        #33 a=0;b=1;
        #44 a=1;b=1;
        #22 a=1;b=0;
        #55 a=0;b=0;
        #33 a=0;b=1;
        #44 a=1;b=1;
        #22 a=1;b=0;
        #55 a=0;b=0;
    end
v1 u1(.a(a),.b(b),.c(c));
endmodule
```

仿真结果分析：如图 3-24 所示，c 为 a 加 b，当 a、b 都为 1 时 c 为 2，验证了所设计的代码是正确的。

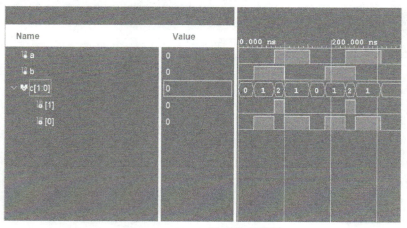

图 3-24　Vivado 波形仿真结果

3.1.5　Vivado 的功能特性

Vivado Design Suite 提供全新构建的 SoC 增强型、以 IP 和系统为中心的下一代开发环境，以解决系统级集成和实现的生产力瓶颈。与 Xilinx 前一代的设计平台 ISE 相比，Vivado 在各方面的性能都有了明显的提升，而且，随着 Vivado 环境的不断优化，其性能还会进一步提高。表 3-1 给出了 Vivado 在性能提升方面的说明。

表 3-1　Vivado Design Suite 加速设计生产力

加速实现	加速集成和验证
实现速度提升 4 倍	IP 集成速度提高 4 倍
器件利用率提升 20%	RTL 仿真速度提高 3 倍

（续）

加速实现	加速集成和验证
最多 3 个速度级性能优势	C/C++ 至 RTL 的转换速度提高 4 倍
功耗降低 35%	
增量编译速度提高一倍	

注：随着软件不断更新，性能还会不断改善。

Vivado 集成设计环境支持下面业界已经建立的设计标准：

1) Tcl。
2) AXI4, IP-XACT。
3) Synopsys 设计约束（Synopsys Design Constraints, SDC）。
4) Verilog, VHDL, System Verilog。
5) SystemC, C, C++。

通过这些支持，使得：

1) 电子设计自动化（Electronic Design Automation, EDA）生态系统更好地支持 Vivado 设计套件。此外，Vivado 设计套件中集成了很多新的第三方工具。

2) 本质上，Vivado 设计套件是基于 Tcl 的脚本。因此支持 Synopsys 设计约束（SDC）格式。

3) 除了提供传统上对 Verilog, VHDL 和 System Verilog 综合的支持，Vivado 高级综合和 Xilinx 设计约束（Xilinx Design Constraints, XDC）HLS 也可以使用 C、C++ 或者 SystemC 语言定义逻辑。

4) 使用标准的 IP 互联协议，例如 AXI4 和 IP-XACT。这样，使得更快和更容易地实现系统级设计集成。

3.1.6　Vivado 的五大特征

与前一代开发平台 ISE 相比，Xilinx 新一代开发平台 Vivado 有 5 个显著的特征，这 5 个特征也体现了其与 ISE 的重大差异。

1. 统一的数据模型

在 ISE 中，综合后的网表文件为 .ngc，Translate 之后的网表文件为 .ngd，布局、布线之后的网表文件为 .ncd；在 Vivado 下，综合和实现之后的网表文件均为 .dcp。DCP 成为统一的数据模型，如图 3-25 所示。

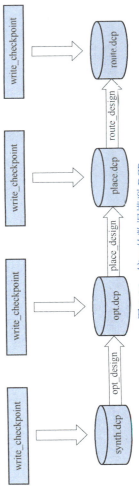

图 3-25　统一的数据模型 DCP

2. 业界标准的约束描述方式

在 Vivado 中，约束采用 XDC 描述，它是在 SDC 基础上进行了扩展，添加了 Xilinx 特定的物理约束。相比于 ISE 中的 UCF 描述约束的方式，XDC 更为灵活。

3. 融合 Tcl 脚本

Vivado 融合了 Tcl 脚本，几乎所有的菜单操作都有相应的 Tcl 命令，而且用 Tcl 可以实现来单无法操作的功能，如编辑综合后的网表文件。事实上，XDC 本身就是 Tcl 命令。除此之外，用户也可以编写自己的 Tcl 命令来嵌入 Vivado 中。Vivado 提供了 Tcl 控制台（Tcl Console）和 Tcl Shell 用来运行 Tcl 脚本。

4. 以 IP 为核心的设计理念

Vivado 提供了以 IP 为核心的设计理念，以实现最大化的设计复用，如图 3-26 所示。Vivado HLS 和 System Generator 两个工具都可以将自身设计封装为 IP 嵌入 IP Catalog 中。此外，用户自己的工程也可以通过 Vivado 下的 IP Packager 封装为 IP 嵌入 Vivado IP Catalog 中。

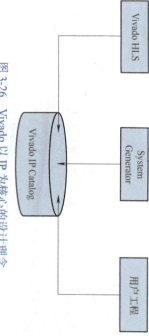

图 3-26　Vivado 以 IP 为核心的设计理念

5. 体现 UltraFast 设计方法学

Xilinx 提出的 UltraFast 设计方法学其根本宗旨是将问题尽可能地放在设计初期解决，而不要等到设计实现阶段才着手解决。因为在设计初期解决问题的方式更为灵活，措施也更为多样；而到后期，往往只能在局部小范围内做文出问题的情况，甚至面临不得不返工的窘境。Vivado 将这一方法学贯穿其中，在 RTL 设计分析阶段可以进行设计检查，检查内容包括代码风格和时序约束。在综合后可以分析时序，发现潜在的布线拥塞问题。与 ISE 不同的是，Vivado 综合后的时序报告是可信任的。

3.1.7　Vivado 的两种工作模式

Vivado 设计套件允许设计者根据自己的习惯，使用不同的方法运行工具。设计者可以使用基于工程的方法自动管理设计过程和设计数据，也就是所说的工程模式（Project Mode）。当在工程模式下，在磁盘上创建一个目录结构，用于管理设计源文件，运行结果和跟踪工程状态。可通过一个运行结构，来管理自动的综合和实现过程，以及眼踪运行状态。可以通过单击鼠标，在 Vivado 集成环境内运行完整的设计流程。

另一种方法是，设计者可以选择基于 Tcl 脚本的编译设计风格方式。通过这种方式，设计者自己可以管理源文件和设计流程。这种方式也称为非工程模式（Non-Project Mode）。当在非工程模式下，可通过源文件当前所在的位置来访问源文件，以及通过存储器中的流程来编译设计。

1) 通过使用 Tcl 命令，可以单独运行设计中的每一步。
2) 使用 Tcl 命令，可以设置设计参数和实现选项。

3）使用 Tcl 命令，设计者可以在设计处理的每个阶段，保存设计检查点和创建报告。

4）此外，在每个设计阶段，设计者可以打开 Vivado 集成设计环境，用于设计分析和分配约束。

当设计者正在查看存储器中活动的设计时，会自动地提交流程中的变化。比如：设计者可以保存对新约束文件的更新或者设计检查点。

1. 两种模式的特性比较

在工程模式下，Vivado 集成设计环境跟踪设计历史，保存相关的设计信息。然而，在这种模式下，由于很多是过程自动处理的，所以设计者很少能控制处理的过程。例如在每次运行时，只是生成一组标准的报告文件。在工程模式下，提供了下面的自动处理功能：

1）源文件管理和状态。

2）通过 Vivado IP 目录和 Vivado 集成器，实现 IP 配置和集成。

3）综合信息和自动生成标准的报告。

4）保存和重用工具设置和设计配置。

5）用多个综合和实现运行，进行探索。

6）约束设置的使用和管理。

7）运行结果的管理和状态。

8）流程导航。

9）工程总结。

在非工程模式下，通过使用 Tcl 命令，执行每个行为。在存储器中，执行所有的处理。因此，不会自动生成文件或者报告。当设计者每次对设计进行编译的时候，设计者必须定义所有的源文件，设置所有工具和设计配置的参数，启动所有的实现命令，以及指定所需要生成的报告文件。由于没有在磁盘上创建一个工程，源文件保留在它们最初的位置，只在设计者指定的位置创建运行输出。这个流程充分发挥 Tcl 命令的能力，可以充分地控制整个设计过程。表 3-2 给出了工程模式和非工程模式特性的比较。

表 3-2 工程模式和非工程模式特性比较

流程元素	工程模式	非工程模式
设计源文件管理	自动	手动
流程导航	引导	手动
流程定制	有限	无限
报告	自动	手动
分析阶段	只有设计	设计和设计检查点

2. 两种模式的命令比较

对于设计者来说，选择的模式不同，Tcl 命令就相应有所不同。在非工程模式下，所有的操作和工具设置都要求单独的 Tcl 命令，包括：设置工具选项，运行实现命令，产生报告和写设计检查点。在工程模式下，打包过的命令，用于每个综合、实现和报告命令。

例如，在工程模式下，设计者使用 add_files Tcl 命令将源文件添加到工程中。可以将源文件复制到工程中，这样在工程目录结构中保留一个独立的版本；或者通过远程方式引用。

在非工程模式下，设计者使用 read_verilog、read_vhdl、read_xdc 和 read_...Tcl 命令，从当前的位置读取不同类型的源文件。

在工程模式下，带有预配置运行策略的 launch_runs 命令，用于启动工具和生成标准报告。这样能够合并实现命令、标准报告、运行策略的使用、运行状态的跟踪。然而，设计者也可以在设计处理的每一步之前或者之后，运行定制的 Tcl 命令。在工程内，自动地保存和管理运行的结果。在非工程模式下，必须单独运行每个命令，例如 opt_design、place_design 和 route_design。

很多 Tcl 命令既可用于工程模式，又可以用于非工程模式，例如报告命令。在一些情况下，将 Tcl 命令指定在工程模式或者非工程模式。当创建脚本的时候，指定为一个模式的命令，不能被混用。例如，如果使用了工程模式，设计者就不能使用基本级别命令，例如 synth_design，这是因为将该命令指定为非工程模式。如果在工程模式下，使用了非工程模式的命令，数据库不会更新状态信息，并且不会自动生成报告。

注： 工程模式包含所有的 GUI 操作，这样导致在绝大多数情况下，执行一个 Tcl 命令。Tcl 命令显示在 Vivado 集成开发环境的控制台下，在 vivado.jou 文件进行捕获。设计者可以使用这个文件，来开发用于其中一种模式的脚本。

3.2　Vivado 的设计

自从 Xilinx 公司推出 ISE 集成开发环境以来的数年间，Xilinx 可编程逻辑器件应用工程师都是在这个熟悉的集成开发环境下完成设计的。Xilinx 公司于 2012 年发布了新一代的 Vivado 设计套件，设计环境和设计方法发生了重要的变化。

本节对 Vivado FPGA 设计流程、系统级设计流程进行了概述，以帮助读者从整体上正确把握 Vivado 的设计理念和设计方法，从而在 Vivado 集成开发环境下进行高效率的设计。

3.2.1　Vivado 下的 FPGA 设计流程

Vivado 是 Xilinx 新一代针对 7 系列及后续 FPGA 的开发平台。在 Vivado 下的 FPGA 设计流程如图 3-27 所示。可以看到，借助 Vivado 能够完成 FPGA 的所有流程，包括设计输入、设计综合、设计实现、设计调试和设计验证。

相比于 Xilinx 前一代开发平台 ISE，Vivado 的设计实现环节较为复杂，多了几个步骤，如图 3-27 中设计实现框内的斜体字所示。这几个步骤是可选的，但布局和布线则是必需的。正是这些步骤以及每个步骤自身的参数选项使得 Vivado 可以构造不同的实现策略。

设计优化可进一步对综合后的网表进行优化，如可以去除无负载的逻辑电路，可以优化 BRAM 功耗（优化 BRAM 的功耗是在设计优化阶段而非功耗优化阶段完成的）。

功耗优化则是借助触发器的使能信号降低设计的动态功耗。尽管功耗优化可以在布局前运行也可以在布局后运行，但为了达到更好的优化结果，最好在布局之前运行。布局之后的功耗优化是在保证时序的前提下进行的，因而优化受到限制。

物理优化可进一步改善设计时序。对于关键时序路径上的大扇出信号，通过复制驱动降低扇出，改善延时；对于关键时序路径上的与 DSP48 相关的寄存器，可以根据时序需要将寄存器从 SLICE 中移入 DSP48 内部或从 DSP48 内部移出到 SLICE 中；对于关键路径上的与 BRAM 相关的寄存器，可以根据时序需要将寄存器从 SLICE 中移入 BRAM 内部或从 BRAM 内部移出到 SLICE 中。

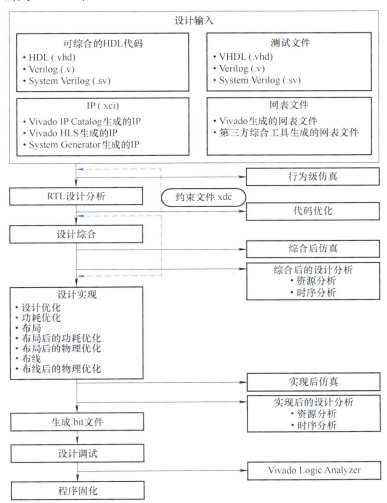

图 3-27　Vivado 下的 FPGA 设计流程

对于约束，Vivado 采用了新的描述方式 XDC，它是在 SDC 基础上的扩展。相比于 ISE，Vivado 对约束的管理更为灵活，可以在设计综合前加入约束文件，也可以在设计综合后添加约束，同时还可以设定约束的作用域和作用阶段。

3.2.2　Vivado 系统级设计流程

除了传统上寄存器传输级（Register Transfer Level，RTL）到比特流的 FPGA 设计流程外，Vivado 设计套件新提供了系统级的设计集成流程，该系统级设计的中心思想是基于知识产权（Intellectual Property，IP）核的设计。图 3-28 给出了 Vivado 系统级设计流程。

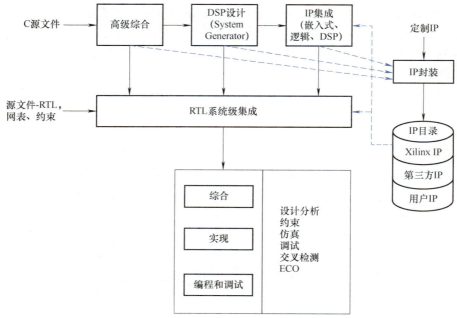

图 3-28　Vivado 系统级设计流程

从图 3-28 中可以看出：

1）Vivado 设计套件提供了一个环境，该环境用于配置、实现、验证和集成 IP。

2）通过 Vivado 提供的 IP 目录，就可以快速地对 Xilinx IP、第三方 IP 和用户 IP 进行例化和配置。IP 的范围包括逻辑、嵌入式处理器、数字信号处理（Digital Signal Processing，DSP）模块或者基于 C 的 DSP 算法设计。一方面，将用户 IP 进行封装，并且使封装的 IP 符合 IP-XACT 协议。这样，就可以在 Vivado IP 目录中使用它；另一方面，Xilinx IP 利用 AXI4 互联标准，从而实现更快速的系统级集成。在设计中，设计者可以通过 RTL 或者网表格式使用这些已经存在的 IP。

3）可以在设计流程的任意一个阶段，对设计进行分析和验证。

4）对设计进行分析，包括逻辑仿真、I/O 和时钟规划、功耗分析、时序分析、设计规则检查（Design Rule Check，DRC）、设计逻辑的可视化、实现结果的分析和修改以及编程和调试。

5）通过 AMBA AXI4 互联协议，Vivado IP 集成器环境使得设计者能够将不同的 IP 组合在一起。设计者可以使用块图风格的接口交互式地配置和连接 IP，并且可以像原理图那样，通过绘制 DRC 助手很容易地将整个接口连接在一起。然后，对这些 IP 块设计进行封装，将其当作单个的设计源。通过在一个设计工程或者在多个工程之间进行共享，来使用设计块。

6）Vivado IP 集成器环境是主要的接口，通过使用 Zynq 器件或者 MicroBlaze 处理器，创建嵌入式处理器设计。Vivado 设计套件也集成了传统的 XPS，用于创建、配置和管理 MicroBlaze 微处理器软核。在 Vivado IDE 环境中，集成和管理这些核。如果设计者选择编辑 XPS 的源设计，将自动启动 XPS 工具。设计者也可以将 XPS 作为一个单独的工具运行，然后将最终的输出文件作为 Vivado IDE 环境下的源文件。在 Vivado IDE 环境中，XPS 不能用于 Zynq 器件，而是使用新的 IP 集成器环境。

7）对于数字信号处理方面的应用，Vivado 提供了两种设计方法：

① 使用 Xilinx System Generator 建模数字信号处理。Vivado 设计套件集成了 Xilinx System Generator 工具，用于实现 DSP 的功能。当设计者编辑一个 DSP 源设计时，自动启动 System Generator。设计者可以将 System Generator 作为一个独立运行的工具，并且将其最终的输出文件作为 Vivado IDE 的源文件。

② 使用高级综合工具（HLS）建模数字信号处理。Vivado 设计套件集成了 Vivado HLS，它提供了基于 C 语言的 DSP 功能，来自 Vivado HLS 的 RTL 输出，作为 Vivado IDE 的 RTL 源文件。在 Vivado IP 封装器中，将 RTL 的输出封装成符合 IP-XACT 标准的 IP。这样，在 Vivado IP 目录中就变成了可用的 IP。设计者也可以在 System Generator 逻辑中使用 Vivado HLS 逻辑模块。

8）Vivado 设计套件中包含 Vivado 综合、Vivado 实现、Vivado 时序分析、Vivado 功耗分析和比特流生成。通过下面的一种方式设计者就可以运行整个的设计流程：① Vivado IDE。② 批处理 Tcl 脚本。③ Vivado 设计套件的 Tcl Shell。④ Vivado IDE Tcl 控制台下，输入 Tcl 命令。

9）设计者可以创建多个运行，通过使用不同的综合选项、实现选项、时序约束、物理约束和设计配置来进行尝试。这样，可以帮助设计者改善设计结果，提高设计效率。

10）Vivado 集成开发环境提供了 I/O 引脚规划环境，用于将 I/O 端口分配到指定的封装引脚上，或者分配到内部晶圆的焊盘上。通过使用 Vivado 引脚规划器内的视图和表格，设计者可以分析器件和设计相关的 I/O 数据。

Vivado IDE 提供了高级的布局规划能力，用于帮助改善实现的结果。设计者可以将一个指定的逻辑，强迫放到芯片内的某个特定区域。即为了后面的运行，通过交互的方式，锁定到指定的位置或者布线。

11）Vivado IDE 使设计者可以在对设计处理的每个阶段，对设计进行分析、验证和修改。通过对处理过程中所生成的中间结果进行分析，设计者可以提高设计的性能。在将设计转换成 RTL 后、综合后和实现后，就可以运行分析工具。

12）Vivado 集成了 Vivado 仿真器，使得设计者可以在设计的每个阶段，运行行为级和结构级的逻辑仿真。仿真器支持 Verilog 和 VHDL 混合模式仿真，并且以波形的形式显示结果。此外，设计者也可以使用第三方的仿真器。

13）在 Vivado IDE 内，在对设计处理的每一个阶段，设计者都可以对结果进行交互分析。一些设计和分析特性包括时序分析、功耗估计和分析、器件利用率统计、DRC、I/O 规划、布局规划和交互布局，以及布线分析。

14）当执行实现过程后，对器件进行编程。然后，在 Vivado 环境中对设计进行分析。在 RTL 内或者在综合之后，很容易地识别调试信号。在 RTL 或者综合网表中，插入和配置调试核。Vivado 逻辑分析仪也可以进行硬件验证。通过将接口设计成与 Vivado 仿真器一致，就可以使两者共享波形视图。

视频
第 3 章 3.3、
3.4

3.3　Vivado 设计套件

采用 28nm 的半导体工艺，Xilinx 公司推出了领先一代的硬件、软件和 I/O 全面可编程的 SoC-Zynq7000 系列，在单芯片上将双核 ARM Cortex-A9 处理器系统（PS）与 7 系列

Artix 或 Kintex FPGA 器件相同的可编程逻辑（PL）完美地结合在一起，在器件的架构上具有以下的特点：

1）处理器系统作为主设备负责为存储器和通信外设等提供硬件支持，并且能够在不对可编程逻辑部分加电或配置的情况下自主运行，按照正常的软件引导过程，从片内的非易失存储器 ROM 启动，随后执行更复杂的引导载入程序。

2）可编程逻辑部分与处理器系统之间可以实现全面的互联传输，除了可以通过 JTAG 接口进行配置外，也可以通过处理器配置访问端口载入部分或完整的配置。可编程逻辑部分的器件架构与 7 系列 FPGA 是完全相同的，所以在性能、规模和功耗上都有提高。

利用 7 系列的完全可编程 FPGA 和 SoC 实现数字系统、DSP 系统或嵌入式系统都需要更好的开发工具和手段，以满足设计规模和要求的不断增长。Xilinx 公司的 Vivado 设计套件在经历了四年的开发和一年的测试，并通过早期试用计划之后，才向客户郑重推出和公开发布。

Vivado 设计套件提供了高度统一的设计环境，并配有全新的系统级和芯片级工具，构建在共享、可扩展的数据模型架构和通用调试环境的基础上。Vivado 套件还是一款基于业界标准的开放式环境，诸如 AMBA® AXI4 互联、IP-XACT IP 封装元数据、工具命令语言（TCL）、Synopsys 设计约束（SDC）以及其他有助于设计流程满足用户需求的业界标准。Xilinx 设计的 Vivado 套件支持各类可编程技术组合使用，并可扩展到 1 亿个 ASIC 等效门的设计。

由于任何 FPGA 器件的集成设计套件的核心都是物理设计流程，包括综合、布局规划、布局布线、功耗和时序分析、优化和 ECO，所以接下来结合物理设计流程分析 Vivado 设计套件的特性及超越前期的 ISE 软件的优越之处。

3.3.1　单一共享可扩展的数学模型

Xilinx 公司利用 Vivado 设计打造了一个最先进的设计实现流程，可以让客户更快地实现设计收敛。为了减少设计的迭代次数和总体设计时间，并提高整体生产力，Xilinx 采用一个单一的、共享的、可扩展的数据模型架构，建立其设计实现流程，这种框架也常见于当今最先进的 ASIC 设计环境。这种共享的、可扩展的数据模型架构可以让实现流程中的综合、仿真、布局规划、布局布线等所有步骤在内存数据模型上运行，故在流程中的每一步都可以进行调试和分析，这样用户就可在设计流程中尽早掌握关键设计指标的情况，包括时序、功耗、资源利用和布线拥塞等。而且这些指标的估测将在实现过程中随着设计流程的推进而趋向于更加精确。

具体来说，这种统一的数据模型使 Xilinx 能够将其新型多维分析布局布线引擎与套件的 RTL 综合引擎、新型多语言仿真引擎，以及 IP 集成器（IP Integrator）、引脚编辑器（Pin Editor）、布局规划器（Floor Planner）、器件编辑器（Device Editor）等各工具紧密集成在一起。客户可以通过使用该套件的全面交叉观测功能来跟踪并交叉观测原理图、时序报告、逻辑单元或其他视图，直至 HDL 代码中的给定问题。

这种可扩展的数据模型架构提供的紧密集成功能还增强了按键式流程的效果，从而可满足用户对工具实现最大自动化、完成大部分工作的期望。同时，这种模型还能够满足客户对更高级的控制、更深入的分析以及掌控每个设计步骤进程的需要。表 3-3 将 FPGA Vivado 设计套件与原有的 ISE 设计软件进行了比较。

表 3-3　Vivado 与 ISE 对比

Vivado	ISE
流程是一系列 Tcl 指令，运行在单个存储器中的数据库上，灵活性和交互性更大	流程由一系列程序组成，利用多个文件运行和通信
在存储器中的单个共用数据模型可以贯穿整个流程运行，允许做交互诊断、修正时序等许多事情： ● 模型改善速度 ● 减少存储量 ● 交互的 IP 即插即用环境 AXI4，IP-XACT	流程的每个步骤要求不同的数据模型（NGC，NGD，NCD，NGM）： ● 固定的约束和数据交换 ● 运行时间和存储量恶化 ● 影响使用的方便性
共用的约束语言（XDC）贯穿整个流程： ● 约束适用于流程的任何级别 ● 实时诊断	实现后的时序不能改变，对于交互诊断没有反向兼容性
在流程各个级别产生报告——Robust Tcl API	RTL 通过位文件控制： ● 利用编制脚本，灵活的非项目潜能 ● 专门的指令行选项
在流程的任何级别保存检查点（check point）设计： ● 网表文件 ● 约束文件 ● 布局和布线结果	在流程的各个级别只利用独立的工具： ● 系统设计：Platform Studio，System Generator ● RTL：CORE Generator，ISim，PlanAhead ● NGC/EDIF：PlanAhead tool ● NCD：FPGA Editor，Power Analyzer，ISim，PlanAhead ● Bit file：Chip Scope，iMPACT

3.3.2　标准化 XDC 约束文件（SDC）

FPGA 器件的设计技术，随着其规模的不断增长而日趋复杂，设计工具的设计流程也随之不断发展，而且越来越像 ASIC 芯片的设计流程。

20 世纪 90 年代，FPGA 的设计流程跟当时的简易 ASIC 的设计流程一样，如图 3-29a 所示。最初的设计流程以 RTL 级的设计描述为基础，在对设计功能进行仿真的基础上，采用综合及布局布线工具，在 FPGA 中以硬件的方式实现要求的设计。

随着 FPGA 设计进一步趋向于复杂化，2000 年早期 FPGA 设计团队在设计流程中增加了时序分析功能，以此帮助客户确保设计能按指定的频率运行，其流程如图 3-29b 所示。

今天的 FPGA 已经发展为庞大的系统级设计平台，设计团队通常要通过 RTL 分析来最小化设计迭代，并确保设计能够实现相应的性能目标，其流程如图 3-29c 所示。为了更好地控制设计流程中集成的设计工具，加速设计上市进程，设计人员需要更好地了解设计的规模和复杂性。FPGA 设计团队正在采用一种新型的设计方法，在整个设计流程中贯穿约束机制。即借鉴 ASIC 的设计方法，添加比较完善的约束条件，然后通过 RTL 仿真、时序分析、后仿真来解决问题，尽量避免在 FPGA 电路板上来调试。Xilinx 最新的 Vivado™ 设计流程就支持当下最流行的一种约束方法——Synopsys 设计约束（SDC）格式，可以通过SDC 让设计项目受益。

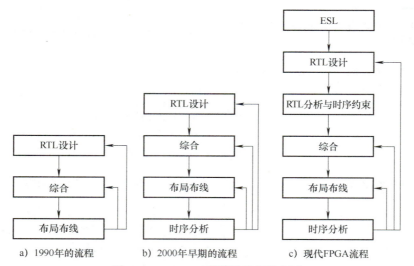

图 3-29　FPGA 工具设计流程的变迁

　　SDC 是一款基于 Tcl 的格式，可用来设定设计目标，包括设计的时序、功耗和面积约束。SDC 包括时序约束（如创建时钟、创建生成时钟、设置输入延迟和设置输出延迟）和时序例外（如设置错误路径、设置最大延迟、设置最小延迟以及设置多周期路径），这些 SDC 通常应用于寄存器、时钟、端口、引脚和网线（net）等设计对象。

　　需要指出的是，尽管 SDC 是标准化格式，但生成和读取 SDC 在不同工具之间还是略有差异。了解这些差异并积极采取措施，有助于避免意外情况的发生。

　　SDC 最常见的应用就是约束综合。一般来说，设计人员要考虑设计的哪些方面需要约束，并为其编写 SDC。设计人员通常要执行如图 3-29b 所示的流程，首次肯定无法进行时序收敛，随后要反复手动盲目尝试添加 SDC，以实现时序收敛，或让设计能在指定的频率上工作。许多从事过上述工作的设计人员都抱怨设计迭代要花好几个星期，往往会拖延设计进程。

　　设计迭代的另一个问题在于，设计团队的数名设计人员可能在不同的地点为 SDC 设计不同的模块。这样设计工作会变得非常复杂，设计团队必须想办法对各个设计模块验证SDC，避免在芯片级封装阶段出现层级名称的冲突。要确保进行有效的设计协作，就必须采用适当的工具和方法。

　　Vivado 中的设计约束文件在采用 SDC 的约束格式外，要增加对 FPGA 的 I/O 引脚分配，从而构成它的约束文件 XDC。表 3-4 给出了 Vivado 与 ISE 设计软件中约束文件的比较。

表 3-4　Vivado 与 ISE 的约束文件对比

Vivado-XDC	ISE-UCF
约束从整个系统的视角	约束只限于 FPGA
可适应大型设计项目	约束定位在较小的设计项目
在指定的层次搜索	搜索整个设计层次
网线名称保持不变，任何阶段都能找到	不同设计阶段网线的名称会改变
分别对 clk0、clk1 等定义	一套 UCF 约束不了不同的 clk
综合和 PAR 两者之间不影响	综合和 PAR 要用两套约束

3.4　Vivado 的调试过程

对 FPGA 的调试，是一个反复迭代，直到满足设计功能和设计时序的过程。对于 FPGA 这样比较复杂数字系统的调试，就是将其分解成一个个很小的部分。然后，对设计中的每个很小的部分通过仿真或者调试进行验证。这样要比在一个复杂设计完成后，再进行仿真或者调试的效率要高得多。本节通过 Vivado 提供的调试功能对设计进行调试，并给出了调试的设计原理和方法策略。

3.4.1　设计调试原理和方法

Vivado 的调试方法有多种，具体的调试流程可能因硬件设施、项目需求和 Vivado 版本而有所不同，设计者可以通过使用下面的设计和调试方法，来保证设计的正确性：RTL 级的设计仿真、实现后设计仿真、系统内调试。

本节将详细介绍系统内调试方法。

（1）系统内逻辑设计调试

Vivado 集成设计环境包含逻辑分析特性，使设计者可以对一个实现后的 FPGA 器件进行系统内调试。在系统内对设计进行调试的好处包括：在真正的系统环境下，以系统要求的速度，调试设计的时序准确性和实现后的设计。系统内调试的局限性包括：与使用仿真模型相比，稍微降低了调试信号的可视性，潜在地延长了设计 / 实现 / 调试迭代的时间。这个时间取决于设计的规模和复杂度。

通常，Vivado 工具提供了不同的方法，用于调试设计。设计者可以根据需要使用这些方法。

（2）系统内串行 I/O 设计调试

为了实现系统内对串行 I/O 验证和调试，Vivado 集成开发环境包括一个串行的 I/O 分析特性。这样，设计者可以在基于 FPGA 的系统中，测量并且优化高速串行 I/O 连接。这个特性可以解决大范围的系统内调试和验证问题，范围从简单的时钟和连接问题，到复杂的余量分析和通道优化问题。与外部测量仪器技术相比，使用 Vivado 内的串行 I/O 分析仪可以测量接收器对接收信号进行均衡后的信号质量。这样就可以在 Tx 到 Rx 通道的最优点进行测量。因此，就可以确保得到真实和准确的数据。

Vivado 工具提供了用于生成设计的工具。该设计应用吉比特收发器端点和实时软件进行测量，帮助设计者优化高速串行 I/O 通道。

系统内调试包括三个重要的阶段：

1）探测阶段（Probing phase）：用于标识需要对设计中的哪个信号进行探测，以及探测的方法。

2）实现阶段（Implementation phase）：实现设计，包括将额外的调试 IP 连接到被标识为探测的网络。

3）分析阶段（Analysis phase）：通过与设计中的调试 IP 进行交互，调试和验证设计功能。

在探测阶段分为两个步骤：识别需要探测的信号或者网络、确认将调试核添加到设计中的方法。

很多时候，设计者决定需要探测的信号，以及探测这些信号的方法。它们之间互相影响。设计者可以手工添加调试 IP 元件例化到设计源代码中（称为 HDL 例化探测流程），设计者也可以让 Vivado 工具自动地将调试核插入综合后的网表中（称为网表插入探测流程）。表 3-5 给出了调试策略。

表 3-5　调试策略

调试目标	推荐的调试编程流程
在 HDL 源代码中识别调试信号，同时保留灵活性，用于流程后面使能或者禁止调试	1）在 HDL 中，使用 mark_debug 属性标记需要调试的信号 2）使用 Set up Debug 向导来引导设计者通过网表插入探测流程
在综合后的设计网表中识别调试网络，不需要修改 HDL 源代码	1）使用 Mark Debug 单击菜单选项，选择在综合设计的网表中需要调试的网络 2）使用 Set up Debug 向导来引导设计者通过网表插入探测流程
使用 Tcl 命令，自动调试探测流程	1）使用 set_property Tcl 命令，在调试网络上设置 mark_debug 属性 2）使用网表插入探测流程 Tcl 命令，创建调试核，并将其连接到调试网络
明确在 HDL 语言中，将信号添加到 ILA 调试核中	1）识别用于调试的 HDL 信号 2）使用 HDL 例化探测流程产生和例化一个集成逻辑分析仪（ILA）核，并且将它连接到设计中的调试信号

3.4.2　创建新的 FIFO 调试工程

本节将创建一个新的 FIFO 调试工程。创建新的 FIFO 调试工程的步骤主要包括：

1）在 Vivado 主界面主菜单下，选择"File"→"New Project"。

2）出现 New Project-Create a New Vivado Project 对话框。

3）单击"Next"按钮。

4）出现 New Project-Project Name 对话框。按下面参数设置：

● Project name：fifo_vhdl 或者 fifo_verilog。 ⊖

● Project location：E：/vivado_example。

5）单击"Next"按钮。出现 New Project-Project Type 对话框，在该界面内选择"RTL Project"。选中"Do not secify source at this time"前的复选框。

_____

⊖　使用 VHDL 的读者设置名字为"fifo_vehdl"，使用 Verilog 的读者设置名字为"fifo_verilog"。

6）单击"Next"按钮。出现 New Project-Default Part 对话框，在该界面内选择"xc7al00tcsg324-l"。

7）单击"Next"按钮。出现 New Project-New Project Summary 对话框。

8）最后单击"Finish"按钮完成调试。

习题 3

3.1 列举 Vivado 设计软件的主要特性。

3.2 Vivado 设计软件默认所有的时钟是相互有关的，可以通过什么途径来了解时钟之间的相互关系？

3.3 说明 RTL 级分析得到的设计项目原理图的组成成分。

3.4 设计项目的功能进行仿真验证后，元件的功能特性对以后的性能设计是否还会产生影响？

3.5 哪两种时钟信号必须要利用 Tcl 命令来进行规定？

3.6 什么是静态时序通道？引起路径上产生延时的因素有哪些？延时的最大值和最小值分别应用在哪些场合？

3.7 说明综合级设计得到的设计项目原理图的组成成分；将其与 RTL 级分析得到的结果进行比较，说明相同与不同之处。

3.8 在综合后得到网表设计估计的时序报告，在实现之后得到实际网线延时的时序报告，对二者进行比较，建立时间和保持时间的裕量有什么变化？

3.9 设计项目 uart_led 中，在 RTL 级分析时，选择 Tools → Show Hierarchy，要经过多少级层次结构才能抵达最低层次？

3.10 除了通过源程序中所示的方式使用 ILA 和 VIO 来进行设计诊断之外，二者还有其他方法可以用来实现设计诊断吗？

第 4 章

Quartus® Prime 开发工具

4

本章主要介绍 Quartus® Prime 的开发环境，包含软件的安装步骤、基本设计流程和可支持扩展的 EDA 工具。Altera 公司的 Quartus® Prime 开发软件为设计者提供一个完整的多平台开发环境。它包括了整个可编程逻辑器件设计阶段的所有解决方案，提供了完整的图形用户界面，可以完成可编程片上系统（SOPC）的整个开发流程的各个阶段，包含输入、综合、仿真等。通过学习本章，希望读者能够掌握 Quartus® Prime 软件的用户界面、常用工具和设计流程，熟练地完成数字系统设计的全过程。

视频
第 4 章 4.1

4.1 软件介绍

Quartus® Prime 是 Altera 公司的综合性开发软件，它集成了设计输入、逻辑综合、布局布线、仿真验证、时序分析、器件编程等开发 FPGA 和 CPLD 器件所需要的多个软件工具。支持原理图、VHDL 以及 AHDL 等多种设计输入形式，内嵌自有的综合器以及仿真器，可以完成从设计输入到硬件配置的完整 PLD 设计流程。Quartus® Prime 可以在 Windows、Linux 上使用，除了可以使用 Tcl 脚本完成设计流程外，还提供了完善的用户图形界面设计方式，具有运行速度快、界面统一、功能集中和易学易用等特点。Quartus® Prime 支持 Altera 的 IP 核，包含了 LPM/Mega Function 宏功能模块库，使用户可以充分利用成熟的模块，简化了设计的复杂性、加快了设计速度。

Quartus® Prime 软件界面友好，使用便捷，功能强大，是一个完全集成化的可编程逻辑设计环境，是先进的 EDA 工具软件。该软件具有开放性、与结构无关、多平台、完全集成化、丰富的设计库、模块化工具等特点。Quartus® Prime 支持 Altera 公司的 MAX 3000 系列、MAX 7000 系列、MAX 9000 系列、ACEX 1K 系列、APEX 20K 系列、FLEX 5000 系列等乘积项器件，也支持 FLEX 6000、FLEX 8000、FLEX 10K、Stratix 系列等查找表器件。对第三方 EDA 工具的良好支持也使用户可以在设计流程的各个阶段使用熟悉的第三方 EDA 工具。此外，Quartus® Prime 还可以与 MATLAB 和 DSP Builder 综合进行基于 FPGA 的 DSP 的系统开发。它也支持 Altera 的片上可编程系统（SOPC）开发，集系统级设计、嵌入式软件开发、可编程逻辑设计于一体，是一种综合性的开发平台。

随着 Altera 公司器件集成度的提高、器件结构和性能的改进，Quartus® Prime 软件也在不断改进和更新，每年都有新版本推出，本书使用 2018 年推出的软件，为 Quartus® Prime 18.1 版本，并将其安装在运行微软公司的 Windows 10 操作系统的计算机上。

4.1.1　软件安装

本节以 Quartus® Prime 18.1 为例，讲述 Quartus® Prime 软件的安装方法。在满足系统配置的计算机上，可以按照下面的步骤安装 Quartus® Prime 软件。

1）在 Intel 官网搜索下载 Quartus® Prime 安装包，首先解压缩该安装包，单击"components"文件夹，可以看到如图 4-1 所示的文件。

名称	修改日期	类型	大小
arria_lite-18.1.0.625.qdz	2018/9/13 19:58	QDZ 文件	511,611 KB
cyclone10lp-18.1.0.625.qdz	2018/9/13 19:48	QDZ 文件	272,458 KB
cyclone-18.1.0.625.qdz	2018/9/13 19:58	QDZ 文件	477,849 KB
cyclonev-18.1.0.625.qdz	2018/9/13 19:47	QDZ 文件	1,198,688...
max10-18.1.0.625.qdz	2018/9/13 19:47	QDZ 文件	338,866 KB
max-18.1.0.625.qdz	2018/9/13 19:47	QDZ 文件	11,651 KB
ModelSimSetup-18.1.0.625-windows...	2018/9/14 10:07	应用程序	1,162,110...
QuartusHelpSetup-18.1.0.625-windo...	2018/9/14 9:49	应用程序	311,663 KB
QuartusLiteSetup-18.1.0.625-windo...	2018/9/14 10:33	应用程序	1,776,622...

图 4-1　Quartus® Prime 18.1 的安装包文件

2）单击打开"QuartusLiteSetup-18.1.0.625-windows.exe"文件，出现如图 4-2 所示的软件欢迎界面。欢迎界面结束后，会出现软件安装界面，如图 4-3 所示。

图 4-2　软件的欢迎界面

图 4-3　软件安装界面

3）单击"Next"按钮，进入软件安装许可协议，选择"I accept the agreement"，如图 4-4 所示。

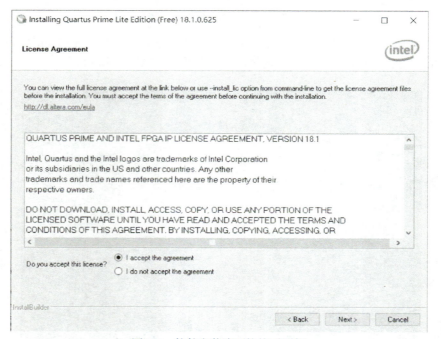

图 4-4　软件安装许可协议对话框

4）单击"Next"按钮，会出现如图 4-5 所示的安装路径选择的对话框。需要注意的是：如果 C 盘足够大的话，可以默认路径不改变。但如果 C 盘空间较小，需要改变盘符时，要注意不能出现在中文路径下面，地址不能出现空格。

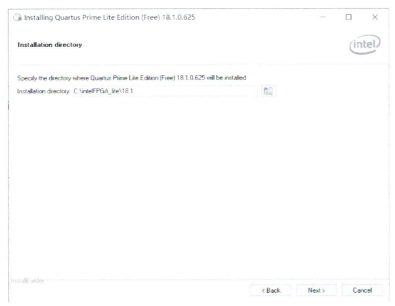

图 4-5　安装路径选择

5）安装路径选择完毕后，单击"Next"按钮，会出现如图 4-6 所示的对话框。在该对话框中，可以选择需要安装的组件。

图 4-6　选择需要安装的组件

6）单击"Next"按钮，出现图 4-7 所示的界面，可以查看安装界面是否正确，以及软件所需内存情况。单击"Next"按钮，软件开始安装，如图 4-8 所示。

7）安装结束后，会出现如图 4-9 所示的对话框。单击"Finish"按钮，软件即安装完成。

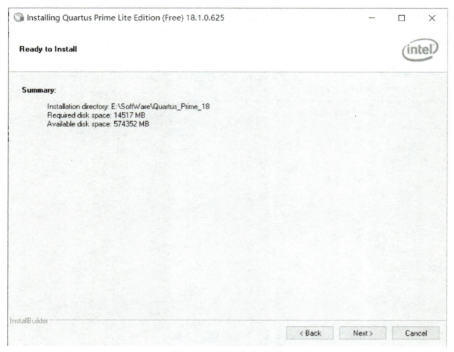

图 4-7　软件准备安装

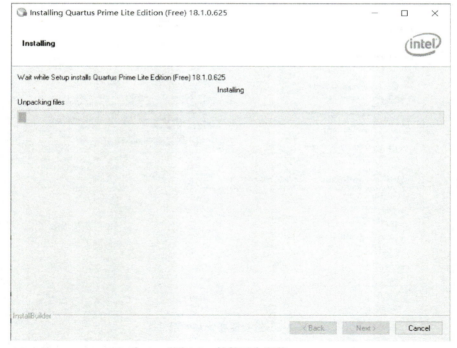

图 4-8　软件正在安装

8）软件安装完成后，会弹出驱动程序安装，如图 4-10 所示。单击"下一页"按钮，即可安装驱动程序，安装完成后，出现如图 4-11 所示的安装完成的窗口。单击"完成"按钮，驱动程序安装结束。

图 4-9　软件安装完成

图 4-10　驱动程序安装

图 4-11　驱动程序安装完成

4.1.2   ModelSim 的安装

如果在进行 Quartus® Prime 安装的步骤 5 时，未勾选"ModelSim-Intel FPGA Starter Edition（Free）"选项，也可以单独安装 ModelSim。ModelSim 的安装包在下载的 Quartus® Prime 安装包中，如图 4-12 所示。

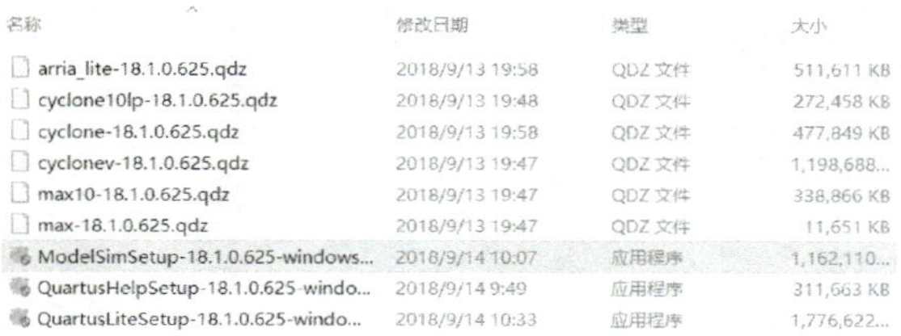

名称	修改日期	类型	大小
arria_lite-18.1.0.625.qdz	2018/9/13 19:58	QDZ 文件	511,611 KB
cyclone10lp-18.1.0.625.qdz	2018/9/13 19:48	QDZ 文件	272,458 KB
cyclone-18.1.0.625.qdz	2018/9/13 19:58	QDZ 文件	477,849 KB
cyclonev-18.1.0.625.qdz	2018/9/13 19:47	QDZ 文件	1,198,688...
max10-18.1.0.625.qdz	2018/9/13 19:47	QDZ 文件	338,866 KB
max-18.1.0.625.qdz	2018/9/13 19:47	QDZ 文件	11,651 KB
ModelSimSetup-18.1.0.625-windows...	2018/9/14 10:07	应用程序	1,162,110...
QuartusHelpSetup-18.1.0.625-windo...	2018/9/14 9:49	应用程序	311,663 KB
QuartusLiteSetup-18.1.0.625-windo...	2018/9/14 10:33	应用程序	1,776,622...

图 4-12   ModelSim 的安装包文件

1）单击 ModelSimSetup-18.1.0.625-windows.exe 进行安装，如图 4-13 所示，单击 "Next" 按钮。

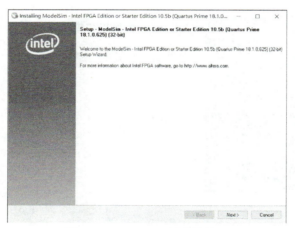

图 4-13   ModelSim 的安装界面

2）选择第一个选项"ModelSim-Intel FPGA Starter Edition"，如图 4-14 所示，单击 "Next" 按钮。

图 4-14   选择 ModelSim 的安装版本

3）选择"I accept the agreement"，如图 4-15 所示，单击"Next"按钮。

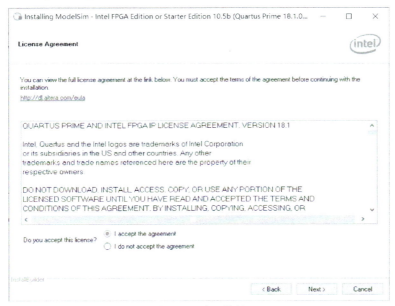

图 4-15　许可协议

4）选择安装路径，如图 4-16 所示，注意安装路径中不能出现中文，安装路径选择完成后，单击"Next"按钮。

图 4-16　选择安装路径

5）在出现的界面继续单击"Next"按钮，直到 ModelSim 开始安装，如图 4-17 所示，表示软件正在安装。

6）安装完成后，出现如图 4-18 所示的界面，单击"Finish"按钮，ModelSim 即安装完成。

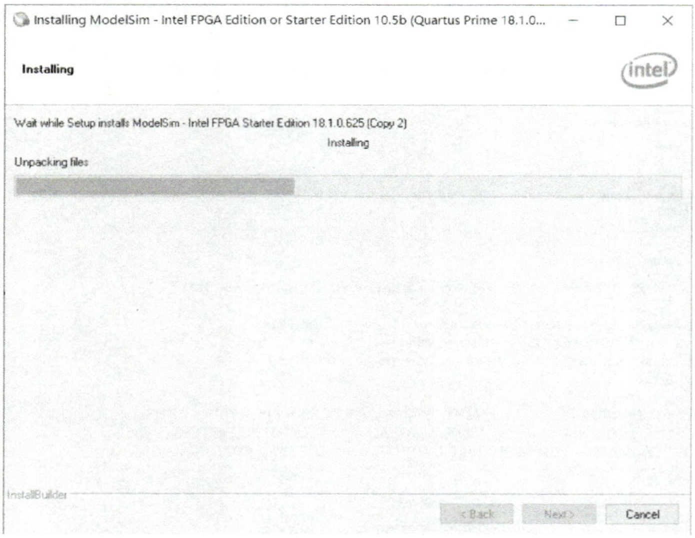

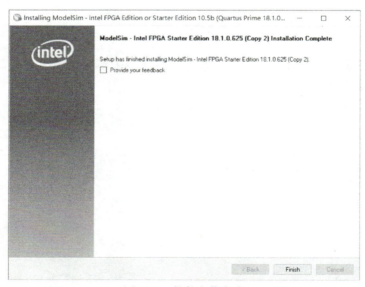

图 4-17　软件正在安装

图 4-18　软件安装完成

4.1.3　用户界面

    Quartus® Prime 是 Altera 公司当前较流行的 EDA 软件工具，Quartus® Prime 软件为设计者提供了一个完善的多平台设计环境，与以往的 EDA 工具相比，它更适合设计团队基于模块的层次化设计方法。为了使 MAX+PLUS Ⅱ 用户很快熟悉 Quartus® Prime 软件的设计环境，在 Quartus® Prime 软件中，设计者可以将 Quartus® Prime 软件的图形用户界面（GUI）的菜单、工具条以及应用窗口转换为 MAX+PLUS Ⅱ 的用户界面。Quartus® Prime 软件的主界面如图 4-19 所示。主界面主要包含标题栏、菜单栏、工具栏、项目导航窗口、操作流程显示区、项目工作区和消息窗口等部分。

图 4-19　Quartus® Prime 的图形用户界面

1. 标题栏

标题栏显示当前项目的路径和程序的名称。

2. 菜单栏

菜单栏如图 4-20 所示，它主要由文件（File）、编辑（Edit）、视图（View）、项目（Project）、资源分配（Assignments）、操作（Processing）、工具（Tools）、窗口（Window）和帮助（Help）9 个菜单组成。

File　Edit　View　Project　Assignments　Processing　Tools　Window　Help

图 4-20　菜单栏

其中，项目（Project）、资源分配（Assignments）、操作（Processing）、工具（Tools）集中了 Quartus® Prime 软件较为核心的全部操作，下面分别进行介绍。

1）"Project"菜单：该菜单主要是对项目的一些操作。

"Add/Remove Files in Project"：添加或新建某种资源文件。

"Revisions"：创建或删除项目，在其弹出的窗口中单击"Create"按钮，创建一个新的项目，或者在创建好的多个项目中选中一个，单击"Set Current"按钮，即可把选中的项目设为当前项目。

"Archive Project"：为项目归档或备份。

"Generate Tcl File for Project"：产生项目中的 Tcl 脚本文件。选择好要生成的文件名及路径后，单击"OK"按钮即可。如果选中了"Open generated file"选项，则会在项目工作区打开该 Tcl 文件。

"Generate Early Power Estimator File"：产生功率估计文件。

"Set as Top-level Entity"：将项目工作区打开的文件设定为顶层文件。

"Hierarchy"：打开项目工作区显示的源文件的上一层或下一层的源文件及顶层文件。

2）"Assignments"菜单：该菜单的主要功能是对项目的参数进行配置，如引脚分配、时序约束、参数设置等。

"Device"：设置目标器件型号。

"Pins Planner"：打开分配引脚对话框，给设计的信号分配 I/O 引脚。

"Settings"：打开参数设置页面，可以切换到使用 Quartus® Prime 软件开发流程的每个步骤所需的参数设置页面。

"Assignment Editor"：分配编译器，用于分配引脚、设定引脚电平标准、设定时序约束等。

"Remove Assignments"：删除设定类型的分配，如引脚分配、时序分配、Signal Probe 信号分配等。

"Back-Annotate Assignments"：允许用户在项目中反标注引脚、逻辑单元、Logic Lock 区域、节点、布线分配等。

"Import Assignments"：为当前项目导入分配文件。

"Export Assignments"：导出当前项目。

"Logic Lock Region Window"：允许用户查看、创建和编辑 Logic Lock 区域约束以及导入 / 导出 Logic Lock 区域约束文件。

3）"Processing"菜单：该菜单包含了当前项目执行各种设计流程，如开始综合、开始布局布线、开始时序分析等。

4）"Tools"菜单：该菜单调用 Quartus® Prime 软件中集成的一些工具，如 Mega Wizard Plug-Inmanager（用于生成 IP 核和宏功能模块）、Chip Editor、RTL Viewer、Programmer 等工具。

3. "Tool Bar" 工具栏

工具栏中包含了常用命令的快捷图标。将光标移到相应图标时，在光标下方会出现此图标对应的含义，而且每种图标在菜单栏中均能找到相应的命令菜单。用户可以根据需要将自己常用的功能定制为工具栏上的图标，方便在 Quartus® Prime 软件中灵活、快速地进行各种操作。

4. 资源管理窗

资源管理窗用于显示当前项目中所有相关的资源文件，如图 4-21 所示。资源管理窗左下角有 3 个选项卡，分别是结构层次（Hierarchy）、文件（Files）和设计单元（Design Units）。

图 4-21　资源管理窗

1）结构层次窗口在项目编译前只显示顶层模块名，项目编译一次后，此窗口按层次列出了项目中的所有模块，并列出了每个源文件所用资源的具体情况。顶层可以是用户产生的文本文件，也可以是图形编辑文件。

2）文件窗口列出了项目编译后的所有文件，文件类型有设计器件文件（Design Device Files）、软件文件（Software Files）和其他文件（Other Files）。

3）设计单元窗口列出了项目编译后的所有单元，如 AHDL 单元、Verilog HDL 单元、VHDL 单元等，一个设计器件文件对应生成一个设计单元，而参数定义文件没有对应的设计单元。

5. 工程工作区

器件设置、定时约束设置、底层编辑器和编译报告等均显示在项目工作区中，如图 4-22 所示。当 Quartus® Prime 实现不同功能时，此区域将打开相应的操作窗口，显示不同的内容，以便进行不同的操作。

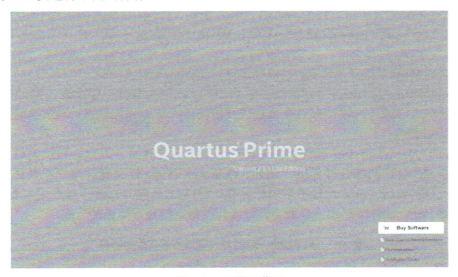

图 4-22　工程工作区

6. 操作流程显示区

操作流程显示区主要是显示模块综合、布局布线过程及时间，其中模块（Module）部分列出了项目模块，过程（Process）部分显示综合、布局布线进度条，时间部分表示综合、布局布线所耗费时间。

7. 消息窗口

消息窗口显示 Quartus® Prime 软件综合、布局布线过程的消息，如开始综合时调用源文件、库文件、综合布局布线过程中的定时、报警、错误等。如果是报警和错误，则会给出具体的引起报警和错误的原因，方便设计者查找及修改错误。

4.1.4　软件的工具与功能

Quartus® Prime 中集成的开发工具可以分为两类，一类是 Altera 自己提供的软件工具，另一类是其他 EDA 厂商提供的软件工具，后者统称为第三方工具。

常用的 Altera 自带的开发工具有 Text Editor（文本编辑器）、Memory Editor（内存编辑器）、Mega Wizard（IP 核生成器）、Schematic Editor（原理图编辑器）、Quartus Ⅱ（内嵌综合工具）、RTL Viewer（寄存器传输级视图观察器）、Assinment Editor（约束编辑器）、LogicLock（逻辑锁定工具）、PowerFit Fitter（布局布线器）、Timing Analyzer（时序分析器）、Floorplan Editor（布局规划器）、Chip Editor（底层编辑器）、Design Space Explorer（设计空间管理器）、Design Assistant（检查设计可靠性）、Assembler（编程文件生成工具）、Programmer（下载配置工具）、PowerAnalyzer（功耗仿真器）、SignalTap Ⅱ（在线逻辑分析仪）、SignalProbe（信号探针）、SOPC Builder（可编程片上系统设计环境）、DSP Builder（内嵌 DSP 设计环境）、Software Builder（软件开发环境）。

第三方软件指的是生产商提供的设计工具，Quartus® Prime 软件集成了与这些设计工具的友好接口，在 Quartus® Prime 软件中可以直接调用这些工具。第三方工具一般需要 License 授权方可使用。Quartus® Prime 中支持的第三方工具接口有 Synplify/Synplify Pro 综合工具、Amplify 综合工具、Precision RTL 综合工具、LeonardoSpectrum 综合工具、FPGA Compiler Ⅱ综合工具、ModelSim 仿真工具、Verilog-XL 仿真工具、NC-Verilog/VHDL 仿真工具、Active-HDL 仿真工具、VCS/VSS 仿真工具、Prime Time 静态时序分析工具以及板级仿真验证工具 Mentor Tau、Synopsys HSPICE 和 Innoveda BLAST 等。

Quartus® Prime 是 Altera 公司的综合性 PLD/FPGA 开发软件，原理图、VHDL、AHDL 等多种设计输入形式，内嵌自有的综合器以及仿真器，可以完成从设计输入到硬件配置的完整 PLD 设计流程。

Altera 的 Quartus® Prime 软件提供完整的多平台设计环境，可以轻松满足特定的设计需求，是 SOPC 设计的综合性环境。此外，Quartus® Prime 软件允许用户在设计流程的每个阶段使用 Quartus® Prime 软件图形用户界面、EDA 工具界面或命令行方式。表 4-1 所示为 Quartus® Prime 软件图形用户界面为设计流程的每个阶段所提供的功能。

表 4-1　Quartus® Prime 软件图形用户界面的功能

设计输入	系统级设计
• 文本编辑器 • 块和符号编辑器 • 配置编辑器 • 平面布置图编辑器 • Mega Wizard 插件管理器	• SOPC Builder • DSP Builder
设计输入	基于模块的设计
• 文本编辑器 • 块和符号编辑器 • 配置编辑器 • 平面布置图编辑器 • Mega Wizard 插件管理器	• Logic Lock 窗口 • 时序逼近布局 • VQM 写入
约束输入	EDA 接口
• 分配编辑器 • 引脚规划器 • 设置对话框 • 时序逼近布局 • 设计分区窗口	• EDA 网络表写入 功耗分析 • Power Play 功耗分析器工具 • Power Play 早期功耗估计器

（续）

综合	时序逼近
● 分析和综合	● 时序逼近布局
● VHDL、Verilog HDL 和 AHDL	● LogicLock 窗口
● 设计助手	● 时序优化向导
● RTL 查看器	● 设计空间管理器
● 技术映射查看器	● 渐进式编译
● 渐近式综合	
布局布线	调试
● 适配器	● SignalTap Ⅱ
● 时序逼近布局	● SignalProbe
● 资源优化向导	● 系统存储器内容编辑器
● 设计空间管理器	● RTL 查看器
● 分配编辑器	● 技术映射查看器
● 渐近式编译	● 芯片编辑器
● 报告窗口	
● 芯片编辑器	
时序分析	项目更改管理器
● Time Quest 时序分析器	● 芯片编辑器
● 标准时序分析器	● 资源属性编辑器
● 报告窗口	● 更改管理器
● 技术映射查看器	
仿真	编程
● 仿真器	● 汇编器
● 波形编辑器	● 编程器
	● 转换编程文件

其中，设计输入是使用 Quartus® Prime 软件的块输入方式、文本输入方式、Core 输入方式和 EDA 设计输入工具等表达用户的电路构思，同时使用分配编辑器设定初始设计约束条件。

综合是将 HDL 语言、原理图等设计输入翻译成由与 / 或 / 非门、RAM、触发器等基本逻辑单元组成的逻辑连接（网络表），并根据目标与要求（约束条件）优化所生成的逻辑连接，输出 edf 或 vqm 等标准格式的网络表文件，供布局布线器进行实现。除了可以用 Quartus® Prime 软件的 "Analysis&Synthesis" 命令综合外，也可以使用第三方综合工具，生成与 Quartus® Prime 软件配合使用的 edf 网络表文件或 vqm 文件。

布局布线的输入文件是综合后的网络表文件，Quartus® Prime 软件中的布局布线包含布局布线结果、优化布局布线、增量布局布线和通过反标注保留分配等。

时序分析允许用户分析设计中所有逻辑的时序性能，并协助引导布局布线满足时序分析要求。默认情况下，时序分析作为全编译的一部分自动运行，其作用是观察和报告时序信息，如建立时间、保持时间、时钟至输出延时、最大时钟频率及设计的其他时序特性，可以使用时序分析生成的信息分析、调试和验证设计的时序性能。

仿真分为功能仿真和时序仿真。其中，功能仿真主要是验证电路功能是否符合设计要求；而时序仿真包含了延时信息，它能较好地反映芯片的设计工作情况。可以使用 Quartus® Prime 集成的仿真工具仿真，也可以使用第三方工具对设计进行仿真。

在全编译成功后，要对 Altera 器件进行编程或配置，它包括 Assemble（生成编程文件）、Programmer（建立包含设计所用器件名称和选项的链式文件）、转换编程文件等。

系统级设计包括 SOPC Builder 和 DSP Builder，Quartus® Prime 和 SOPC Builder 一起为建立 SOPC 设计提供标准化的图形环境。其中，SOPC 由 CPU、存储器接口、标准外围设备和用户自定义的外围设备等组件组成。SOPC Builder 允许选择和自定义系统模块的各个组件和接口，它将这些组件组合起来，生成对这些组件进行实例化的单个系统模块和必要的总线逻辑。DSP Builder 是帮助用户在易于算法应用的开发环境中建立 DSP 设计的硬件表示，从而缩短了 DSP 设计周期。

Quartus® Prime 软件中的 Software Builder 是集成编程工具，可以将软件资源文件转换为用于配置 Excalibur 器件的闪存格式编程文件或无源格式编程文件。Software Builder 在创建编程文件的同时，自动生成仿真初始化文件。仿真器初始化文件指定了存储单元的每个地址的初始值。

LogicLock 模块化设计流程支持对复杂设计的某个模块独立地进行设计、实现与优化。并将该模块的实现结果约束在规划好的 FPGA 区域内。

EDA 界面中的 EDA Netlist Writer 是生成时序仿真所需要的包含延迟信息的文件，如 .vo、.sdo 文件等。

时序收敛通过控制综合和设计的布局布线来达到时序目标。使用时序收敛可以对复杂的设计进行更快的时序收敛，减少优化迭代次数并自动平衡多个设计约束。时序收敛工具主要包括 Timing Closure Floorplan 和 LogicLock Editor。

SignalTap Ⅱ 逻辑分析器可以捕获和显示 FPGA 内部的实时信号行为。SignalProbe 可以在不影响设计中现有布局布线的情况下，将内部电路中特定的信号迅速布线到输出引脚，从而无须对整个设计另做一次全编译。

项目更改管理是在全编译后对设计做的少量修改或调整。这种修改是直接在设计数据库上进行的，而不是修改源代码或配置文件，这样就无须重新运行全编译而快速地实施这些更改。

除 Quartus® Prime 软件集成的上述工具外，Quartus® Prime 软件还提供第三方工具的链接，如综合工具 Synplify、SynplifyPro、Leonardo，仿真工具 ModelSim、Aldec HDL 等，它们都是业内公认的专业综合、仿真工具。

视频
第 4 章 4.2

4.2　设计流程

在建立新设计时，必须考虑 Quartus® Prime 软件提供的设计方法，如 LogicLock 功能提供自顶向下或自底向上的设计方法，以及基于块的设计流程。在自顶向下的设计流程中，整个设计只有一个输出网络表，用户可以对整个设计进行跨设计边界和结构层次的优化处理，且管理容易；在自底向上的设计方法中，每个设计模块有单独的网络表，它允许用户单独编译每个模块，且每个模块的修改不会影响其他模块的优化。基于块的设计流程使用 EDA 设计输入和综合工具分别设计和综合每个模块，然后将各个模块整合到 Quartus® Prime 软件的最高层设计中。在设计时，用户可以根据实际情况灵活使用这些设计方法。

Quartus® Prime 软件包是 Altera 公司专有知识产权的开发软件，适用于大规模逻辑电路设计。其界面友好，集成化程度高，易学、易用，深受业界人士好评。Quartus® Prime 软件的设计流程主要包含设计输入、综合、布局布线、时序分析、仿真验证、编程与配置等环节，如下图 4-23 所示。

1. 创建项目

创建一个新项目，并为此项目指定一个工作目录，然后指定一个目标器件。在用
Quartus® Prime 进行设计时，将每个逻辑电路或者
子电路称为项目。当软件对项目进行编译处理时，
将产生一系列文件（例如，电路网络表文件、编程
文件、报告文件等）。因此需要创建一个目录文件用
于放置设计文件以及设计过程产生的一些中间文件。
建议每个项目使用一个目录。

2. 设计输入

Quartus® Prime 软件中的项目由所有设计文
件和设计文件有关的设置组成。用户可以使用
Quartus® Prime 原理图输入方式、文本输入方式、
模块输入方式和 EDA 设计输入工具等表达自己的电
路构思。设计输入的流程如图 4-24 所示。

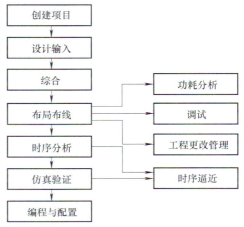

图 4-23　Quartus® Prime 的设计流程图

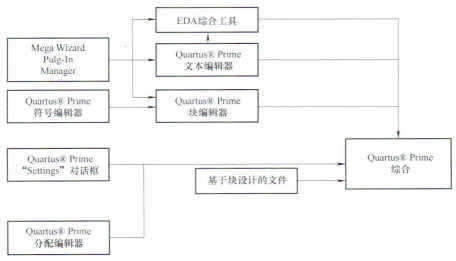

图 4-24　设计输入流程

项目被创建后，需要给项目添加设计输入文件。

1）设计输入方式。设计输入可以使用文本形式的文件（如 VHDL、Verilog HDL、
AHDL 等）、存储器数据文件（如 HEX、MIF 等）、原理图设计输入及第三方 EDA 工具
产生的文件（如 EDIF、HDL、VQM 等），也可以混合使用以上多种设计输入方法进行
设计。

2）设计规划。

3）设计约束。在项目中添加文件后，需要给设计者分配引脚和时序约束。分配引脚是
将设计文件的 I/O 信号指定到器件的某个引脚，设置此引脚的电平标准、电流强度等。

3. 综合

在项目中添加设计文件并设置引脚锁定后，下一步就是对项目进行综合。随着 FPGA/

CPLD 越来越复杂，性能要求越来越高，高级综合在设计流程中也成为一种很重要的部分，综合结果的优劣直接影响了布局布线的结果。综合的主要功能是将 HDL 语言翻译成最基本的与门、或门、非门、RAM、触发器等基本逻辑单元的连接关系，并根据要求优化所生成的门级逻辑连接，从而输出网络表文件，供下一步的布局布线用。评定综合工具优劣的两个重要指标为：占用的芯片的物理面积和工作频率。

在 Quartus® Prime 软件中，可以使用 Analysis&Synthesis 分析并综合 VHDL 和 Verilog HDL 设计。Analysis&Synthesis 完全支持 VHDL 和 Verilog HDL 语言，并提供控制综合过程的一些可选项。用户可以在"Settings"对话框中选择使用的语言标准，同时 Quartus® Prime 软件可以将非 Quartus® Prime 软件函数映射到 Quartus® Prime 软件函数的库映射文件（.lmf）上。

Analysis&Synthesis 的分析阶段将检查项目的逻辑完整性和一致性，并检查边界连接和语法上的错误。它使用多种算法来减少门的数量，删除冗余逻辑，尽可能有效地利用器件体系结构。分析完成后，构建项目数据库，此数据库中包含完全优化且合适的项目，此项目将用于为时序仿真、时序分析、器件编程等建立一个或多个文件。Quartus® Prime 的综合设计流程如图 4-25 所示。

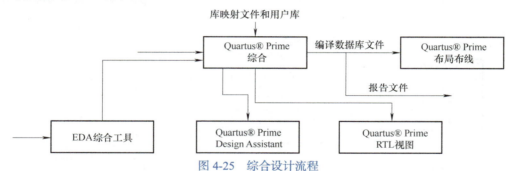

图 4-25　综合设计流程

4. 布局布线

Quartus® Prime 软件中的布局布线，就是使用由综合生成的网络表文件，将项目的逻辑和时序要求与器件的可用资源相匹配。它将每个逻辑功能分配给最好的逻辑单元位置来进行布线和时序，并选择相应的互连路径和引脚分配。如果在设计中执行了资源分配，则布局布线器将试图使这些资源与器件上的资源相匹配，并努力满足用户设置的任何其他约束条件，然后优化设计中的其他逻辑。如果没有对设计设置任何约束条件，则布局布线器将自动优化设计。Quartus® Prime 软件中的布局布线流程如图 4-26 所示。

图 4-26　布局布线流程

在 Quartus® Prime 软件中，将逻辑综合、布局布线等软件集合到一起，成为编译工具。在 Quartus® Prime 主界面的左下方，如图 4-27 所示的编译器窗口，该窗口包含了对设计文

件进行处理的四个模块:

图 4-27　Quartus® Prime 的编译器窗口

- Analysis&Synthesis（分析与综合）模块对设计文件进行语法检查、设计规则检查和逻辑综合。综合过程分为两步,第一步是将 HDL 语言翻译成逻辑表达式;第二步是进行工艺技术映射,即用目标芯片中的逻辑元件来实现每个逻辑表达式。
- Fitter（电路适配器）模块的功能是用目标芯片中某具体位置的逻辑资源（元件、连线）去实现设计的逻辑,完成布局布线的工作。
- Assembler（装配）模块产生一种或多种形式的编程数据文件（包含 .sof 文件）。
- Timing Analysis（时序分析）用于分析逻辑设计的性能,并指导电路适配器工作,以满足设计项目中定时要求。默认情况下,该模块作为全编译的一部分将会自动运行,并分析和报告器件内部逻辑电路各路径的定时信息。

5. 时序分析

用户可以通过时序分析器产生的信息来分析、调试并验证设计的时序性能,其时序分析流程如图 4-28 所示。

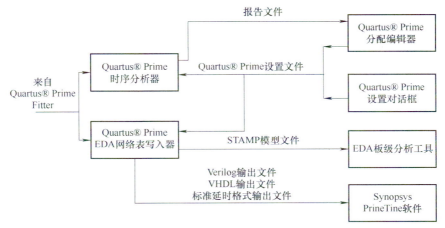

图 4-28　时序分析流程

Quartus® Prime 软件中的 TimeQuest 时序分析器和标准时序分析器可以用于分析设计中的所有逻辑。TimeQuest 时序分析器与标准时序分析器相比有很多不同的特性,在分析方法上也不尽相同。TimeQuest 时序分析器使用标准的 Synopsys 设计约束（SDC）方法来约束设计、提交报告。当用户使用 TimeQuest 时序分析器进行时序分析时,可以很容易地精确约束很多专用应用。例如,采用多时钟的设计进行 DDR 存储器接口等源同步接口设计时，采用 TimeQuest 时序分析器更容易进行约束和分析。标准时序分析器在项目完成编译后自动进行时序分析，它完成的主要任务有：

1) 在完整编译期间进行时序分析，或者在初始编译后单独进行时序分析。

2) 在部分编译后，适配完成前，进行早期时序估算。

3) 通过 Report 窗口和时序逼近布局图查看时序结果。

时序约束是为了使高速数字电路的设计满足运行速率方面的要求，在综合、布局布线阶段附加约束。要分析项目是否满足用户的速率要求，也需要对项目的设计输入文件添加时序约束。时序分析工具是以用户的时序约束来判断时序是否满足设计要求的，因此要求设计者正确输入约束，以便得到正确的时序分析报告。附加约束还可以提高设计的工作速率，它对分析设计的时序是否满足设计要求非常重要，而且时序约束越全面，对于分析设计的时序就越有帮助。如果设计中有多个时钟，其中有一个时钟没有约束，其余时钟都约束了，那么 Quartus® Prime 软件的时序分析工具将不对没有约束的时钟路径分析，从而导致设计者不知道这部分时序是否满足要求，因此设计者在约束时序时一定要全面。

6. 仿真

在整个设计流程中，完成了设计输入并成功进行综合和布局布线，只能说明该设计符合一定的语法规范，并不保证它能满足设计者的功能要求，还需要设计者通过仿真来对其进行验证。仿真的目的是验证设计的电路是否达到预期的要求。Quartus® Prime 软件支持功能仿真和时序仿真两种方式。功能仿真又称为行为仿真或前仿真，它是在设计输入完成后，尚未进行综合、布局布线时的仿真。功能仿真就是假设逻辑单元电路和互相连接的导线是理想的，电路中没有任何信号的传播延迟，从功能上验证设计的电路是否达到预期要求。仿真结果一般为输出波形和文本形式的报告文件，从波形中可以观察到各个节点信号的变化情况。但波形只能反映功能，不能够反映定时关系。在进行功能仿真之前，需要完成三项准备工作：对设计文件进行部分编译（分析和综合）。产生功能仿真所需要的网表文件。建立输入信号的激励波形文件。

功能仿真的目的是设计出能工作的电路，这不是一个孤立的过程，它与综合、时序分析等形成一个反馈工作过程，只有过程收敛，之后的综合、布局布线等环节才有意义，如果在设计功能上都不能满足，不要说时序仿真，就是综合也谈不上。所以，首先要保证功能仿真的结果是正确的。如果在时序分析中发现时序尚未满足要求，需要更改代码，则功能仿真必须重新进行。

时序仿真又称为后仿真。时序仿真是在布局布线完成后，根据信号传输的实际延迟时间进行的逻辑功能测试，并分析逻辑设计在目标器件中最差情况下的时序关系，它和器件的实际工作情况基本一致，因此时序仿真对整个设计项目的时序关系以及性能评估是非常有必要的。

在 FPGA/CPLD 中，仿真一般是指在完成综合、布局布线后，也就是电路已经映射到特定的工作环境后，考虑器件延时的情况下对布局布线的网络表文件进行的一种仿真，其中器件延时信息是通过反标注时序延时信息来实现的。Quartus® Prime 软件中集成的仿真器可以对项目中的设计或设计中的一部分进行功能仿真或时序仿真，其仿真流程如图 4-29 所示。

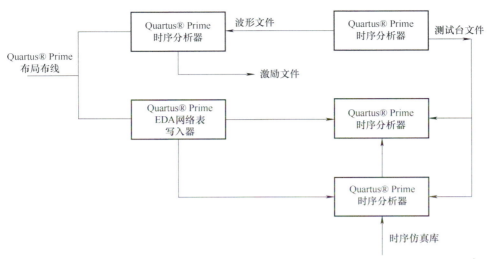

图 4-29　仿真流程

7. 编程和配置

将编译得到的编程数据文件下载到目标器件中，使该可编程器件能够完成预定的功能，成为一个专用的集成电路芯片。编程数据是在计算机上编程软件的控制下，由下载电缆传到 FPGA 器件的编程接口，然后再对器件内部的逻辑单元进行配置。常用的下载电缆有：USB-Blaster、ByteBlaster Ⅱ 和 Ethernet Blaster 等，USB-Blaster 使用计算机的 USB 口，ByteBlaster Ⅱ 使用计算机的并行口，Ethernet Blaster 使用计算机的以太网口。在使用之前，都需要安装驱动程序。

4.2.1　电路设计

下面以三 - 八译码器为例，详细讲述 Quartus® Prime 进行电路设计的过程。

（1）为工程设计建立文件夹

一个设计对应一个工程项目，建议不在一个目录中放入多个工程项目。一个工程项目可以包含多个设计文件。

（2）建立设计工程

在此过程中要设定工程，建立路径，命名工程名、工程顶层设计文件名。单击菜单"File"中的"New Project Wizard"建立设计工程，弹出如图 4-30 所示的对话框，单击"Next"按钮，即开始建立新的工程，如图 4-31 所示，在第一栏中输入工程路径，如果输入的路径不存在，系统会提示是否建立，回答"Yes"即可。第二栏是当前工程的名字，第三栏是顶层设计文件名，该名称一般与工程的名字相同，此处也命名为 led。

（3）加入工程文件

单击图 4-31 中的"Next"按钮，弹出如图 4-32 所示的对话框，需要在此处选择创建项目类型，一般选择"Empty project"，即空项目。单击"Next"按钮，弹出如图 4-33 所示的对话框。由于本例所建立的工程不需要添加文件，所以只需单击"Next"按钮即可。

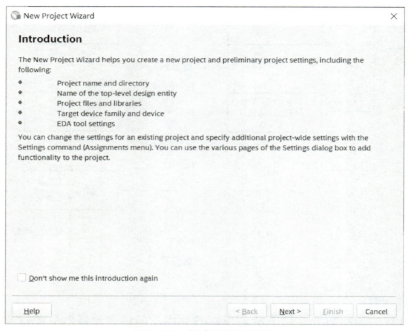

图 4-30　新建工程向导页

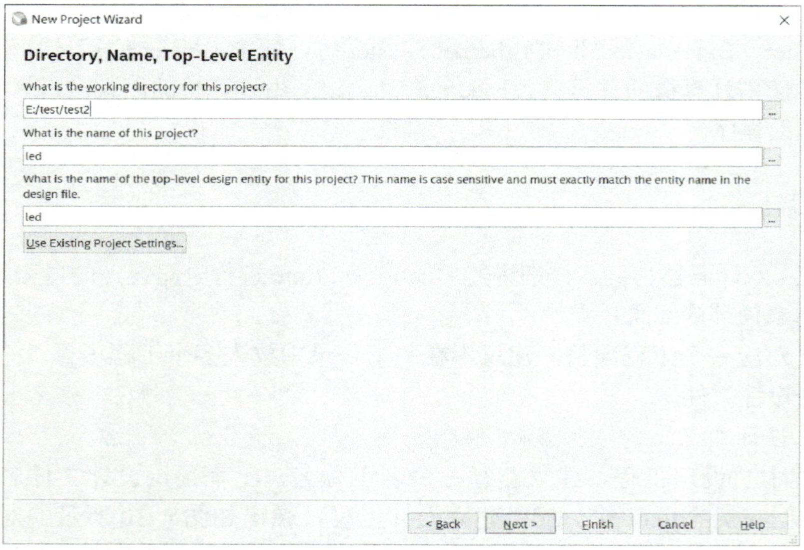

图 4-31　新建工程设置

（4）选择目标器件参数

单击图 4-33 中的"Next"按钮，出现如图 4-34 所示目标器件选择窗口，此处选择"Cyclone Ⅳ E"器件系列，然后可选择目标器件的参数有器件封装型号、引脚数目和速度级别。此处按照图 4-34 所示窗口中的参数选择。

Altera 的 Cyclone 系列器件命名规则为：器件系列 + 器件类型（是否含有高速串行收发器）+ LE 逻辑单元数量 + 封装类型 + 高速串行收发器的数量（没有则不写）+ 引脚数目 + 器件正常使用的温度范围 + 器件的速度等级 + 后缀（可不写）。

图 4-32　选择创建项目的类型

图 4-33　加入工程文件对话框

以 EP4CE40F23C8 为例：EP4C 是指 Cyclone Ⅳ，E 代表 Enhanced logic/memory，表明内部的逻辑和内存结构有优化，40 表明该芯片中逻辑单元的近似数目（单位：千个），该芯片内部实际上有 39600 个逻辑单元，F 代表芯片的封装方式为 FineLine BGA（FBGA），23 代表芯片的引脚个数为 484，C 代表工作温度范围为 0 ～ 85℃，8 是指芯片上的速度等级，数字越小，代表速度等级越高。能够运行的最高时钟频率越高，外接晶振的频率也越高。后缀为可选项，可以不写，其中 N 代表无铅包装；ES 代表工程样品；L 表示是低压设备，如 EP4CE40F23C8L 表示低压设备。

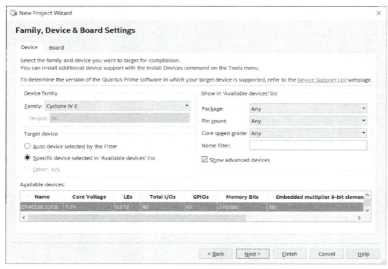

图 4-34　选择目标器件参数对话框

（5）EDA 工具设置

选择芯片类型后，单击"Next"按钮，进入 EDA 工具设置窗口，如图 4-35 所示，可以根据实际进行设置，主要设置 Simulation 项，本案例中在该项中选择"ModelSim-Altera"和"Verilog HDL"。

图 4-35　EDA 工具设置对话框

（6）工程报告

单击图 4-35 中的"Next"按钮，出现工程设置信息显示窗口如图 4-36 所示，该信息显示窗口对前面所做的设置做了汇总。单击"Finish"按钮，即完成了当前工程的创建。在工程管理窗口出现当前工程的层次结构显示。

（7）选择电路设计输入方式

单击工具栏最左边"File"按钮，在弹出的对话框中的"Design Files"页面中选择源文件类型，这里选择"Block Diagram/Schematic File"，然后单击"OK"按钮。

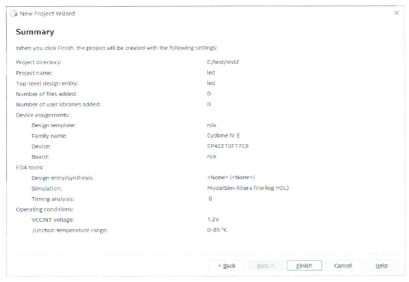

图 4-36　新建工程报告

工作区中弹出空白的图纸——Block1.bdf 文件，并在图纸上方自动打开绘图工具栏，如图 4-37 所示。

图 4-37　图形编辑文件窗口

（8）放置器件符号

在绘图工具栏中，单击 ⊏▷ ，或者双击原理图编辑器窗口中的任意空白处，弹出"Symbol"对话框，在"Name"栏中填入 NOT，随即对话框在函数库中找到了 NOT，并在右侧给出预览，如图 4-38 所示。单击"OK"按钮确认后回到原理图编辑窗口，在合适位置单击即可放置 NOT。用同样的方法，输入需要的器件或电源、地、输入输出引脚等。最后可以通过原理图编辑工具栏中 ⊿ ◁ ⊿ 调整原理图符号的方向和角度。

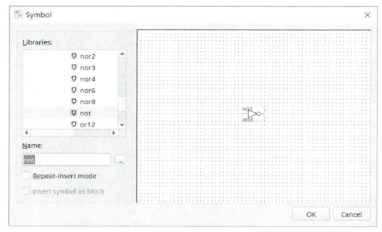

图 4-38　原理图符号选择窗口

（9）连线与命名引脚

在工具栏中单击┐（直线连接按钮），在元件块的输入、输出端点之间绘制连接线。如果中途有某条线画错了，则单击 <Esc> 键，退出直线连接状态，再用鼠标指针选中绘错的线段，单击 <Delect> 键，即可删除该线。

双击原理图中 Input 端口的默认引脚名"pin_name"，然后输入 A 即可，则该 Input 端口更名为 A。用同样的方法给其他端口命名。

图 4-39 为完成的电路图。

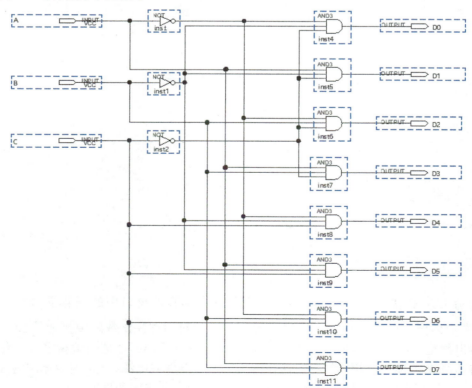

图 4-39　三 - 八译码器电路图

（10）编译

在"Processing"菜单中单击"Start Compilation"命令启动编译窗口，工程开始编译它所包含的设计文件，如图 4-40 所示。

编译的完整过程分为五个步骤：分析与综合、适配、编译、时序分析和网表提取。

如果顺利通过编译，系统会提示"Full compilation was successful"。

单击编译窗口右下角的"Report"按钮，打开编译报告。在其中单击报告选项中的某一条可查看相关内容的报告。

编译过后就是功能仿真了，功能仿真会在后续章节介绍，本节不过多描述。

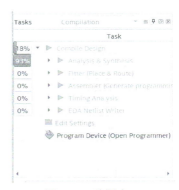

图 4-40　编译窗口

4.2.2　综合

工程中添加设计文件以及设置引脚锁定后，下一步就是对工程进行综合了。随着 FPGA/CPLD 越来越复杂、性能要求越来越高，综合成为 FPGA/CPLD 设计流程中的重要环节，综合结果的优劣直接影响布局布线结果的最终效能。好的综合器能够使设计占用芯片的物理面积最小、工作频率最快，这也是评定综合器优劣的两个重要指标。细心的读者会注意到，面积和速度这两个要求贯穿 FPGA/CPLD 设计的始终，它们是设计效果的终极评定标准。相比之下，满足时序、工作频率的要求更重要一些，当两者冲突时，一般采用速度优先的准则。

本小节主要介绍 Quartus® Prime 软件中集成的综合工具的使用方法和特点，同时也介绍其他第三方的综合工具。

1. 使用 Quartus® Prime 软件集成综合

在集成电路设计领域，综合是指设计人员使用高级设计语言对系统逻辑功能的描述，在一个包含众多结构、功能、性能均已知的逻辑单元库的支持下，将其转换成使用这些基本的逻辑单元组成的逻辑网络结构实现。这个过程一方面是在保证系统逻辑功能的情况下进行高级设计语言到逻辑网表的转换，另一方面是根据约束条件对逻辑网表进行时序和面积的优化。

在 Quartus® Prime 软件中可以使用 Analysis&Synthesis 分析并综合 VHDL 和 Verilog HDL 设计，Analysis&Synthesis 完全支持 VHDL 和 Verilog HDL 语言，并提供控制综合过程的一些可选项。用户可以在"Settings"对话框中选择使用的语言标准，同时还可以指定 Quartus® Prime 软件应用来将 Quartus® Prime 软件函数映射到 Quartus® Prime 软件函数的库映射文件（.lmf）上。

Analysis&Synthesis 构建单个工具数据库，将所有的设计文件集成在设计实体或工程层次结构中。Quartus® Prime 软件用此数据库进行工程处理。其他 Compiler 模块对该数据库进行更新，直到它包含完全优化的工程。Analysis&Synthesis 的分析阶段将检查工程的逻辑完整性和一致性，并检查边界连接和语法错误。它使用多种算法来减少门的数量，删除冗余逻辑以及尽可能有效地利用器件体系结构。分析完成后，构建工程数据库，此数据库中包含完全优化且合适的工程，用于为时序仿真、时序分析等建立一个或多个文件。Quartus® Prime 的综合设计流程如图 4-41 所示。

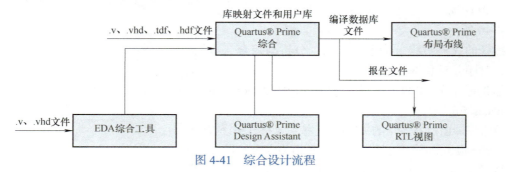

图 4-41　综合设计流程

2. 控制综合

使用编译器指令和属性、Quartus® Prime 软件逻辑选项和综合网表优化选项来控制 Analysis&Synthesis。

（1）使用编译器指令和属性

Quartus® Prime 软件的 Analysis&Synthesis 支持编译器指令，这些指令也称为编译指令。例如可以在 Verilog HDL 或 VHDL 代码中（包括 translate_on 和 tanslate_off 等）用编译器指令作为备注。这些指令不是 Verilog HDL 或 VHDL 的命令，但综合工具使用它们以特定方式推动综合过程。

（2）使用 Quartus® Prime 软件逻辑选项

Quartus® Prime 软件除了支持一些编译器指令外，还允许用户在不编辑源代码的情况下设置属性，这些属性用于保留寄存器、指定上电时的逻辑电平、删除重复或冗余的逻辑、优化速度或区域、设置状态机的编码级别以及控制其他许多选项，如图 4-42 所示。

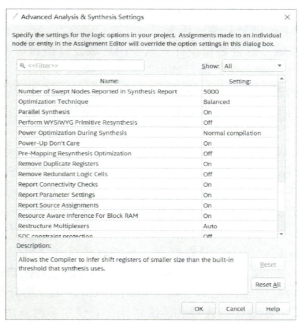

图 4-42　设置综合的逻辑选项对话框

图 4-42 包含了设置综合的逻辑选项。感兴趣的同学可以自行查阅资料来了解各个选项的含义。

（3）使用综合网表优化选项

Quartus® Prime 软件综合优化选项在许多 Altera 器件系列的综合器件中优化网表。这些优化选项对标准编译器件出现的优化进行补充，并且是在全编译的 Analysis&Synthesis 阶段出现，它们对综合网表进行更改，通常有利于面积和速度的改善。

选中"Settings"对话框中的"Compiler Setting"，单击 Advance Analysis&Synthesis Setting 选项，进入综合网表优化选项设置，无论是用第三方综合工具还是用软件集成的综合工具，这些参数都将改变综合网表，从而根据用户选择的优化目标对面积或速度有所改善。

3. 第三方综合工具

前面介绍了 Quartus® Prime 软件集成的综合工具逻辑选项参数设置及综合报告的查看，并介绍了综合的一般流程，至于如何使用综合来优化设计，请参看相关书籍中的内容。Quartus® Prime 软件可以使用其他 EDA 综合工具综合 VHDL 或 Verilog HDL 设计，然后生成可以与 Quartus® Prime 软件配合使用的 EDIF 网表文件或 VQM 文件。

Quartus® Prime 软件除了集成的综合工具外，和目前流行的综合工具都有连接接口。这些第三方工具主要有 Synplicity 公司的 Synplify/Synplify Pro、Mentor Graphics 公司的 LeonardoSpectrum、Synopsys 公司的 FPGA Compiler Ⅱ 等。

1）Synplify/Synplify Pro 是 Synplicity 公司出品的综合工具，以综合速度快、优化效果好而成为目前业界最流行的高效综合工具之一。它采用了独特的整体性能优化策略，使得设计的综合在物理面积和工作频率达到了理想的效果。

2）LeonardoSpectrum 是 Mentor Graphics 公司出品的非常好的综合工具，设计者可通过该工具利用 VHDL 或是 Verilog HDL 语言建立 PLD、FPGA 和 ASIC 元件。LeonardoSpectrum 由 Mentor Graphics 发展，不但操作非常方便，还具备工作站等级 ASIC 工具的强大控制能力和最优化功能特色。LeonardoSpectrum 提供 PowerTabs 菜单，工程师面对设计挑战时，可使用其中的先进合成控制选项。除此之外，LeonardoSpectrum 也包含强大的调试功能和行业独有的五路相互探测能力，使设计者更快完成设计的分析与合成。

3）FPGA Compiler Ⅱ 是一个完善的 FPGA 逻辑分析、综合和优化工具，它从 HDL 形式未优化的网表中产生优化的网表文件，包含逻辑分析、综合和优化三个步骤。综合室以选定的 FPGA 结构和器件为目标，对 HDL 和 FPGA 网表文件进行逻辑综合。利用 FPGA Compiler Ⅱ 进行设计综合时，应在当前 Project 下导入设计源文件，自动进行语法分析，在语法无误并确定综合方式、目标器件、综合强度、多层保持选择、优化目标等设置后，即可进行综合和优化。如果设计模型较大，可以采用层次化方式进行综合，先综合下级模块，后综合上级模块。

另外，可以在 Settings 对话框的 EDA Tool Settings 选项中，指定是否应在 Quartus® Prime 软件自动运行具有 NativeLink 支持的 EDA 工具，并使它成为综合设计全编译的一部分，如图 4-43 所示。

虽然第三方综合工具一般来说功能强大，优化效果好，但是 Quartus® Prime 软件自身集成的综合工具也有其自身的优点。因为只有 Altera 自身对其器件的底层设计与内部结构最为了解，所以使用 Quartus® Prime 软件集成综合会有更好的效果。

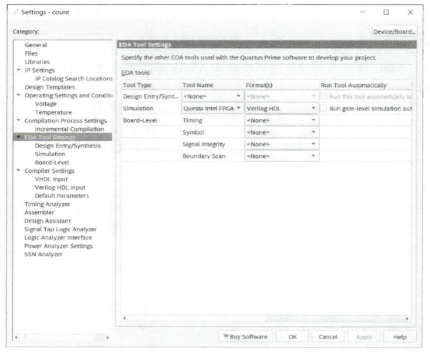

图 4-43　Settings 对话框的 EDA Tool Settings

4.2.3　布局布线

Quartus® Prime 软件中的布局布线就是使用由综合 Analysis&Synthesis 生成的网表文件，将工程的逻辑和时序要求与器件的可用资源相匹配。它将每个逻辑功能分配给最好的逻辑单元位置，进行布线和时序，并选择相应的互连路径和引脚分配。如果在设计中执行了资源分配，则布局布线器将试图使这些资源与器件上的资源相匹配，并努力满足用户设置的任何其他约束条件，然后优化设计中的其余逻辑；如果没有对设计设置任何约束条件，则布局布线器将自动优化设计。Quartus® Prime 软件中的布局布线流程如图 4-44 所示。

图 4-44　布局布线流程

进行布局布线之前，需要输入约束和设置布局布线器的参数，这样才能更好地使布局布线结果满足设计要求。

1. 布局布线器参数设置

（1）一般布局布线器参数设置

选择"Assignment"/"Setting"命令，在弹出的"Settings"对话框中选中"Settings"对话框中的"Compiler Setting"，单击 Advance Fitter Settings 选项，如图 4-45 所示，此对话

框主要是设置布局布线器的参数。

图 4-45　设置布局布线器的参数

1）"Optimize hold timing"：设置布局布线在走线时优化连线以满足时序要求，不过这需要花费布局布线更多的时间去优化以改善时序性能。优化保持时间（Optimize hold timing）表示使用时序驱动编译来优化保持时间。I/O 路径和最小 TPD 路径（I/O Paths and Minimum TPD Paths）表示以 I/O 到寄存器的保持时间约束、从寄存器到 I/O 的最小 t_{CO} 约束和从 I/O 或寄存器到 I/O 或寄存器的最小 t_{PD} 约束为优化目标，所有路径表示 I/O 路径和最小 t_{PD} 路径为优化目标外，增加了寄存器到寄存器的时序约束优化。优化 I/O 单元寄存器布局以利于时序选项（Optimize I/O cell register placement for timing）表示在 I/O 单元中尽量使用自身的寄存器以满足与此 I/O 相关的时序要求。

2）"Fitter effort"：主要是在提高设计的工作频率和工作编译之间寻找一个平衡点，如果布局布线器尽量优化以达到更高的工作频率，则所使用的编译时间就更长。有 3 种布局布线目标选项：标准布局选项（Stand Fit）是尽力满足 f_{max} 时序约束条件，但不降低布局布线程度；快速布局选项（Standard Fit）表示降低布局布线程度，其变异时间减少了 50%，但通常设计的最大工作频率也降低了 10%，且设计的 f_{max} 也会降低；自动布局选项（Auto Fit）表示指定布局布线器在设计时的时序已经满足要求后降低布局布线目标要求，这样可以减少编译时间。如果设计者希望在降低布局布线目标要求前布局布线的时序结果超过时序约束，可以在 slack 栏中设置最小 slack 值，指定布局布线器在降低布局布线目标要求前必须达到这个最小 slack 值。

3）"Limit to one fitting attempt"：表示布局布线在达到一个目标后，将停止布局布线，以减少编译时间。

4）"Fitter Initial Placement Seed"：表示初始布局布线设置，改变此值会改变布局布线结果，当初始条件改变时布局布线算法是随机变化的，因此有时可以利用这一点改变 Seed

值来优化最大时钟频率。

更多参数设置的含义，感兴趣的读者可以查阅资料了解。

（2）物理综合优化参数设置

Quartus® Prime 软件除了支持上述一般布局布线参数外，还提供包含物理综合的高级网表优化功能以进一步优化设计。这里所说的高级网表优化指的是物理综合优化，同前面介绍的综合网表优化概念不同。综合网表优化是在 Quartus® Prime 软件编译流程的综合阶段发生的，其主要是根据设计者选择的优化目标而优化综合网表以达到提高速率或减少资源的目的。物理综合优化是在编译流程的布局布线阶段发生的，是通过改变底层布局以优化网表，主要是改善设计的工作频率性能。

如图 4-46 所示，物理综合优化分为两部分，一是仅仅影响组合逻辑和非寄存器，另一个是能影响寄存器的物理综合优化。分为两个部分的原因是方便设计者由于验证或其他原因需要保留寄存器的完整性。

图 4-46　物理综合优化对话框

1）"Perform Physical Synthesis for Combinational Logic"：执行综合逻辑的物理综合，允许 Quartus® Prime 软件的布局布线器重新综合设计以减少关键路径的延时。物理综合是通过在逻辑单元（LEs）中交换查找表（LUT）的端口信号来达到减少关键路径延时的优化，还可以通过赋值 LUTs 来达到进一步优化关键路径的目的。Quartus® Prime 软件对于包含有以下特性的逻辑单元不进行逻辑优化：

作为进位 / 级联链的一部分驱动全局信号。

有信号在综合属性中的网表优化选项中设置 Never Allow 的。

此逻辑单元被约束到一个 LAB 的。

2）"Perform Register Duplication for Performance"：执行寄存器复制、允许布局布线器在布局消息的基础上复制寄存器。当此选项选中时，组合逻辑也可以被复制。Quartus®

Prime 软件对于逻辑单元包含以下特性时不执行寄存器复制操作：

作为进位 / 级联链的一部分。

包含驱动其他寄存器的一部分控制信号的寄存器。

包含驱动其他寄存器时钟的寄存器。

包含驱动没有约束的输入关键的寄存器。

包含被另一个时钟驱动的寄存器。

被认为是虚拟 I/O 引脚的，在综合网表优化属性中被设置为 Never Allow 的。

3）"Perform Register Retiming for Performance"：执行寄存器定时，允许 Quartus® Prime 软件的布局布线器在组织逻辑中增加或删除寄存器以平衡时序。其含义与综合优化设置中的执行门级寄存器定时选项相似，主要是在寄存器和组织逻辑已经被布局到逻辑单元以后应用。Quartus® Prime 软件对于逻辑单元包含以下特性时不执行寄存器定时操作：

作为级联链的一部分。

包含驱动其他寄存器的异步控制信号的寄存器。

包含驱动了另一个寄存器时钟的寄存器。

包含了另一个时钟域寄存器的寄存器。

包含的寄存器是由另一个时钟域的一个寄存器驱动的。

包含的寄存器连接到了串行 / 解串行器（SERDES）。

被认为是虚拟 I/O 引脚的，寄存器在网表优化参数设置中被设置为 Never Allow。

2. 布局布线实例

在"Settings"对话框中选中"Compilation Process"，可以指定是使用正常编译还是智能编译。智能编译将建立详细的数据库，有助于将来更快地运行编译，但可能消耗额外的磁盘空间，且在智能编译后得重新编译器件。编译器件可评估自上次编译以来对当前设计所做的更改，然后只运行处理这些更改所需的编译模块。

在包含布局布线模块的 Quartus® Prime 软件中启动全编译，也可以单独运行布局布线器。以一个例子来演示布局布线流程，其操作步骤如下：

（1）I/O 分配验证

在开始布局布线前首先要检查设计的引脚锁定文件是否正确，如时钟信号是否放到专用时钟引脚、电源是否接地等。选择"Processing"/"Start"/"Start I/O Assignment Analysis"命令，对设计进行 I/O 引脚约束的检查分析。

（2）设置布局布线参数

按照前面介绍设置布局布线的参数，本工程选择物理综合优化参数中的"Perform Register Duplication for Performance"执行寄存器重新定时和"Perform Register Retiming for Performance"执行寄存器复制两个选项，其余均使用默认设置。

（3）启动布局布线

选择"Processing"/"Start"/"Start Fitter"命令，开始布局布线。Quartus® Prime 软件的布局布线器就根据设置开始布局布线，这时可以看到消息窗口的右下方，状态显示栏中显示的进度和时间。当布局布线完成后，状态显示栏的进度表上显示完成100%，表示已经成功完成布局布线。布局布线完成后，将产生一个 Report 报告窗口和报告文件。

（4）查看布局布线报告

布局布线报告在编译报告的"Fitter"栏，它列出了工程的工程文件及顶层文件名、工程的布局布线所设置的参数、底层布局布线视图、布局布线资源使用情况以及布局布线过程中产生的所有消息。用户可以通过查看"Fitter"栏下的"Messages"中的警告或错误信息，切换到源代码或 Assignment Editor，以便擦除或修改。

3. 布局与布线之间的关系

在 FPGA 应用中，设计者可以分别设置布局和布线的努力程度。然而，这容易给设计者造成假象，以为布局与布线两者是独立的。实际上，布局和布线两者关系非常亲密，通过提高布局和布线的努力程度可以达到更好的效果。

在布局布线的时候，如果电路的时序较为紧张，设计者可以按照下面的操作方法进行布局和布线：

1）将布局布线的努力程度设置为最小来运行布局布线。假如时序无法满足，分析并确定布局布线的努力程度是否影响了最终的时序结果，并确定设计代码中是否有延时过大的关键路径。

2）提高布局的努力程度，直至时序满足要求。

3）假如布局的最大努力程度无法满足时序要求，则提高布线的努力程度，直至时序满足要求。

4）假如布局布线的最大努力程度都无法满足时序要求，建议设计者寻找关键路径，并对 RTL 代码进行优化。

4.2.4　仿真

在整个设计流程中，完成了设计输入以及成功综合、布局布线，编译通过说明设计符合一定的语法规范，但其是否满足设计者的功能要求并不能保证，还需要设计者通过仿真对设计进行验证。仿真的目的就是在软件环境下验证电路的行为与设计要求是否一致。仿真主要分为功能仿真和时序仿真两种。功能仿真是在设计输入之后但还没有综合、布局布线之前的仿真，是在不考虑电路的逻辑和门的时间延迟，着重考虑电路在理想环境下的行为与设计构想是否具有一致性，功能仿真只检验所设计项目的逻辑功能；时序仿真是在综合、布局布线后，在考虑器件延迟的情况下对布局布线的网表文件进行的一种仿真，其中器件延时信息是通过反标注时序延时信息来实现的。

Quartus® Prime 软件允许对整个设计进行仿真测试，也可以只对该项目中的某个子模块进行仿真。仿真时的矢量激励源可以是矢量波形文件 .vwf（Vector Wave File）、文本矢量文件 .vec（Vector File）、.cvwf 文件（Compressed Vector Wave File）、矢量输出表文件 .tdf 和 .vcd 文件（Value Change Dump File）等。其中，.vwf 文件是 Quartus Ⅱ 最主要的波形文件，.vec 是 MAX+PLUS Ⅱ 中的文件，主要是为了兼容而采用的文件格式，.tbf 文件则是用来将 MAX+PLUS Ⅱ 中的 .scf 文件输入到 Quartus® Prime 中。

1. 建立矢量波形文件

在进行仿真前，必须为仿真器提供测试激励，该测试激励被保存在矢量波形文件中。下面讲解建立矢量波形文件的具体操作步骤。

1）建立波形文件。执行菜单命令"File"→"New...."，或者在工具栏中单击图标，弹出图 4-47 所示"New"对话框。在此对话框的"Verification/Debugging Files"选项中选择"University Program VWF"，单击"OK"按钮，打开波形文件编辑窗口。

2）输入信号节点。在波形文件编辑窗口中执行菜单命令"Edit"→"Insert"→"Insert Node or Bus…"，或者右击，在弹出的菜单中选择"Insert Node or Bus"，即可弹出插入节点或总线对话框，如图 4-48 所示。

图 4-47　建立波形文件对话框

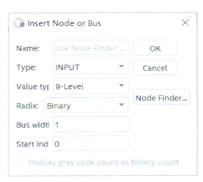

图 4-48　插入节点或总线对话框

在图 4-48 所示的对话框中首先单击"Node Finder…"按钮，弹出如图 4-49 所示的"Node Finder"对话框，在"Filter"栏中选择"Pins：all"，单击"List"按钮，这时在"Nodes Found："（节点建立）列表框中将列出该设计项目的全部信号节点。若在仿真中需要观察全部信号的波形，则单击窗口中间的按钮">>"；若在仿真中只需观察部分信号的波形，则选中信号名，然后单击窗口中间的按钮">"，选中的信号就会被添加到"Selected Nodes"列表框中。节点信号选择完毕后，单击"OK"按钮即可。

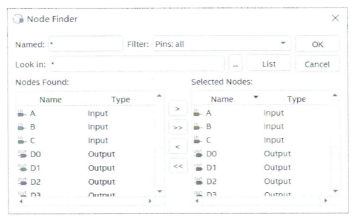

图 4-49　"Node Finder"对话框

3）设置波形仿真时间。Quartus® Prime 默认的仿真时间域是 1，如果需要更长时间观察仿真结果，需设置仿真时间。执行菜单命令"Edit"→"Set End Time…"，如图 4-50 所示，在"Time"栏中输入所需的仿真时间，单击"OK"按钮即可。

4）设置激励信号。在波形文件编辑窗口中左侧的工具条是用于设置激励信号的，使用时，只要先用鼠标在输入波形上拖出需要改变的区域，然后单击相应的按钮即可。常用的信号包含时钟信号、清零信号、输入波形信号等。当然也可以单击时钟信号生成按钮，弹出如图 4-51 所示的"Clock"对话框，在此对话框中可以设置时钟信号的时间长度、偏移量和占空比。

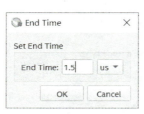

图 4-50　End Time 对话框

图 4-51　"Clock"对话框

如果设定清零信号 clr 为高电平有效，则在 clr 的波形图上先单击选中的一小段，再单击低电平按钮，然后选中 clr 波形的其他段，单击高电平按钮，或者单击波形反转按钮即可。

如图 4-52 所示，利用图 4-52 所示的各种波形赋值的快捷键可以编辑输入信号的波形。若需要改变输入信号的数据显示格式时，在相应的输入信号的"Value at 0 ps"栏双击，将弹出如图 4-53 所示的"Node Properties"对话框，在此对话框中可以进行选择。其中"Radix"栏的各项如下：ASC Ⅱ、Binary（表示二进制数）、Fractional（小数）、Hexadecimal（十六进制数）、Octal（八进制数）、Signed Decimal（十进制数）、Unsigned Decimal（无符号十进制）。

图 4-52　各种波形赋值的快捷键窗口

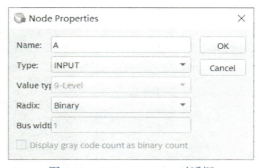

图 4-53　Node Properties 对话框

5）波形文件存盘。执行菜单命令"File"→"Save..."，或者在工具栏中单击图标，弹出"Save As"对话框，在此对话框中输入文件名并按下"保存"按钮即可。

2. 功能仿真

在项目编译完成后，执行"建立矢量波形文件"步骤，将需要显示波形的节点加入到仿真页面中，执行"设置激励信号"步骤，实现激励信号的初始化如图 4-54 所示。在图 4-54 所示的界面中，还可以设置仿真起始时间和结束时间等参数。单击"Simulation"，选择"Run Functional Simulation"，即可执行功能仿真。仿真结束后，即可查看输出信号的波形，如图 4-55 所示。

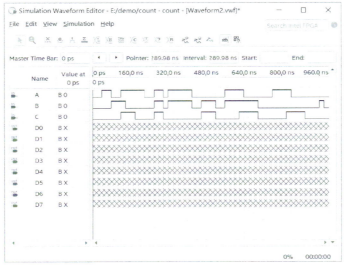

图 4-54　激励信号的初始化

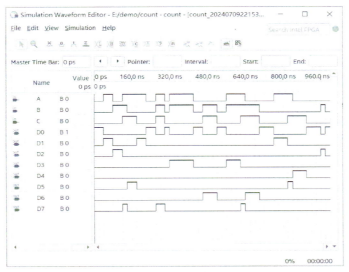

图 4-55　执行功能仿真后的波形

3. 时序仿真

功能仿真正确后，可以加入延时模型进行时序仿真。单击"Simulation"，选择"Run Timing Simulation"，即可执行时序仿真。仿真结束后，即可查看输出信号的波形，如图 4-56 所示。

4. 仿真结果分析

（1）查看仿真波形报告

在仿真波形报告部分，仿真器根据波形文件中输入节点信号矢量仿真出输出节点信号。在仿真波形窗口中，如图 4-55 和图 4-56 所示，可以查看仿真波形。

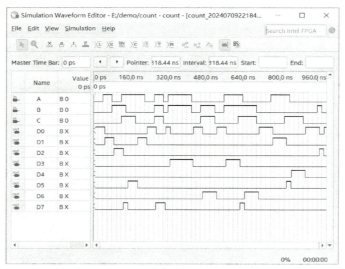

图 4-56   执行时序仿真后的波形

（2）使用仿真波形

在仿真波形窗口中，可以使用工具条上的缩放工具对波形进行放大和压缩操作。

4.2.5   ModelSim 仿真

Quartus® Prime 软件也支持 ModelSim 仿真，ModelSim 软件的安装步骤如 4.1.2 节所述。下面就 ModelSim 的仿真进行描述。

1. 新建工程

新建工程的步骤参考 4.1.2 节，本例中工程文件名称为"decoder"，如图 4-57 和图 4-58 所示。芯片类型选择"EP4CE6E22C8"，EDA Tools Setting 的 Simulation 选择"ModelSim-Altera"和"Verilog HDL"。

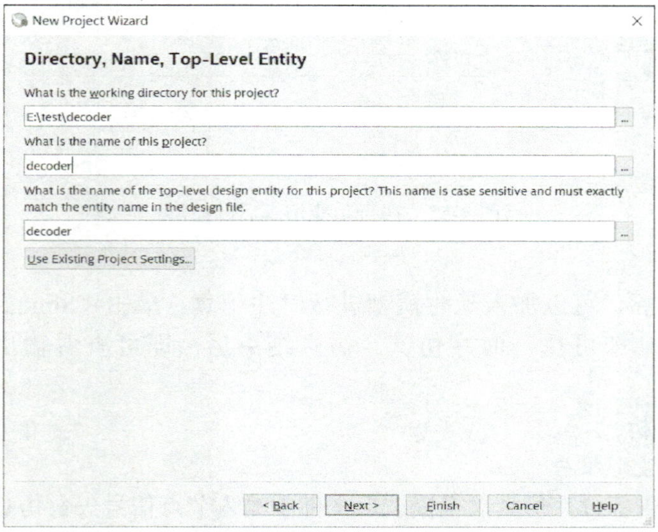

图 4-57   新建工程 decoder

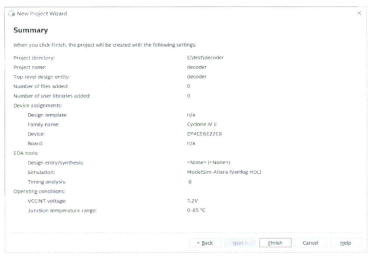

图 4-58　工程 decoder 的各个参数

2. 编写文件

新建工程文件之后，在软件主页面单击 File，单击"New…"，选择"Verilog HDL File"，单击"OK"，在出现的界面中就可以编写代码，如图 4-59 所示。编写完成后要保存文件 decoder.v 到当前的工程目录下，并且勾选"Add file to current project"。

图 4-59　编写代码窗口

3. 编译文件

代码编写完成后，还需要进行编译，单击菜单栏中的 Processing，选择"Start Compilation"即可进行编译。编译完成后的界面如图 4-60 所示。

4. 测试文件

对于第 2 步中编写的文件，在进行 ModelSim 仿真前，还需要编写测试文件，与编写文件相似，单击菜单栏中的 File，单击"New…"，选择"Verilog HDL File"，单击"OK"按钮，在出现的界面中就可以编写测试文件的代码，如图 4-61 所示。编写完成后，保存为 tb_decoder.v 文件，如图 4-62 所示，保存时，需要勾选下方的"Add file to current project"。

图 4-60　编译完成

图 4-61　编写测试文件

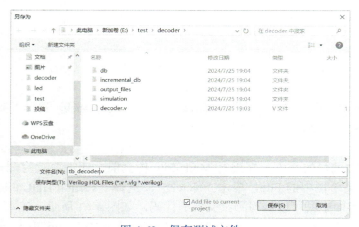

图 4-62　保存测试文件

测试文件保存之后，需要进行编译，检查编写有无错误，单击菜单栏中的 Processing，选择"Start Compilation"即可进行编译。结果如图 4-63 所示。

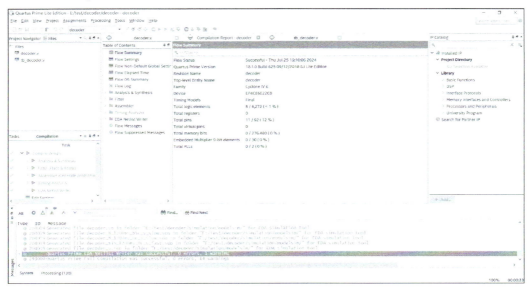

图 4-63　测试文件编译结果

如果已经编写有测试文件，也可以直接添加测试文件，步骤如下：首先在 Project Navigator 选项选择 Files，如图 4-64 所示。

右击 Files，选择"Add/Remove Files In Project…"，如图 4-65 所示。单击之后出现如图 4-66 所示的窗口。

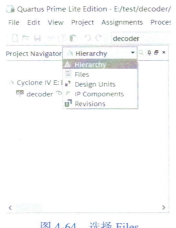

图 4-64　选择 Files

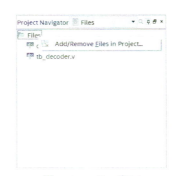

图 4-65　Files 窗口

单击 File name 后面的"…"，找到测试文件所在路径，并添加到工程，如图 4-67 所示。

单击"Add"，添加成功后先单击"Apply"，再单击"OK"按钮，如图 4-68 所示。

若测试文件添加成功，则在 Files 下面会出现刚才添加的测试文件，如图 4-69 所示。

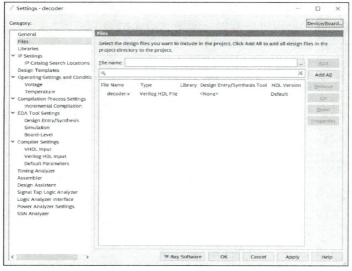

图 4-66　Setting 窗口

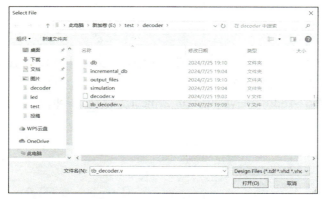

图 4-67　测试文件所在路径

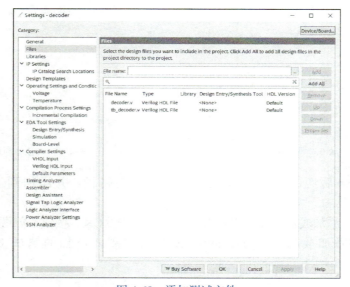

图 4-68　添加测试文件

图 4-69　测试文件显示

5. ModelSim 仿真

测试文件添加之后，接下来进行 ModelSim 仿真。单击菜单栏中的 Tools，单击"Options…"，在出现的窗口中，单击 General 下的"EDA Tool Options"选项，设置 ModelSim-Altera 可执行程序的路径，此处需要注意，设置的是"ModelSim-Altera"项，而不是"ModelSim"项。"ModelSim-Altera"可执行程序的路径，即前面安装"ModelSim-Alter"的存储位置，选择路径"ModelSim\modelsim_ase\win32aloem"，设置完成单击"OK"按钮，如图 4-70 所示。

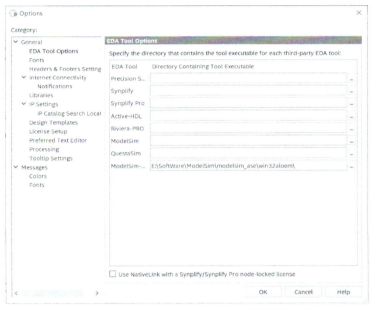

图 4-70　设置 ModelSim-Altera 可执行程序的路径

单击"Assignments"中的"Settings"，单击"Simulation"，在"Tool name"下拉框中选择"ModelSim-Altera"，如图 4-71 所示。

选中"Compile test bench"，单击后面的"Test Benches"按钮，弹出"Test Benches"选项卡，如图 4-72 所示。

单击"New…"，弹出"New Test Bench Settings"对话框，在"Test bench name"中输入"tb_decoder"，"End simulation at"可以根据需要进行设置，这里设置为 1s。单击"File name"后面的"…"，找到"tb_decoder.v"文件，将该文件添加进去，单击"Add"按钮。如图 4-73 所示。单击"OK"即可返回到"Test Benches"选项卡界面，再次单击"OK"按钮，回到"Simulation"设置界面，如图 4-74 所示。先单击"Apply"按钮，然后单击"OK"按钮，即可设置完毕。

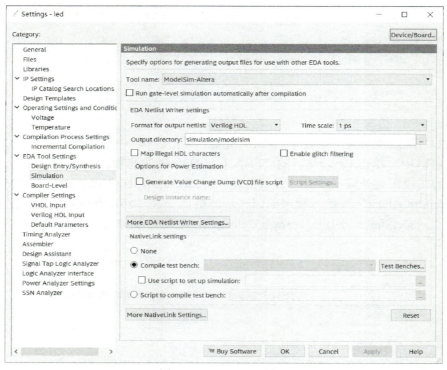

图 4-71　Simulation 设置

图 4-72　"Test Benches" 选项卡

图 4-73　New Test Bench Settings 设置

设置完毕之后，下面进行 ModelSim 运行仿真。单击菜单栏中的 Tools，选择 Run RTL Simulation 中的 "RTL Simulation"，即可打开 ModelSim 并运行 TestBench 得到仿真结果，如图 4-75 所示。

使用 ModelSim 进行仿真的结果如图 4-76 所示。

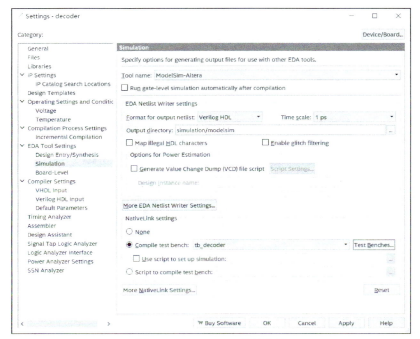

图 4-74　Simulation 设置完毕

图 4-75　运行 ModelSim

4.2.6　配置与下载

使用 Quartus® Prime 成功编译项目且功能仿真、时序仿真均满足设计要求后，就可以对 Altera 器件进行配置和下载了。用户可以使用 Quartus® Prime 的 Assembler 模块生成编程文件，使用 Quartus® Prime 的 Programmer 工具与编程硬件一起对器件进行编程和配置。Quartus® Prime 对器件的编程和配置流程如图 4-77 所示。

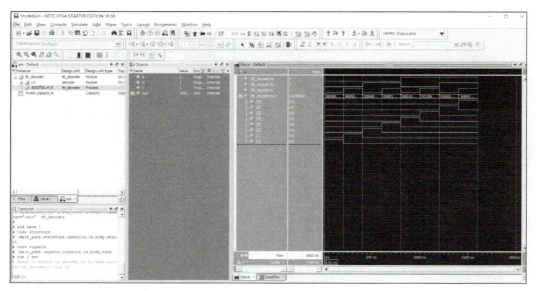

图 4-76　ModelSim 仿真结果

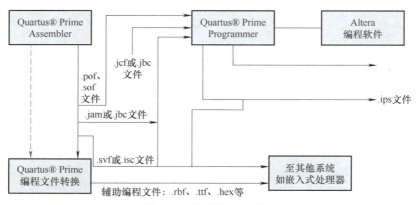

图 4-77　编程与配置流程

　　Assembler 模块自动将过滤器中的器件、逻辑单元和引脚分配转换为该器件的编程图像，这些图像以目标器件的一个或多个 Programmer 对象文件（.pof）或 SRAM 映像文件（.sof）的形式存在。Programmer 模块使用 Assembler 生成的 .pof 和 .sof 文件对软件支持的 Altera 器件进行配置和下载。

　　下载电缆是用来对 CPLD/FPGA 或专用配置器件进行编程和配置的。在进行下载时，将下载电缆的一端连接到计算机上，另一端连接到 CPLD/FPGA 电路板上的 JTAG 或 AS 下载口上。常用的下载电缆主要有 ByteBlaster Ⅱ 下载电缆和 USB-Blaster 下载电缆两种，前者连接到计算机的并口上，通过并口进行下载；后者连接到计算机的 USB 口上，通过 USB 口进行下载。用户可以根据实际情况，选择其中的一种。在此以 USB-Blaster 为例，讲述 FPGA 下载器驱动安装及基本下载调试步骤。

　　1）把下载电缆的一端连接到实验板上，另一端连接到计算机的 USB 口上。

　　2）在设备管理器找到其他设备里面 USB-Blaster 选项。初次使用 USB-Blaster 时，若将 USB-Blaster 插入计算机的 USB 接口，会弹出"找到新的硬件向导"对话框。选中"从列表或指定位置安装（高级）"选项，单击"下一步"按钮，再单击"浏览"按钮，指定

USB-Blaster 下载驱动程序的安装路径，单击"下一步"按钮，继续安装，直至完成。安装完成后，可以在计算机的"设备管理器"窗口中查找到该设备的名称，如图 4-78 所示，至此，USB-Blaster 下载电缆已经可以使用了。

3）查找它的驱动程序，目录在安装文件夹内（以 C 盘根目录为例，C：\Altera\80\quartus\drivers\usb-blaster），选择 usb-blaster，然后单击"确定"，完成驱动安装，如图 4-79 所示。

<table>
<tr><td>图 4-78　设备管理器窗口</td><td>图 4-79　驱动程序查找界面</td></tr>
</table>

4）找到测试文件夹内 TEST 文件，如图 4-80 所示。双击即可打开该 project，如图 4-81 所示。

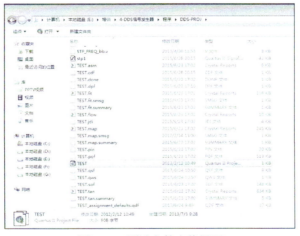

图 4-80　测试文件查找界面

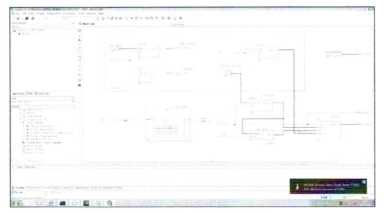

图 4-81　项目打开的用户界面

5）在 Quartus® Prime 中执行菜单命令 "Tools" → "Programmer"，或者双击任务窗口 Compile Design 项中 "Program Device（Open Programmer）"，弹出如图 4-82 所示的器件编程对话框。

图 4-82　器件编程对话框

6）选中窗口内第一行，然后单击 Delete 删除，如图 4-83 所示为删除后的窗口。

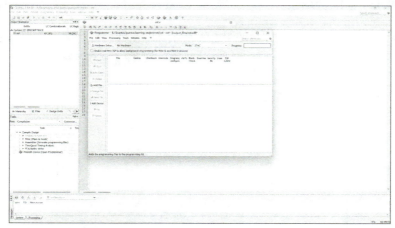

图 4-83　删除后的窗口

7）在右上角 "Mode" 选项内，选择 "JTAG" 模式，如图 4-84 所示。

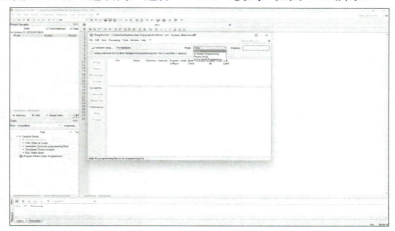

图 4-84　编程器硬件设置对话框

8）然后测试 FPGA 是否连接，单击"AUTO DETECT"，测试连接完成后可删除这一行，如图 4-85 所示。

图 4-85　添加完硬件的编辑器

9）添加 SOF 文件，单击 ADD file，然后会看到出现 TEST.sof 文件出现在文件框里，添加当前目录下的 SOF 文件 TEST.sof，单击确定，如图 4-86 所示。

图 4-86　添加文件对话框

10）单击"start"下载完成后，Progress 将显示 100%，LED 闪烁，如图 4-87 所示。

图 4-87　下载完成

4.3　可支持扩展的 EDA 工具

下面以 Quartus® Prime 软件为例，阐述多种 EDA 工具的协同设计过程。

Quartus® Prime 软件允许设计者在设计流程中的各个阶段使用熟悉的第三方 EDA 工具，设计者可以在 Quartus® Prime 图形用户界面或命令可执行文件中使用这些 EDA 工具。如图 4-88 所示为 EDA 工具的设计流程。

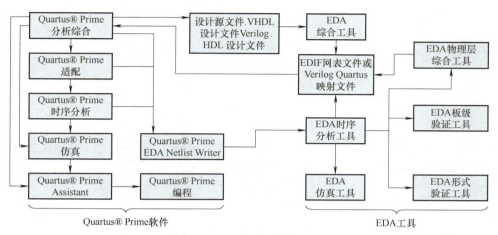

图 4-88　EDA 工具设计流程

Xilinx、Altera、Lattice、Actel 这几个主要的厂商都推出了各自的集成开发环境，并且在自己的开发软件中为一些第三方软件预留接口。其他厂商为 Xilinx、Altera、Lattice、Actel 等，这些 EDA 厂商除了为开发平台提供量身定制的工具外，还推出了具有标准接口的专业设计工具。如 Mentor Graphics 公司的 Leonardo Spectrum（综合工具），Synopsys 公司的 Design Complier（综合工具），Synplicity 公司的 Synplify（综合工具）以及 Model Technology 公司的 ModelSim（仿真工具）等。

对第三方 EDA 工具的良好支持也使用户可以在设计流程的各个阶段使用自己熟悉的第三方 EDA 工具。Altera 的 Quartus® Prime 可编程逻辑软件属于第四代 PLD 开发平台。该平台支持一个工作组环境下的设计要求，其中包括支持基于 Internet 的协作设计。Quartus® Prime 平台与 Cadence、Exemplar Logic、Mentor Graphics、Synopsys 和 Synplicity 等 EDA 供应商的开发工具相兼容。该平台改进了软件的 Logic Lock 模块设计功能，增添了 FastFit 编译选项，推进了网络编辑性能，而且提升了调试能力。

Quartus® Prime 进行仿真时，必须安装第三方仿真软件 ModelSim。表 4-2 列出了 Quartus® Prime 软件支持的 EDA 工具，并指出了哪个 EDA 工具可支持 Nativelink。Nativelink 技术在 Quartus® Prime 软件和其他 EDA 工具之间无缝地传送信息，并允许 Quartus® Prime 软件中自动运行 EDA 工具。

表 4-2　Quartus® Prime 软件支持的 EDA 工具

功能	支持的 EDA 工具	Nativelink
综合	Mentor Graphics Design Architect	
	Mentor Graphics Lenonardo Spectrum	√
	Mentor Graphics Precision RTL Synthesis	√
	Mentor Graphics ViewDraw	
	Synopsys Design Compiler	
	Synopsys FPGA Express	
	Synopsys FPGA Compiler Ⅱ	√
	Synplicity Synplify	√
	Synplicity Synplify Pro	
仿真	Cadence NC-Verlog	√
	Cadence NC-VHDL	√
	Cadence Verilog-XL	
	Model Technology ModelSim	√
	Model Technology ModelSim-Altera	√
	Synopsys Scirocco	√
	Synopsys VSS	
	Synopsys VCS	
时序分析	Mentor Graphics Blast（通过标签）	
	Mentor Graphics Tau（通过标签）	
	Synopsys PrimeTime	√
板级验证	Hyperlynx	
	XTK	
	ICX	
	Spectra Quest	
	Mentor Graphics Symbol Generation	
再综合	Verplex Conformal LEC	
	Aplus Design Technologies PALACE	√
	Synplicity Amplify	

习题 4

4.1　Quartus Prime 与其他 FPGA 开发工具相比有哪些优缺点？

4.2　如何创建一个新的 Quartus 项目？在创建过程中需要注意哪些设置？

4.3　在 Quartus Prime 中，如何编写 Verilog/VHDL 代码？请简述步骤。

4.4　在 Quartus Prime 中，如何创建和管理顶层模块和子模块？

4.5　在 Quartus Prime 中，如何添加现有的 Verilog 或 VHDL 源文件？

4.6　解释如何使用 Quartus Prime 的图形化设计工具（如 Block Diagram/Schematic File）。

4.7　什么是综合（synthesis）？在 Quartus 中如何执行综合？

4.8　在 Quartus Prime 中如何进行设计仿真？需要哪些工具？

4.9　解释功能仿真和时序仿真的区别及其应用。

4.10　在 Quartus Prime 软件中，使用 Verilog HDL 语言，设计一个八位全加器。

第 5 章
常用 IP 核

在 FPGA 开发中，效率和复用性是提升生产力的核心要素。开发者无须每次都从零开始构建每一个基础功能模块，这不仅耗时耗力，也难以保证性能和可靠性。IP 核正是解决这一挑战的关键。它们是经过严格验证、可参数化配置、功能完备的预设计电路模块，如同搭建复杂电子系统的"乐高积木"。掌握常用 IP 核的使用，能够极大加速开发流程、降低设计风险、并优化资源利用。

本章将带您系统性地探索 FPGA 设计中不可或缺的常用 IP 核。我们将深入理解它们的功能原理、关键配置参数、接口时序以及典型应用场景。无论您需要实现高速数据通信、复杂数学运算、高效存储管理还是精准时序控制，熟练运用这些强大的"预制件"，都将使您的 FPGA 设计之旅事半功倍，并为您构建更复杂、更可靠的系统奠定坚实基础。

视频
第 5 章 5.1

5.1 ROM

5.1.1 ROM IP 核特征

ROM 是只读存储器（read-only memory）的简称，是一种只能读出事先所存储数据的固态半导体存储器。FPGA 中是没有非易失性存储器的，ROM IP 核其实是使用到 FPGA 中的 RAM 资源。在 FPGA 运行时通过数据文件给 ROM 模块初始化，模拟成非易失性存储器。

ROM IP 核分为两种类型：单端口 ROM 和双端口 ROM。单端口 ROM 提供一个读地址端口和一个读数据端口，只能进行读操作；双端口 ROM 提供两个读地址端口和两个读数据端口。但不是每个端口都要用到，调用完 IP 核后可以生成实例化模块，即可看到需要控制的信号。

不可改写性：ROM 是只读的存储器，一旦数据被编程进去，就无法修改或擦除。这使得它适合存储固定的数据或程序代码，如启动程序、配置信息或常量表。

快速访问：与 RAM 相比，ROM 通常具有更快的访问速度，因为它不需要考虑写入操作，只需读取。

数据持久性：ROM 中存储的数据在断电后也能保持，因为它不依赖于电源供应维持存储状态。

集成度高：在现代 FPGA 中，ROM 通常作为硬件 IP 核集成在芯片内部，可以通过特定的编程工具或语言（如 Verilog 或 VHDL）进行初始化和配置。

应用广泛：ROM 用于存储启动程序、显示字符、处理器微码以及各种静态数据，这些数据在运行时不需要修改。

5.1.2　DPROM

True Dual Port ROM 是一种特殊的只读存储器，其独特之处在于具有两个完全独立的访问端口。这意味着它能够同时处理两个不同的读取或写入操作，而无须互斥或顺序访问。这种并行访问能力使 True Dual Port ROM 在多处理器系统中表现出色，特别是在需要高度并行访问和实时数据处理的场景下，如高性能计算、实时数据交换和复杂的网络设备中。与之不同的是 DPROM，它是一种分布式可编程只读存储器，主要用于在制造过程中根据不同的生产阶段或客户需求进行多次编程，以实现定制化和灵活性。因此，选择使用 True Dual Port ROM 或 DPROM 取决于应用的具体需求，其中前者注重高并行访问和并行操作，而后者则侧重于制造过程中的灵活配置和定制选项，其时序图如图 5-1 所示。

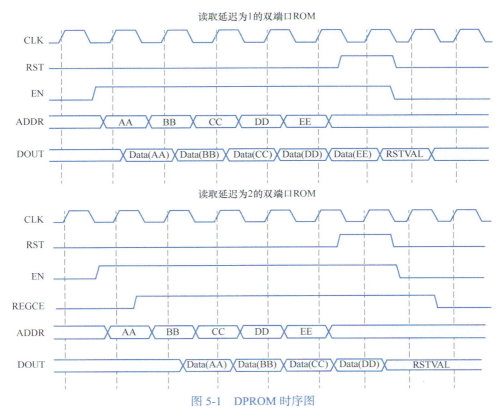

图 5-1　DPROM 时序图

此宏用于实例化 True Dual Port ROM。可同时从端口 A 和端口 B 执行对内存的读取操作。下面介绍 XPM_MEMORY 实例的基本读写端口使用方法，不区分端口 A 和 B。

所有同步信号都对 clk [a|b] 的上升沿敏感，该信号被认为是根据目标设备和内存原始要求运行的缓冲和切换时钟信号。

隐式执行读取操作以组合方式寻址 addr [a|b]。在每个 clk [a|b] 周期中，当 en [a|b] 有效时，数据输出都会被记录下来。

相关读取操作结束后，读取数据出现在 dout [a|b] 端口 READ_LATENCY_[A|B] clk [a|b] 周期内。

所有读取操作均由启动 clk [a|b] 周期中的 en [a|b] 值控制，无论输入或输出延迟如何。

对于 rst [a|b] 有效的每个 clk [a|b] 周期，最终输出寄存器会立即但同步地重置为 READ_RESET_VALUE_[A|B]，而不管 READ_LATENCY_[A|B]。

对于 regce [a|b] 有效并且 rst [a|b] 无效的每个 clk [a|b] 周期，最终输出寄存器会捕获并输出来自前一个流水线寄存器的值。

模块输入上提供的未驱动或未知值将产生未定义的内存阵列和输出端口行为。

当使用 MEMORY INIT PARAM 时，最大支持内存大小为 4KB。

为了在更大的存储器（>1 MB）中获得更好的时序性能，将 CASCADE_HEIGHT 设置为 1 并具有足够的读取延迟。

在双端口 ROM 配置中，WRITE_MODE_A 必须设置为 "read_first"。违反此设置将导致 DRC 错误。

当属性 "CLOCKING_MODE" 设置为 "common_clock" 时，所有通过端口 A 和端口 B 对存储器的读写操作都是基于 clka 进行的。如果该属性设置为 "independent_clock"，则通过端口 A 的读写操作基于 clka 进行，通过端口 B 的读写操作基于 clkb 进行。

如果设计注意避免地址冲突（在任何给定时间点写入地址！＝读取地址），则需要对基于独立时钟分布 RAM 的存储器进行 set_false_path 约束。

对于较大的存储器（≥ 2MB），建议的读取延迟必须 > 8，因为 Vivado 综合使用的默认级联高度为 8。

5.1.3　SPROM

单口 ROM（Single Port ROM，SPROM）是一种只读存储器，与 True Dual Port ROM 和 DPROM 相比，它只具有单一的访问端口。这意味着在任何给定时刻，单口 ROM 只能执行一个读取或写入操作。单口 ROM 通常用于较简单的应用场景，其中不需要同时进行多个并发访问或复杂的并行操作。它的设计相对简单，成本较低，并且在许多电子设备中广泛应用，如固件存储、基本控制逻辑等。由于其只有一个访问端口，单口 ROM 在处理并发性要求较低的场合中效果很好，而在需要高并发访问和复杂操作的应用中，True Dual Port ROM 或 DPROM 则更为适合，其时序图如图 5-2 所示。

此宏用于实例化单端口 ROM。可以从端口 A 执行对内存的读取操作。下面介绍 XPM_MEMORY 实例的基本读写端口使用方法。

所有同步信号都对 clka 的上升沿敏感，该信号被认为是根据目标设备和内存原始要求运行的缓冲和切换时钟信号。

隐式执行读取操作以组合方式寻址 addra。数据输出在 ena 有效的每个 clka 周期内进行注册。

相关读操作结束后，读数据会在 READ_LATENCY_A CLKA 周期后出现在 douta 端口上。

所有读取操作均由启动 clka 周期上的 ena 值控制，无论输入或输出延迟如何。

对于 rsta 有效的每个 clka 周期，最终输出寄存器会立即但同步地重置为 READ_RESET_VALUE_A，而不管 READ_LATENCY_A 如何。

对于 regcea 有效并且 rsta 无效的每个 clka 周期，最终输出寄存器会捕获并输出来自前一个流水线寄存器的值。

模块输入上提供的未驱动或未知值将产生未定义的内存阵列和输出端口行为。

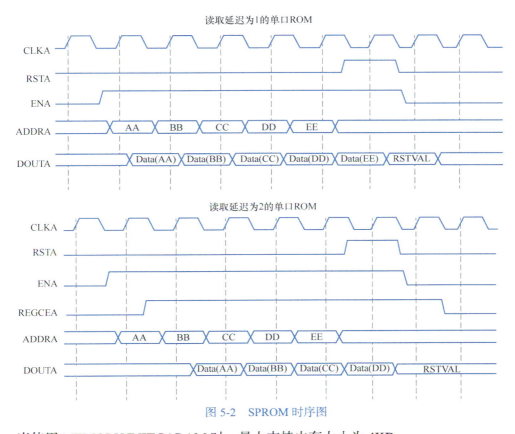

图 5-2 SPROM 时序图

当使用 MEMORY INIT PARAM 时，最大支持内存大小为 4KB。

在单口 ROM 配置中，WRITE_MODE_A 必须设置为 "read_first"。违反此设置将导致 DRC 错误。

为了在更大的存储器（>1MB）中获得更好的时序性能，请使用 CASCADE_HEIGHT 为 1 并具有足够的读取延迟。

5.1.4 ROM IP 核在 Vivado 中的实现

创建工程，进入 Vivado 界面，在 IP Catalog 中找到 ROM，如图 5-3 所示。

其中有 Distributed Memory Generator 和 Block Memory Generator 可以选择，两者最主要的差别是生成的 IP 核所占用的 FPGA 资源不一样，从 Distributed Memory Generator 生成的 ROM/RAM Core 占用的资源是 LUT（查找表，查找表本质就是一个小的 RAM）；从 Block Memory Generator 生成的 "ROM/RAM Core" 占用的资源是 Block Memory（嵌入式的硬件 RAM），根据需求选择 "Block Memory Generator"，如图 5-4 所示。

- Interface Type-Native 指定了 ROM 核的接口类型。"Native" 意味着 ROM 核将会有一个本地的、直接的接口，与外部系统集成相对简单，因为它使用了原生的接口标准。

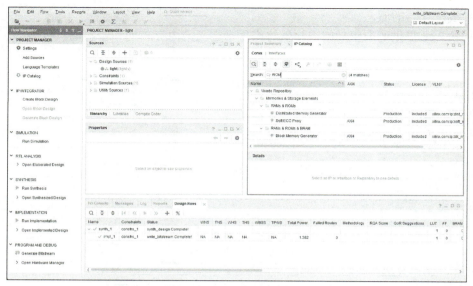

图 5-3　ROM IP 核选择页面

图 5-4　ROM IP 核配置页面 1

- Memory Type-Single Port RAM 指定了 ROM 核的内存类型。在这种情况下，单口 RAM 意味着只有一个单独的端口用于访问存储器。
- Common Clock 指 ROM 核使用一个共同的时钟信号来同步其操作。
- ECC Type-No ECC 中"No ECC"表示 ROM 核不支持或不使用错误校正代码来检测和纠正内存中的错误。
- Error Injection Pins-Single Bit Error Injection 指定了错误注入的方式。"Single Bit Error Injection"表示 ROM 核支持在测试或仿真中注入单个位的错误，以验证系统对单个位错误的处理能力。

- Write Enable-Byte Write Enable：即将写使能设置为"Byte Write Enable"，表示 ROM 核支持按字节写入操作。这意味着可以选择性地写入存储器中的单个字节，而不是整个字或者其他更大的单位。
- Byte Size（bits）9 指定了每个存储单元的大小。在这种情况下，每个存储单元的大小是 9 位。
- Algorithm Options 描述了用于连接块 RAM 原语的算法选项，具体的算法细节需要参考数据手册以获取更多信息。
- Algorithm Minimum Area-Primitive 8k×2 指定了使用的块 RAM 原语的最小面积算法。"Primitive 8k×2"表示使用 8k×2 块 RAM 原语，这是一种特定的块 RAM 配置，可以提供一定的存储容量和性能。

在下一步中设置 Port A Width 和 Port A Depth，如图 5-5 所示。Port A Width 确定了每次从 ROM 读取的数据位宽，例如设置为 10 时，每次读取将获取 10bit 的数据。而 Port A Depth 指定了 ROM 的存储容量或深度，例如设置为 1024 时，ROM 可以存储并提供 1024 个数据条目。这些参数的设置直接影响了 FPGA 系统在数据传输和存储方面的能力，需要根据具体应用需求来合理配置。

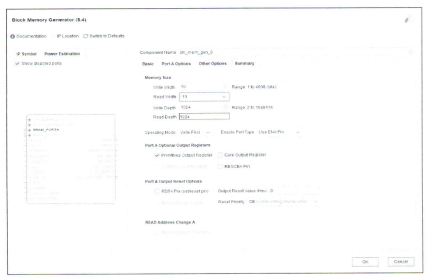

图 5-5 ROM IP 核配置页面 2

- Write Width 设置写入宽度为"10"。每次写入操作可以写入 10bit 数据。
- Write Depth 设置写入深度为"1024"。这表示 ROM 可以存储 1024 个地址位置的数据。
- Read Width 设置读取宽度为"10"。每次读取操作可以读取 10bit 数据。
- Read Depth 设置读取深度为"1024"。这指定了 ROM 中可用的读取地址数量，即 ROM 可以支持的最大地址数。
- Operating Mode 设置操作模式为"Write First"，可能表示在某些情况下首先进行写入操作。
- Enable Port Type 设置使用 ENA Pin 作为使能端口类型，表明使用 ENA Pin 使能 ROM 的读取或写入操作。
- Port A Optional Output Registers 表示端口 A 的可选输出寄存器。
- Primitives Output Register 表示原语输出寄存器。

- Core Output Register 表示核心输出寄存器。
- SoftECC Input Register 表示软件 ECC 输入寄存器，可能用于错误检测与纠正。
- REGCEA Pin 表示 REGCEA 引脚，可能用于寄存器使能。
- Port A Output Reset Options 表示端口 A 的输出复位选项。
- RSTA Pin（set/reset pin）表示 RSTA 引脚，用作设置或复位 ROM 的引脚。
- Output Reset value（Hex）表示输出复位值，以十六进制表示。
- Reset Memory Latch 表示重置 ROM 的内存锁存器。
- Reset Priority CE（Latch or Register Enable）表示重置优先使能信号（锁存器或寄存器使能）。
- READ Address Change A 表示读取地址变更 A。

ROM 是不能写入数据的，所以加载初始化数据这里使用数据生成软件来生成数据加载，可以生成一个正弦信号作为输入。如果生成的初始化数据不是 1024 位，少于 1024 则可以勾选"Fill Remaining Memory Locations"选择需要填充的数据，如图 5-6 所示。

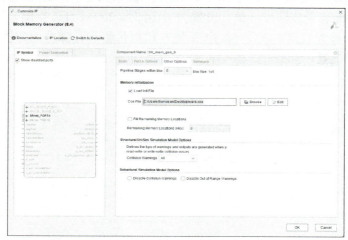

图 5-6　ROM IP 核配置页面 3

将 Component Name 重命名为"ROM"，并单击"OK"按钮完成设置，如图 5-7 所示。

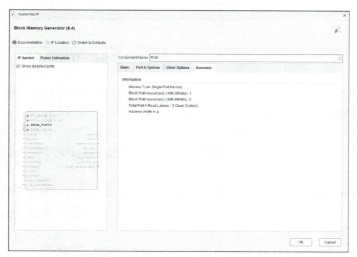

图 5-7　ROM IP 核配置页面 4

单击"Generate"按钮生成 IP 核,最后单击"OK"按钮完成 IP 核的创建,如图 5-8 和图 5-9 所示。

图 5-8 ROM IP 核创建页面

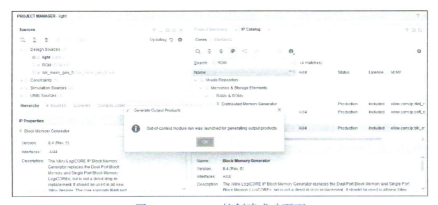

图 5-9 ROM IP 核创建成功页面

最后编写 ROM 测试文件,实现该 IP 核的仿真,仿真结果如图 5-10 所示。

```verilog
`timescale 1ns/1ps
module rom_tb;
  reg clka;
  reg [9:0] addra;
  wire [9:0] douta;
  rom rom(
      .clka(clka),
      .addra(addra),
      .douta(douta)
  );
  initial clka=10;
  always#10 clka=~clka;
initial begin
  addra=100;
```

```
        #201;
        repeat(3000)begin
             addra=addra + 1'd1;
           #20;
        end
        #2000
        $stop;
     end
endmodule
```

仿真波形如图 5-10 所示。

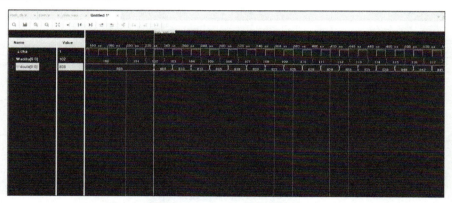

图 5-10   ROM IP 核仿真结果

观察输出波形（正弦波）如图 5-11 所示。

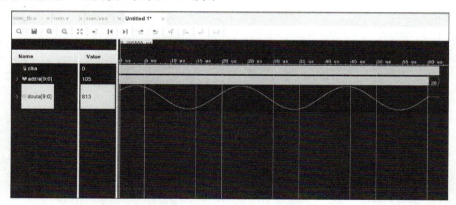

图 5-11   ROM IP 核正弦仿真结果

5.2   MMCM

Mixed-Mode Clock Manager（MMCM）是一种用于 FPGA 设计的关键数字时钟管理器。它能根据外部参考时钟信号生成稳定的输出时钟，并支持分频、乘频和精确的时钟缓冲控制，以满足不同电路模块的时钟频率需求。MMCM 还提供时钟域交叉处理功能，确保不同时钟域之间的数据传输和同步的可靠性，同时通过高精度的时钟锁定功能，保证输出时钟信号的稳定性和精确性。这使得 MMCM 在需要精确时序和高性能的 FPGA 应用中具有重要作用。

MMCM 模块采用名为 CLKIN1 的输入时钟，并生成多个输出时钟，每个输出时钟可以被配置为具有取决于输入时钟频率的不同频率。MMCM 模块封装了 MMCM_ADV 原语。MMCM 模块为 CLKIN1 输入和 CLKOUTn 以及 CLKFBOUT 输出。CLKOUTn 表示 7 个时钟输出 CLKOUT0 ～ CLKOUT6。MMCM_ADV 基元的第二时钟输入未被使用 MMCM_ADV 原语连接到常数以始终选择 CLKIN1 信号。这个 MMCM_ADV 原语的动态重新配置输入和输出被隐藏 / 终止在 MMCM 模块内。MMCM_ADV 原语的所有其他输入和输出都是 MMCM 模块的输入和输出，带可选缓冲。在嵌入式处理器系统中，建议使用 MMCM 模块采用单个参考时钟输入，并配置一个或多个 CLKOUTn 信号以产生不同需要的时钟频率和相位，缓冲 CLKOUTn 和 CLKFBOUT 信号并且 CLKFBOUT 信号连接回 CLKFBIN 输入。输出时钟频率由输入时钟频率导出 C_DIVCLK_DIVIDE、C_CLKFBOUT_MULT 和 C_CLKOUTn_DIVIDE 参数，其结构示意图如图 5-12 所示。

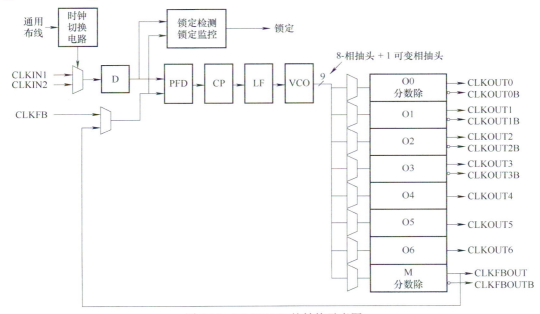

图 5-12　MMCM IP 核结构示意图

5.2.1　MMCM IP 特征

（1）围绕 MMCM_ADV 原语进行包装

MMCM_ADV 是 Xilinx FPGA 中的高级时钟管理器原语，具有更多的功能和灵活性，能够处理复杂的时钟管理需求。通过围绕 MMCM_ADV 原语进行包装，可以利用其丰富的功能集合，包括高精度时钟锁定、精确的时钟分频和乘频控制等。

（2）可配置的 BUFG 插入

BUFG（Buffer）在 FPGA 中用于时钟分配和缓冲，能够提高时钟信号的传输质量和稳定性。可配置的 BUFG 插入意味着能够根据具体设计的需要，在合适的位置插入 BUFG 以优化时钟信号路径，提高系统性能和可靠性。

（3）支持所有 MMCM_BASE 和部分 MMCM_ADV 功能

MMCM_BASE 和 MMCM_ADV 是 Xilinx FPGA 中两种不同级别的时钟管理器。支持所有 MMCM_BASE 功能确保基本的时钟生成和管理能力，而支持部分 MMCM_ADV 功能则提供了更高级的时钟控制功能，如动态相位调整、多时钟域处理等。

（4）适用于嵌入式系统

这些特性使得该时钟管理器特别适用于嵌入式系统，其中对时钟稳定性、时序控制和能效有较高要求。在嵌入式系统中，对时钟管理的精确控制能够确保系统在各种工作条件下的可靠性和性能表现。

5.2.2　MMCM 模块输入 / 输出信号

MMCM 模块的输入和输出信号见表 5-1。

表 5-1　MMCM 输入 / 输出信号

信号	信号方向	默认值	描述
CLKFBOUT	输出		反馈时钟输出（通常连接至 CLKFBIN）
CLKFBOUTB	输出		反相反馈时钟输出
CLKOUT0 ～ CLKOUT6	输出		时钟输出
CLKOUT0B ～ CLKOUT3B	输出		反相时钟输出
LOCKED	输出		MMCM 锁定信号
CLKFBSTOPPED	输出		指示反馈时钟已停止的状态引脚
CLKINSTOPPED	输出		指示输入时钟已停止的状态引脚
PSDONE	输出		相移完成
CLKFBIN	输入	与 MMCM_ADV 原语相同	时钟反馈输入
CLKIN1	输入		主时钟输入
RST	输入		异步全局复位信号
PWRDWN	输入		MMCM 全局掉电引脚
PSCLK	输入		相移时钟
PSEN	输入		相移使能
PSINCDEC	输入		相移递增 / 递减控制

5.2.3　相比于 PLL 的优势

MMCM 和 PLL（Phase-Locked Loop）是 Xilinx FPGA 中常见的时钟管理资源，相比 PLL，MMCM 存在很多优势。

在生成精度方面，MMCM 能够生成低抖动的时钟信号，这对于需要高稳定性和精度的应用（如高速通信和数据转换）非常重要。另外 MMCM 可以精确地合成和分频时钟频率，能够生成多个频率的时钟信号，非常适合多时钟域设计。

在灵活度方面 MMCM 允许对输出时钟的相位进行精确控制和调整，这在某些应用中是必需的（如时序匹配和同步）。MMCM 内置分数分频器，可以生成非整数倍的时钟频率输出，这对于某些特定应用（如视频时钟生成）非常有用。

最后在资源优化方面 MMCM 相对于 PLL 在资源使用上更加高效，特别是对于只需要时钟管理功能而不需要频率合成的应用场景。

5.2.4 MMCM IP 核在 Vivado 中的实现

1. IP 核配置

首先，打开"IP Catalog"窗口，搜索"clock"，单击"FPGA Features and Design"→"Clocking"→"Clocking Wizard"进入 IP 核选择界面，如图 5-13 所示。

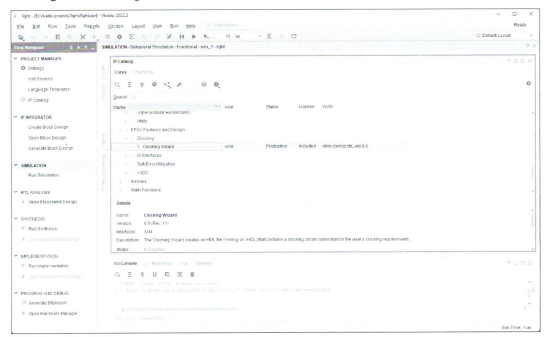

图 5-13　MMCM IP 核选择界面

图 5-14 所示为 MMCM IP 核配置界面（单击"Documentation"→"Product Guide"可以调用官方文档，通过 IP 核的产品指南学习具体的配置参数含义）。

（1）Clocking Options

1）Clock Monitor 用来监测时钟是否停止、故障和频率变化，一般保持默认不做勾选。

2）Primitive（原语）用来设置底层逻辑功能单元，选择"MMCM"时钟管理器模块。

3）Clocking Featurs 用来设置时钟的特征，包括 Frequency Synthesis（频率合成）、Minimize Power（最小化功率）、Phase Alignment（相位校准）、Dynamic Reconfig（动态重配置）、Safe Clock Startup（安全时钟启动）等，其中 Spread Spectrum（扩频）和 Dynamic Phase Shift（动态相移）是使用 MMCM 时才能够设置的特征，保持默认设置。

4）Jitter Optimization 用于抖动优化，可选 Balanced（平衡）、Minimize Output Jitter（最小化输出抖动）或 Maximize Input Jitter filtering（最大化输入抖动滤波）等优化方式，保持默认平衡优化方式。

5）Input Clock Information 下的表格用于设置输入时钟的信息，第一列"Input Clock（输入时钟）"中 Primary（主要，即主时钟）是必要的，Secondary（次要，即副时钟）是可选是否使用的，这里只需要用到一个输入时钟，所以保持默认不启用副时钟，其他列保持默认。

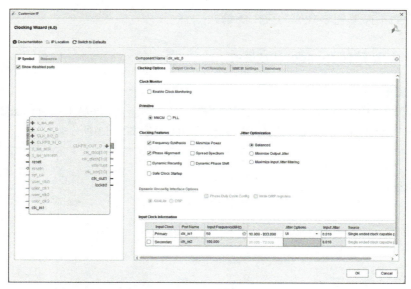

图 5-14　MMCM IP 核配置界面 1

（2）Output Clocks

接下来，切换至"Output Clocks"选项卡配置输出时钟，如图 5-15 和图 5-16 所示，具体配置如下。

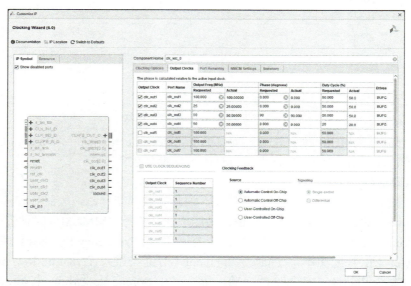

图 5-15　MMCM IP 核配置界面 2（4 路分频）

The phase is calculated relative to the active input clock 下方表格分别设置输出时钟路数和时钟的名字、频率、相位偏移、占空比、驱动器类型、缓冲器的最大频率。

1）Use CLOCK SEQUENCING（使用时钟排序），当在"Clocking Options"选项卡中启用安全时钟启动功能时，Use Clock Sequence 表处于活动状态，可用于配置每个已启用时钟的序列号。在此模式下，只允许 BUFGCE 作为时钟输出的驱动程序。

2）Clocking Feedback（时钟反馈）用于设置时钟信号的来源是片上还是片外，是自动控制还是用户控制，当自动控制片外的时钟时，还需要配置时钟信号的传递方式是单端还是差分，这里保持默认选项（自动控制片上）即可。

图 5-16　MMCM IP 核配置界面 2（2 路分频）

3）Enable Optional lnputs/Outputs for MMCM/PLL（启用 MMCM/PLL 的可选输入 / 输出），其中 reset（复位）和 power_down（休眠）为输入信号，locked（锁定）、clkfbstopped（指示信号，表示反馈时钟是否丢失）和 input_clk_stopped（指示信号，表示所选输入时钟不再切换）为输出信号，因为不需要锁相环进入休眠状态，也不需要看两个指示信号，所以这里保持默认启用复位信号和锁定信号即可。

4）Reset Type（复位类型）用于设置复位信号是高电平有效还是低电平有效，这里可以保持默认的高电平有效。

这里设置输出 2 倍频时钟信号 100MHz，输出 2 分频时钟信号 25MHz，输出相位偏移 90° 的 50MHz 时钟信号，输出占空比为 20% 的 50MHz 时钟信号。

对"Port Renaming"选项卡进行配置，如图 5-17 所示。

图 5-17　MMCM IP 核配置界面 3

对"MMCM Setting"选项卡展示了对整个 MMCM 的最终配置参数，这些参数都是由 Vivado 根据之前用户输入的时钟需求来自动配置的，Vivado 已经对参数进行了最优的配置，保持默认即可，如图 5-18 所示。

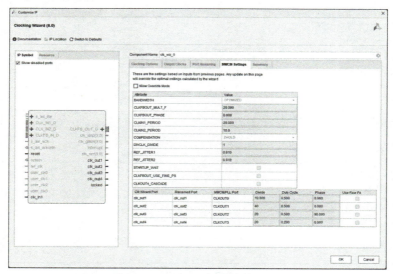

图 5-18　MMCM IP 核配置界面 4

"Summary"选项卡是对前面所有配置的一个总结，检查没问题后单击"OK"按钮，生成 IP 核，如图 5-19 所示。

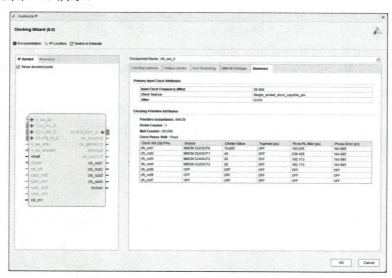

图 5-19　MMCM IP 核配置界面 5

2. 定义 IP 核

以下代码定义了一个 IP 核，具体来说，使用了一个名为 clk_wiz_0 的 IP 核，通常是一种时钟管理器（Clock Wizard），在 Xilinx 的 MMCM（Mixed-Mode Clock Manager），目的是实现对输入系统时钟信号进行多种操作，如产生不同频率的时钟输出（如 100MHz、25MHz）、相位偏移（如 clk_s_90）以及占空比调整（如 clk_d_20）。这种功能在数字电路设计中常用于时钟管理和分频倍频等应用。

```
//IP 核 MMCM 的使用，倍频、分频、相移、占空比调整
module ip_mmcm(
    input sys_clk,
    input sys_rst_n,
    //输出时钟
    output clk_100M,        //100MHz 时钟频率
    output clk_25M,         //25MHz 时钟频率
    output clk_s_90,        //50MHz 时钟频率，相位偏移 90°
    output clk_d_20         //50MHz 时钟频率，占空比为 20%
    );
wire locked;
//MMCM IP 核的例化
clk_wiz_0 clk_wiz_inst
(
    //Clock out ports
    .clk_100M(clk_100M),    //output clk_100M
    .clk_25M(clk_25M),      //output clk_25M
    .clk_s_90(clk_s_90),    //output clk_s_90
    .clk_d_20(clk_d_20),    //output clk_d_20
    //Status and control signals
    .reset(~sys_rst_n),     //input reset
    .locked(locked),        //output locked
    //Clock in ports
    .clk_in1(sys_clk)       //input clk_in1
);
Endmodule
```

3. IP 核仿真

以下仿真代码实现了一个简单的测试，用于验证 ip_mmcm 模块的功能。通过模拟输入信号（系统时钟和复位信号），并且周期性地生成仿真时钟信号，可以验证 ip_mmcm 模块是否正确地生成了所需的时钟频率和相位。

```
`timescale 1ns/1ns
module tb_ip_mmcm();
reg     sys_clk ;
reg     sys_rst_n;
wire    clk_100M;
wire    clk_25M;
wire    clk_s_90;
wire    clk_d_20;
// 信号初始化
initial begin
    sys_clk=1'b1;
    sys_rst_n=1'b0;
    #201
    sys_rst_n=1'b1;
end
// 产生时钟
always#10 sys_clk=~sys_clk;
ip_mmcm ip_mmcminst(
    .sys_clk (sys_clk  ),
    .sys_rst_n(sys_rst_n),
    .clk_100M(clk_100M),
    .clk_25M (clk_25M ),
    .clk_s_90(clk_s_90),
    .clk_d_20(clk_d_20)
```

```
    );
Endmodule
```

4. 仿真结果

锁定信号初始是低电平，后来拉高；在锁定信号是低电平时，可以看到，输出的时钟信号不稳定，锁定信号的作用就是指示输出时钟信号是否稳定。当锁定信号是低电平时，表示输出的信号是不稳定的，当前的时钟信号不能正常使用；当锁定信号是高电平时，表示输出的信号是稳定的，当前的时钟信号可以正常使用。

四路输出时钟在 locked 信号为高电平时才会稳定输出，观察 locked 为高电平后的 4 路输出信号，如图 5-20 所示，locked 信号拉高之后，锁相环开始输出 4 个稳定的时钟。

从图 5-20 可以看出，clk_100M 输出时钟信号周期为 10ns，是 20ns 周期的 1/2，所以频率是系统时钟信号的 2 倍，也就是 100MHz；clk_25M 输出时钟信号周期为 40ns，是 20ns 周期的 2 倍，所以频率是系统时钟信号的 1/2，也就是 25MHz；clk_s_90 输出时钟信号相对系统时钟信号延迟了 5ns，5ns/20ns=90°/360°，即相位偏移了 90°；clk_d_20 输出时钟信号高电平占比 4ns，4ns/20ns=20%，即输出为占空比为 20% 的时钟信号。

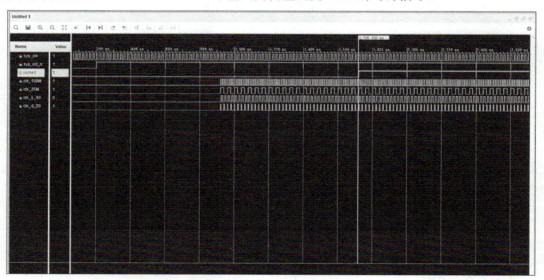

图 5-20   MMCM IP 核仿真结果

5.3   FFT

在 Quartus 软件中，快速傅里叶变换（FFT）IP 核是一种专门设计的预构建模块，旨在利用 FPGA 硬件加速执行快速傅里叶变换算法。这种 IP 核允许工程师在 FPGA 上高效地实现频谱分析和信号处理功能，特别适用于需要高性能和低延迟的应用场景，如无线通信、雷达信号处理以及音频和视频处理。Quartus 提供了多种配置选项，使用户能够根据具体需求选择不同大小和精度的 FFT IP 核，从而优化资源使用并实现最佳性能。集成 FFT IP 核可以显著简化复杂 FFT 算法的实现过程，并利用 FPGA 的并行计算能力和硬件优势，实现实时数据处理需求。

5.3.1 FFT IP 核特征

可变流快速傅里叶变换的特征如下：
- 单精度浮点或定点表示。
- 基 -4、混合基 -4/2 实现（用于浮点 FFT）和基 -22 单延迟反馈实现（用于定点 FFT）。
- 输入和输出顺序：自然顺序或数字反转，以 DC 为中心（$-n/2$ 到 $n/2$）。
- 减少内存需求。
- 支持 8 ~ 32 位数据和旋转宽度（定点 FFT）。
- 固定变换大小的 FFT，实现块浮点 FFT，并在处理过程中保持数据的最大动态范围（不适用于可变流 FFT）。
- 多个 I/O 数据流选项：流、缓冲突发和突发。
- 使用嵌入式内存。
- 最大系统时钟频率超过 300MHz。
- 优化使用 Stratix 系列 DSP 块和三矩阵存储器。
- 高通量四输出基 4 FFT 引擎。
- 支持多个单输出和四输出引擎并行。
- 用户控制 DSP 块中的优化或 Stratix v 设备中的速度，用于流、缓冲突发、突发和可变流定点 FFT。

Avalon 流（Avalon-ST）兼容输入输出接口，参数化特定的 VHDL 和 Verilog HDL 测试平台生成，在转换方向（FFT/IFFT）可指定的每个块的基础上。

5.3.2 FFT 变体

可变流快速傅里叶变换（Variable Length Fast Fourier Transform，VLFFT）和固定变换尺寸 FFT（Fixed Transform Size FFT）是两种不同的 FFT 变体，主要用于处理长度不同的信号序列。

固定变换 FFT 实现了基 $-2/4$ 抽取频率（DIF）FFT 固定变换尺寸算法，变换长度为 $2m$，其中 $6 \leqslant m \leqslant 16$。该 FFT 使用块浮点表示来实现最大信噪比（SNR）和最小尺寸要求之间的最佳折中。固定变换 FFT 接受长度 n 的二补格式复数据向量，其中 n 是自然次序的期望变换长度。该函数以自然顺序输出变换域复向量。FFT 产生一个累积块指数，以指示在转换过程中发生的任何数据缩放，以保持精度和最大限度地提高内部信噪比。可以使用输入端口指定每个块的转换方向。

可变流 FFT 实现了两种不同类型的 FFT，使用定点表示实现基 22 单延迟反馈 FFT，或使用单精度浮点表示实现混合基 $-4/2$ FFT。选择 FFT 类型后，可以在运行时配置 FFT 变化，以对 $2m$ 的变换长度执行 FFT 算法，其中 $3 \leqslant m$。定点表示从输入到输出自然地增加数据宽度，从而在输出端保持高信噪比。单精度浮点表示允许表示大的动态范围的值，同时在输出端保持高信噪比。定点表示自然地增加了从输入到输出的数据宽度，从而在输出时保持了高信噪比。单精度浮点表示允许一个大的动态范围的值被表示，同时在输出端保持高信噪比。

大小为 N 的输入数据向量的顺序可以是自然的或数字反转的，也可以是 $-N/2 \sim N/2$（以 DC 为中心）。定点表示支持自然或 DC 中心顺序，浮点表示支持自然的数字反转顺序。大小为 N 的输入数据向量的顺序可以是自然的或数字相反的，或 $-N/2 \sim N/2$（以 DC 为中心）。定点表示支持一个自然的或以 DC 为中心的顺序，浮点表示支持一个自然的、数字逆序。FFT 以自然或数字反序输出变换域复数向量。可以使用输入端口指定每个块的变换方向。

5.3.3　变量串流

如果选择定点数据表示，FFT 使用基数 22 单延迟反馈，这是完全流水线。如果选择浮点表示，FFT 使用混合基数 –4/2。对于长度 N 变换，$\log4(N)$ 级被连接在一起。基数 22 算法具有与完全流水线基数 –4 FFT 相同的乘法复杂性，但蝶形单元保留基数 –2 FFT。基 –4/2 算法将基 –4 和基 –2 FFT 结合起来，在支持更宽变换长度范围的 FFT 计算的同时，实现了基 –4 算法的计算优势。蝶形单元使用 DIF 分解。

固定点表示允许通过管道自然增长的位数。每个阶段的最大增长是 2 位。在复乘之后，数据会四舍五入到扩展后的数据大小，使用收敛四舍五入。整体比特增长小于或等于 $\log2(N)+1$。

浮点内部数据表示为单精度浮点（32 位，IEEE 754 表示）。浮点运算提供了更精确的计算结果，但是在硬件资源上是昂贵的。为了减少浮点运算所需的逻辑量，可变流 FFT 使用了融合的浮点内核。通过将几个浮点运算融合在一起并减少需要发生的规范化次数，可以减少逻辑。

1. 固定点可变数据流

定点可变流式 FFT 实现了基 22 的单延迟反馈。它类似于基 2 单延迟反馈。然而，旋转因子被重新排列，使得乘法复杂度相当于基 4 的单延迟反馈。固定点变量流 FFT 实现了基数 –22 单延迟反馈。它类似于基数 –2 单延迟反馈。然而，调整因子被重新排列，使得乘法复杂度相当于基数 –4 的单个延迟反馈。

$\log2(N)$ 级，每个级包含一个蝶形单元和一个反馈延迟单元，该单元将输入数据延迟指定的周期数，每个级减半。

这些延迟有效地对齐了蝶形单元输入端的正确样本，用于蝶形运算。每第二阶段包含一个修改的基 2 蝶形运算，在基 2 蝶形运算之前执行 j 的简单乘法。

对于长度为 N=16 的 FFT，流水线中会发生以下预定操作：

对于前 8 个时钟周期，样本通过蝶形单元未经修改地送入延迟反馈单元。

接下来的 8 个时钟周期使用来自延迟反馈单元的数据和输入数据执行蝶形运算。高阶计算被发送到延迟反馈单元，而低阶计算被发送到下一阶段。

接下来的 8 个时钟周期将存储在延迟反馈单元中的未经修改的高阶计算通过蝶形单元传递到下一阶段。

随后的数据阶段使用相同的原则。然而，在反馈路径的延迟相应地进行调整。

2. 浮点变量流

浮点变量流 FFT 实现了混合基数 –4/2，其结合了使用基数 –2 和基数 –4 FFT 的优点。

FFT 有上限（$\log4(N)$）级。如果变换长度是 4 的整数次方，则基数 –4 的 FFT 实现所有的 $\log4(N)$ 级。如果变换长度不是 4 的整数次方，则 FFT 在基数 –4 中实现阶段的上限（$\log4(N)$）1，并使用基数 –2 实现剩余阶段。

每个阶段包含一个单一的蝶形单元和一个反馈延迟单元。反馈延迟单元将输入数据延迟一定数量的周期，每个阶段的延迟周期数是前一阶段延迟周期数的四分之一。延迟可保证对蝶形输入样本进行正确的蝶形计算。管道的输出是按索引倒序排列的。

5.3.4　FFT 处理器引擎

1. 四次输出 FFT 引擎

为了最小化变换时间，使用四输出 FFT 引擎。Quad 输出是指内部 FFT 蝶形处理器的吞吐量。引擎实现在一个时钟周期内计算所有四个基数 -4 的蝶形复杂输出，如图 5-21 所示。

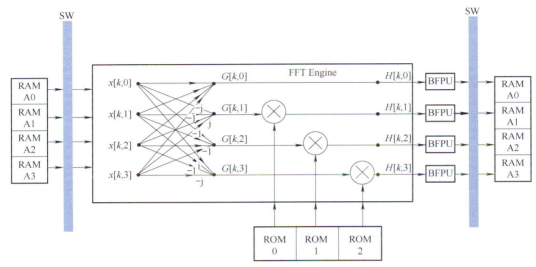

图 5-21　Quad-Output FFT 引擎

FFT 并行地从内存中读取复杂数据样本 $x[k,m]$，并通过开关（SW）重排序。接下来，基数 -4 蝶形处理器处理有序样本以形成复杂输出 $g[k,m]$。由于基数 -4 DIF 分解的固有数学原理，只有三个复乘子对蝶形处理器的输出执行三个非平凡的旋转因子乘法。为了辨别样本的最大动态范围，块浮点单元（BFPU）并行计算四个输出。快速傅里叶变换丢弃适当的 LSB 和舍入并重新排序复数值，然后将它们写回内部存储器。

2. 单输出 FFT 引擎

对于最小尺寸的 FFT 函数，使用单输出引擎。单输出这个术语指的是内部 FFT 蝶形处理器的吞吐量。在引擎中，FFT 计算每个时钟周期的单个蝶形输出，需要一个复数乘法器，如图 5-22 所示。

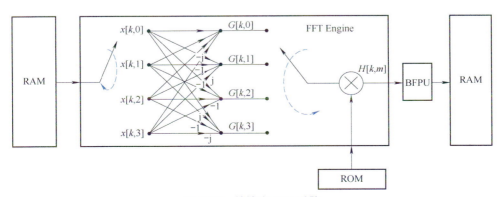

图 5-22　单输出 FFT 引擎

5.3.5　FFT IP 核在 Quartus 中的实现

1. FFT IP 核设置

首先，打开 Quartus Prime，在 IP 核中查找 FFT，如图 5-23 所示。

对 IP 核进行命名，设置保存路径，如图 5-24 所示。

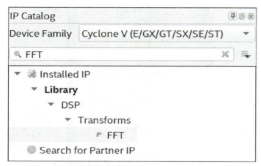

图 5-23　FFT IP 核选择页面

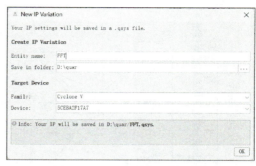

图 5-24　FFT IP 核配置页面 1

Quartus 中 FFT IP 核的参数配置很简单（相比之下 Vivado 的 FFT IP 核就更复杂、更专业），配置界面如图 5-25 所示。

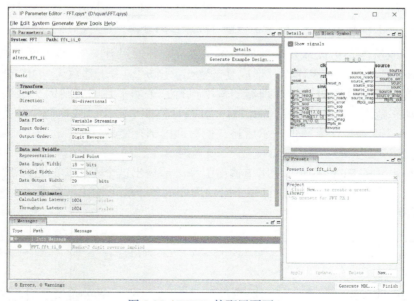

图 5-25　FFT IP 核配置页面 2

- Transform："Length"设置 FFT 的长度即点数。"Direction"设置该 IP 核工作于 FFT 模式（Forward）或者 IFFT（Reverse）模式，也可以设置为 Bi-directional，IP 核接口会多出一个名为 reverse 的信号，用于在代码中改变工作模式。
- I/O："Data Flow"其实设置的是 FFT IP 核的实现结构，包括缓存（Buffered Burst）、突发（Burst）、流（Streaming）和可变流（Variable Streaming）4 种，计算速度和消耗资源依次增加。"Input Order"和"Output Order"表示输入数据顺序和输出数据顺

序，有顺序 "nature" 和位逆序 "bit reverse"。

- Data and Twiddle："Representation" 设置 FFT 计算过程以定点（Fixed Point）、块浮点（Block Floating Point）或单精度浮点（Single Floating Point）表示，计算精度和消耗资源依次增加。块浮点是一种不错的折中方案，每个值的尾数各自表示，同时共用一个指数，有着不错的精度且能大大节省资源。"Data Input Width" 和 "Twiddle Width" 设置输入数据位宽和旋转因子位宽，系统会根据前面的设置计算出 FFT 输出数据的位宽 "Data Output Width"。

- Latency Estimates：系统会根据设置得到 FFT 计算所需的两个延时时间。

如图 5-26 所示，接下来设置 Advanced。这里是设置 FFT 引擎，结构 "Architecture" 可以设置为单输出（Single Output）或四输出（Quad Output），这里的 "单" 和 "四" 指的是内部 FFT 蝶形处理器的吞吐量，前者时分复用一个复数乘法器，单个时钟内得到 1 个输出；后者同时使用 4 个复数乘法器，单个时钟内得到 4 个输出。显然单输出消耗资源少，四输出计算速度快。"Number of Parallel Engines" 是设置并行工作的 FFT 引擎数。

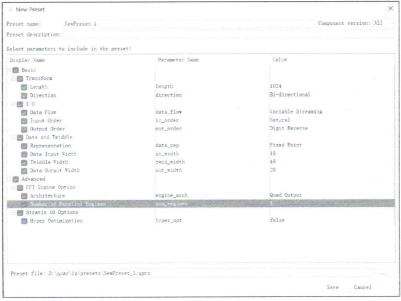

图 5-26　FFT IP 核配置页面 3

2. 实例化 FFT，完善顶层文件

```
//File name:fft_demo
//Complete date:23/03/24
module fft_demo(
    input wire clk,
    input wire rst_n,
    input wire sink_valid,
    input wire sink_sop,
    input wire sink_eop,
    input signed [15:0] data_in,
    output wire source_valid,
    output wire source_sop,
    output wire source_eop,
    output signed [31:0] data_out
```

```
);
    wire sink_ready;
    wire [1:0] sink_error;
    wire signed [15:0] sink_imag;
    wire inverse;
    wire source_ready;
    wire [1:0] source_error;
    wire signed [15:0] source_real;
    wire signed [15:0] source_imag;
    wire [5:0] source_exp;
    assign sink_error=2'b00;
    assign sink_imag=16'd0;
    assign inverse=1'b0;
    assign source_ready=1'b1;
    fft u0(
        .clk         (clk),              //    clk.clk
        .reset_n     (rst_n),                //    rst.reset_n
        .sink_valid  (sink_valid),           //  sink.sink_valid
        .sink_ready  (sink_ready),       //      .sink_ready
        .sink_error  (sink_error),       //      .sink_error
        .sink_sop    (sink_sop),         //      .sink_sop
        .sink_eop    (sink_eop),         //      .sink_eop
        .sink_real   (data_in),          //      .sink_real
        .sink_imag   (sink_imag),        //      .sink_imag
        .inverse     (inverse),          //      .inverse
        .source_valid(source_valid),     //source.source_valid
        .source_ready(source_ready),     //      .source_ready
        .source_error(source_error),     //      .source_error
        .source_sop  (source_sop),       //      .source_sop
        .source_eop  (source_eop),       //      .source_eop
        .source_real (source_real),      //      .source_real
        .source_imag (source_imag),      //      .source_imag
        .source_exp  (source_exp)        //      .source_exp
    );
    wire signed [31:0] dout_re,dout_im;
    assign dout_re=source_real*source_real;
    assign dout_im=source_imag*source_imag;
    assign data_out=dout_re+dout_im;
Endmodule
```

3. 利用 MATLAB 生成正弦波信号

这段代码首先定义了采样频率 fs 为 100000Hz，信号频率 f1 为 1000Hz，然后生成一个长度为 2048 的时间序列 t，采样频率为 fs。接着生成一个长度为 2048 的信号 x，信号是由 0.5 倍幅度的 1000Hz 正弦波和 0.5 的直流分量组成，然后将其量化为 8 位，即取值范围为 $0 \sim 255$。

接下来使用 fft 函数对信号 x 进行 1024 点的快速傅里叶变换，得到频谱 y。然后使用 plot 函数绘制了频谱 y 的幅度二次方的图像，即频谱的能量谱图。

```
clc;
clear;
fs=100000;
f1=1000;
t=0:1/fs:2047/fs;

x=floor((0.5*cos(2*pi*f1*t)+0.5)*255);
```

```
plot(x);

y=fft(x,1024);

plot(abs(y).*abs(y));
```

4. 导出变量 x 生成的正弦波数据

新建一个 trans.cpp 文件，将 datain.txt 中的数据导入 dataset.vh 文件。

```cpp
#include<bits/stdc++.h>
using namespace std;
int main()
{
    freopen("datain.txt","r",stdin);
    freopen("dataset.vh","w",stdout);

    signed short val;

    for(int i=0;i<2048;i++)
    {
        cin>>val;
        printf("%x\n",val);
    }
    fclose(stdin);
    fclose(stdout);
    return 0;
}
```

5. 编写仿真文件

```verilog
`timescale 1ns/1ns
module fft_demo_tb;
reg clk;
reg rst_n;
wire sink_valid;
wire sink_sop;
wire sink_eop;
wire signed [15:0] data_in;

wire source_valid;
wire source_sop;
wire source_eop;
wire [1:0] source_error;
wire signed [31:0] data_out;
parameter
FILE_PATH="E:/Quartus-standard-17.1/Documents/fft/simulation/modelsim/dataset.vh";
reg [15:0] data [2048:0] ;

    initial begin
        clk=0;
        $readmemh(FILE_PATH,data);
        #0 rst_n=0;
        #110 rst_n=1;
    end
    always#5 clk=~clk;
    reg [10:0] cnt;
    always@(posedge clk or negedge rst_n)
        begin
            if(! rst_n)begin cnt<=0;end
            else begin cnt<=cnt+1;end
        end
    assign data_in=data [cnt] ;
    reg [10:0] cnt1;
    always@(posedge clk or negedge rst_n)
        begin
```

```
                    if(! rst_n)begin cnt1<=0;end
                    else begin cnt1<=cnt1+1;end
            end
    assign sink_sop=(cnt1==1&&rst_n==1) ? 1:0;
    assign sink_eop=(cnt1==1024&&rst_n==1) ? 1:0;
    assign sink_valid=(cnt1>=1&&cnt1<=1024&&rst_n==1) ? 1:0;
    fft_demo u_test(
        .clk(clk),
        .rst_n(rst_n),
        .sink_valid(sink_valid),
        .sink_sop(sink_sop),
        .sink_eop(sink_eop),
        .data_in(data_in),
        .source_valid(source_valid),
        .source_sop(source_sop),
        .source_eop(source_eop),
        .source_error(source_error),
        .data_out(data_out)
    );
    integer vec_file1;
    initial
    begin
        wait(rst_n==1'b1);
        #10;
        vec_file1=$fopen("E:/Quartus-standard-17.1/Documents/fft/data_out.dat","w");
        forever
        begin
            @(posedge clk);
            #1;
            if(source_valid)
                    $fwrite(vec_file1,"%d\n",data_out);
        end
        $fclose(vec_file1);
    end
Endmodule
```

6. 仿真结果

仿真结果如图 5-27 所示，source_valid 为 1 期间，data_out 结果即为 FFT 之后的频谱结果。可以看到结果和 MATLAB 生成的效果相同。

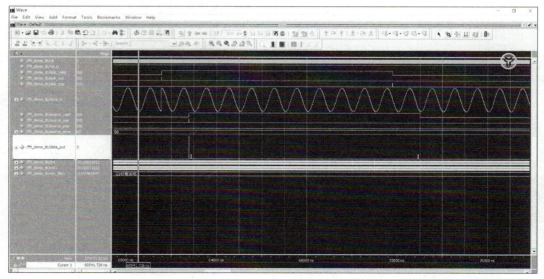

图 5-27　FFT IP 核仿真结果

5.4　UART

在 FPGA 设计中，UART（通用异步收发器）扮演着重要角色，它是一种经典的串行通信协议，用于实现 FPGA 与外部设备（如计算机、传感器、显示器等）之间的数据交换。UART 的主要特点包括异步通信方式，不需要外部时钟同步；灵活的数据帧格式，可以配置数据位数、奇偶校验和停止位数以适应不同的通信需求；可动态调整的波特率，确保与外部设备的数据传输速率匹配。作为 FPGA 的 IP 核，UART 可以轻松集成到设计中，并通过编程语言（如 Verilog 或 VHDL）进行配置和控制，为系统级联网提供了稳定可靠的串行通信解决方案。

具有 Avalon 接口的 UART 核实现了一种在 Intel FPGA 上的嵌入式系统与外部设备之间通信串行字符流的方法。核心实现 RS-232 协议定时，并提供可调波特率、奇偶校验、停止和数据位。功能集是可配置的，允许设计者为给定的系统实现必要的功能。核心提供了一个 Avalon 内存映射（Avalon-MM）代理接口，允许 Avalon-MM 主机外围设备（如 Nios Ⅱ 和 Nios Ⅴ 处理器）通过读写控制和数据寄存器与核心通信，典型系统中 UART 核心如图 5-28 所示。

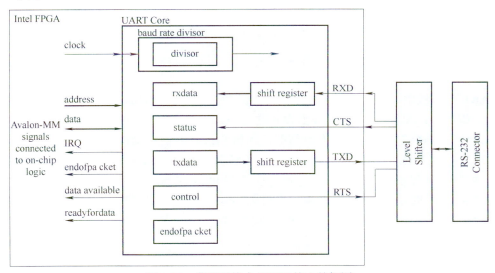

图 5-28　典型系统中 UART 核心的框图

核心有两个用户可见的部分：通过 Avalon-MM 代理端口访问的寄存器文件；RS-232 信号、RXD、TXD、CTS 和 RTS。

5.4.1　UART IP 核的特征

1）异步通信：UART 是异步通信协议，不需要时钟信号来同步数据传输。相反，它使用起始位、数据位、奇偶校验位和停止位来组织和解析数据。

2）灵活的数据帧格式：UART 允许灵活配置数据帧的格式，包括数据位数（通常为 5、6、7 或 8 位）、奇偶校验位（可选）和停止位数（通常为 1 或 2 位）。

3）波特率控制：波特率定义了数据传输速率，UART 支持在一定范围内动态配置波特率，以适应不同设备之间的通信速度要求。

4）适应性：UART 可以轻松集成到 FPGA 设计中，因为它通常作为 IP 核提供，并且可以通过 FPGA 的编程语言（如 Verilog 或 VHDL）进行配置和控制。

5）通用性：由于 UART 是一种通用的串行通信标准，它可以用于许多应用，例如与 PC 进行数据传输、与传感器或外围设备进行通信等。

5.4.2　接口和寄存器

UART 核心为内部寄存器文件提供了 Avalon-MM 代理接口。UART 核心的用户界面由 6 个 16 位寄存器组成：控制、状态、rxdata、txdata、除数和 endofpacket。主机外设，如 Nios Ⅱ 或 Nios Ⅴ 处理器，访问寄存器来控制核心并通过串行连接传输数据 UART 核心实现 RS-232 异步发送和接收逻辑。UART 核心通过 TXD 和 RXD 端口发送和接收串行数据。大多数英特尔 FPGA 系列的 I/O 缓冲区不符合 RS-232 电压水平，如果直接由 RS-232 连接器的信号驱动，可能会损坏。为了符合 RS-232 电压信号规范，在 FPGA I/O 引脚和外部 RS-232 连接器之间需要一个外部电平移位缓冲器（例如 Maxim MAX3237）。

UART 核心使用逻辑 0 作为标记，逻辑 1 作为空间。如果需要的话，FPGA 内部的逆变器可以用来反转任何 RS-232 信号的极性。

5.4.3　发射器与接收器逻辑

UART 发射机由 7 位、8 位或 9 位 txdata 保持寄存器和相应的 7 位、8 位或 9 位发射移位寄存器组成。Avalon-MM 主机外围设备通过 Avalon-MM 代理端口编写 txdata 保存寄存器。当串行传输移位操作当前没有进行时，传输移位寄存器自动从 txdata 寄存器加载。传输移位寄存器直接输入 TXD 输出。数据首先被转移到 TXD LSB。

这两个寄存器提供双缓冲。一个主机外设可以在 txdata 寄存器中写入一个新的值，而之前写入的字符正在被移除。主机外设可以通过读取状态寄存器的发射机准备（TRDY）、发射机移位寄存器空（TMT）和发射机溢出误差（TOE）位来监视发射机的状态。

根据 RS-232 规范的要求，发射器逻辑自动在串行 TXD 数据流中插入正确的开始、停止和奇偶校验位数。

UART 接收机由 7 位、8 位或 9 位接收移位寄存器和相应的 7 位、8 位或 9 位 rxdata 保存寄存器组成。Avalon-MM 主机外围设备通过 Avalon-MM 代理端口读取 rxdata 保存寄存器。每当一个新字符被完全接收时，rxdata 持有寄存器就从接收移位寄存器自动加载。

这两个寄存器提供双缓冲。rxdata 寄存器可以保存先前接收到的字符，而后续的字符正在转移到接收移位寄存器。

主机外设可以通过读取状态寄存器的读准备（RRDY）、接收机溢出错误（ROE）、中断检测（BRK）、奇偶校验错误（PE）和帧错误（FE）位来监视接收机的状态。接收器逻辑自动检测正确的 RS-232 规范要求的串行 RXD 流中的开始、停止和奇偶校验位数。接收机逻辑检查接收数据中的四种异常情况：帧错误、奇偶校验错误、接收溢出错误和中断，并设置相应的状态寄存器位。

5.4.4　波特率

UART 核心的内部波特时钟来源于 Avalon-MM 时钟输入。内部波特时钟由时钟分频器产生。除数值可以来自以下来源之一：

1）在系统生成时指定的常量值。

2）存储在除数寄存器中的 16 位值。

3）除数寄存器是一个可选的硬件特性。如果它在系统生成时被禁用，除数值是固定的，波特率不能被改变。

4）UART 核心可以实现 RS-232 连接的任何标准波特率，波特率可以通过两种方式之一进行配置：

① 固定速率，波特率在系统生成时是固定的，不能通过 Avalon-MM 代理端口进行更改。

② 可变速率，波特率可以根据除数寄存器中的时钟除数值而变化。主机外围设备通过向除数寄存器写入新值来改变波特率。

接口提供时钟频率计算。在硬件中改变系统时钟频率而不重新生成 UART 核心硬件会导致不正确的信号。

波特率设置决定重置后的默认波特率。波特率选项提供标准的预设值。波特率值用于计算适当的时钟除数值以实现所需的波特率。波特率和除数值之间的关系如下面两个公式所示：

除数公式：

$$divisor = \left(\frac{clock\ frequency}{baud\ rate} \right) - 1$$

波特率公式：

$$baud\ rate = \frac{clock\ frequency}{divisor + 1}$$

通过软件设置可以改变波特率，当此设置打开时，硬件在地址偏移量 4 处包括一个 16 位除数寄存器。除数寄存器是可写的，所以波特率可以通过向寄存器写入一个新值来改变。

当此设置关闭时，UART 硬件不包括除数寄存器。UART 硬件实现了一个恒定的波特除数，并且在系统生成之后不能更改值。在这种情况下，写入地址偏移量 4 没有效果，从地址偏移量 4 读取会产生一个未定义的结果。

5.4.5　数据位，停止位，奇偶校验

UART 核心的奇偶校验、数据位和停止位是可配置的。这些设置在系统生成时是固定的，它们不能通过寄存器文件进行修改见表 5-2。

表 5-2 UART 的核心设置

设置	合法值	描述
数据位	7，8，9	此设置确定 txdata、rxdata 和 endofpacket 寄存器的宽度
停止位	1，2	此设置决定了核心是为每个字符发送 1 个还是 2 个停止位。无论此设置如何，核心始终在第一个停止位终止接收事务，并忽略所有后续停止位
奇偶校验	None，Even，Odd	此设置确定 UART 核心是否通过奇偶校验位发送字符，以及是否期望接收到的字符进行奇偶校验。当 Parity 设置为 None 时，发送逻辑发送不包含奇偶校验位的数据，接收逻辑假定传入数据不包含奇偶校验位。状态寄存器中的 PE 位未实现；它总是读 0。当奇偶校验位设置为奇数或偶数时，传输逻辑计算所需的奇偶校验位并将其插入到输出 TXD 比特流中，接收逻辑检查输入 RXD 比特流的奇偶校验比特。如果接收器发现奇偶校验不正确的数据，则状态寄存器中的 PE 位设置为 1。当奇偶校验位为偶数时，如果字符的偶数为 1 位，则奇偶校验位为 0；否则奇偶校验位为 1。类似地，当奇偶校验位为奇数时，如果字符具有奇数 1 位，则奇偶校验位为 0

5.4.6 UART IP 核在 Quartus 中的实现

1. IP 核设置

在 Quartus 中找到 UART IP 核，并选择 RS232 UART 核，如图 5-29 所示。RS-232 是一种标准的串行通信协议，广泛用于计算机和外设之间的通信。RS-232 UART IP 核则通常设计用于符合 RS-232 标准的串行通信，支持的波特率和电气特性与 RS-232 标准一致。

双击打开，选择合适的路径和存放，如图 5-30 所示。

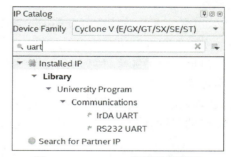

图 5-29 UART IP 核的选择页面

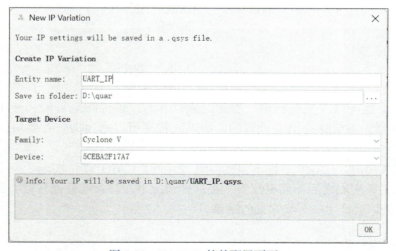

图 5-30 UART IP 核的配置页面 1

- Baud Rate（bps）：指的是波特率，即串口通信中每秒钟传输的位数。它表示数据传输的速度，单位为每秒比特数（bit/s）。在例子中，设置为 115200bit/s，意味着每秒可以传输 115200 个位（或者约为 11.5KB/s）。

- Parity：指的是奇偶校验位的设置，用于检测数据传输中的错误。设置中是 "None"，表示不使用奇偶校验，即每个字节都不包含奇偶校验位。

- Data Bits 是每个数据字节的位数。设置中是 8 位，表示每个数据字节包含 8 位二进制数据。

- Stop Bits：是停止位的设置，用于指示一个数据字节的结束。设置中是 1 位，表示每个数据字节后面有一个停止位，如图 5-31 所示。

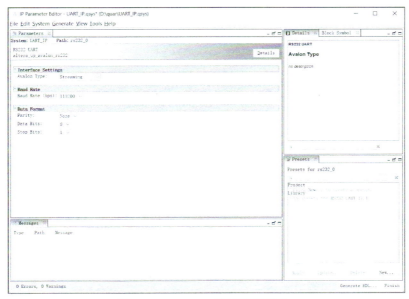

图 5-31　UART IP 核的配置页面 2

串口配置了波特率，其自动配置的参数与时钟有关，因此需要加入时钟模块，告知系统输入时钟为多少，首先单击 System Contents，如图 5-32 和图 5-33 所示。

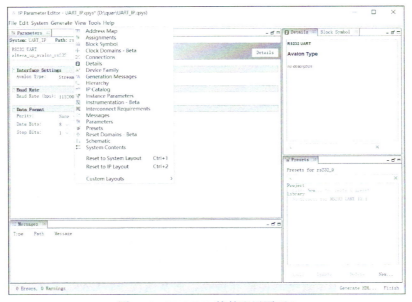

图 5-32　UART IP 核的配置页面 3

图 5-33　UART IP 核的配置页面 4

在 View 中单击 IP Catalog，搜索 Clock，设置时钟的参考时钟，如图 5-34 和图 5-35 所示。

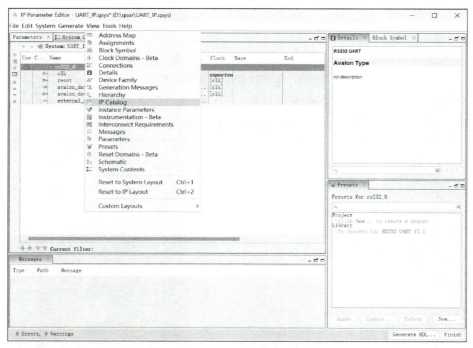

图 5-34　UART IP 核的配置页面 5

在串口通信中，特别是使用 UART 时，需要设置与时钟频率相关的参数，如图 5-36 所示。

● Clock frequency（时钟频率）：是指 UART 使用的时钟信号的频率。UART 模块需要一个时钟信号来同步数据的传输和接收。通常情况下，UART 的工作时钟频率由系统中的时钟源提供，比如晶体振荡器。设置时钟频率为 50000000Hz，即 50MHz。

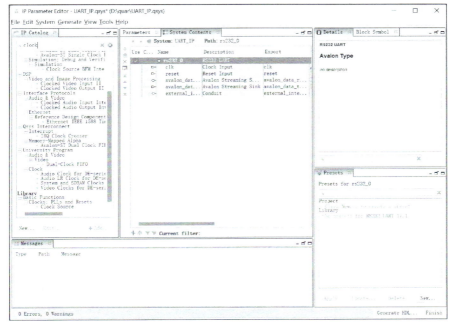

图 5-35 UART IP 核的配置页面 6

- Reset synchronous edges（重置同步边缘）：是指在系统中处理 UART 数据时的一种同步机制。如果设置为 "None"，意味着没有特定的同步边缘用于重置或初始化 UART 通信。

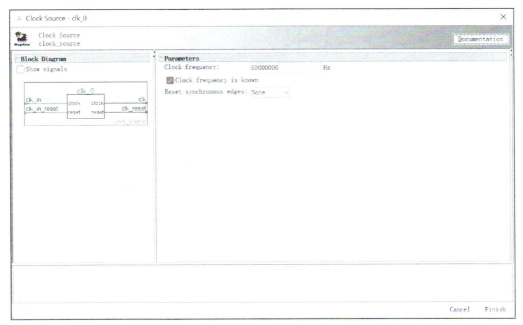

图 5-36 UART IP 核的配置页面 7

如图 5-37 和图 5-38 所示，连接时钟模块和串口模块的 clk 和 reset，单击 Generate HDL 生成模块，结束后显示生成 IP 核成功。

2. 添加写数据和读数据的时序

从 platform designer 生成模块实例，将实例复制添加到 Quartus 的顶层文件中，添加写数据和读数据的时序，如图 5-39 所示。

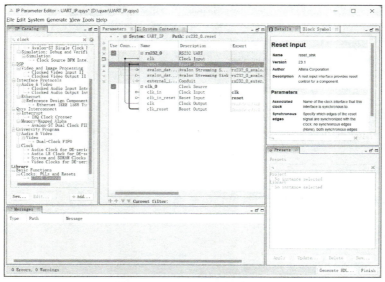

图 5-37　UART IP 核创建页面

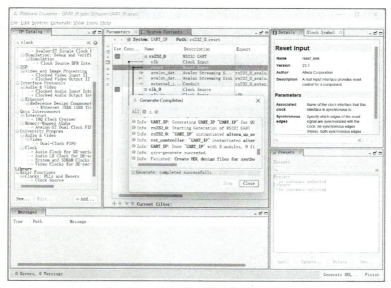

图 5-38　UART IP 核创建成功页面

- clk_clk：输入时钟信号，连接到模块的时钟输入端口。
- reset_reset_n：输入复位信号，连接到模块的复位输入端口。通常使用负逻辑表示，即低电平有效。
- rs232_0_from_uart_ready：输出信号，表示从 UART 接收数据的准备好状态，通常由 UART 接收模块产生。
- rs232_0_from_uart_data：输出信号，从 UART 接收到的数据流，连接到模块的接收数据输入端口。

- rs232_0_from_uart_error：输出信号，指示从 UART 接收数据时是否发生错误。
- rs232_0_from_uart_valid：输出信号，表示从 UART 接收的数据是否有效。

图 5-39 添加时序页面

- rs232_0_to_uart_data：输入信号，传递给 UART 发送的数据流，连接到模块的发送数据输出端口。
- rs232_0_to_uart_error：输入信号，指示从模块发送数据到 UART 时是否发生错误。
- rs232_0_to_uart_valid：输入信号，表示发送给 UART 的数据是否有效。
- rs232_0_to_uart_ready：输出信号，表示 UART 发送器已准备好接收新的数据，通常由 UART 发送模块产生。
- rs232_0_UART_RXD：输入信号，外部 UART 接收数据线，连接到模块用于接收 UART 数据的接收端口。
- rs232_0_UART_TXD：输出信号，外部 UART 发送数据线，连接到模块用于发送 UART 数据的发送端口。

3. 查看时序

在 Platform Designer 查看串口模块发送数据的时序，如图 5-40 和图 5-41 所示。

图 5-40 查看时序页面 1

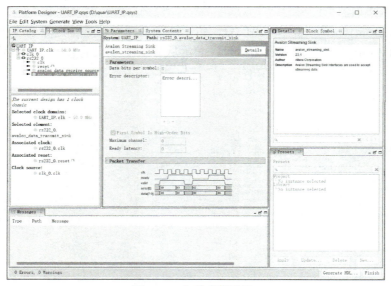

图 5-41　查看时序页面 2

4. 顶层文件

```verilog
module top2(
    input wire clk,          //50MHz 时钟
    //rst,//
    output reg led,          // 用于指示
    input wire rxd,
    output wire txd,
    inout dht_io
);
    //*****************************PROCESS****************************************
    // 复位模块
    reg rst_n;
    reg [15:0] delay_cnt;
    always@(posedge clk)
    begin
        if(delay_cnt>=16'd35530)begin
            delay_cnt <=delay_cnt;
            rst_n <=1'b1;
        end
        else begin
            rst_n <=1'b0;
            delay_cnt <=delay_cnt + 1'b1;
        end
    end
    // 指示灯
    //assign txd=led;
    reg [31:0] cnt;
    reg led_f1,tx_flag;
    always@(posedge clk)
    begin
        led_f1 <=led;
        tx_flag <=led&(~led_f1);
        if(cnt >=32'd25000000-1)
        begin
            cnt <=0;
```

44434

```verilog
            led <=~led;
        end
        else begin
            cnt <=cnt + 1'b1;
    end
end
//------------------------------------
localparam s_s1=0;
localparam s_s2=1;
localparam s_s3=2;
localparam s_s4=3;
reg [7:0] send_data;
reg to_uart_valid;    wire  uart_ready;
reg [2:0] send_st;
reg [7:0] data_cnt;
always@(posedge clk)
begin
    if(!rst_n)begin
        to_uart_valid <=1'b0;
        send_data <=8'd0;
        send_st<=s_s1;
        data_cnt <=8'd0;
    end
    else begin
        case(send_st)
            s_s1:begin// 待机
                    if(tx_flag)begin
                        send_st <=s_s2;
                        to_uart_valid <=1'b0;
                        data_cnt <=8'd0;
                        send_data <=9;
                    end
                    else begin
                        to_uart_valid <=1'b0;
                    end
            end
            s_s2:begin
                    if(data_cnt <=8'd8-1'b1  &&uart_ready)begin
                        to_uart_valid <=1'b1;
                        send_data <=data_cnt+1;
                        data_cnt <=data_cnt + 1'b1;
                        send_st <=(data_cnt >=8'd5-1) ? s_s3:s_s2;
                    end
            end
            s_s3:begin
                    to_uart_valid <=1'b0;
                    send_st <=s_s1;
                    data_cnt<=8'd0;
                end
            default:send_st <=s_s1;
        endcase
    end
end
IP_UART u0(
    //.rs232_0_from_uart_ready(<connected-to-rs232_0_from_uart_ready>),
//rs232_0_avalon_data_receive_source.ready
    //.rs232_0_from_uart_data  (<connected-to-rs232_0_from_uart_data>),  //.data
```

```
    //.rs232_0_from_uart_error(<connected-to-rs232_0_from_uart_error>),//.error
    //.rs232_0_from_uart_valid(<connected-to-rs232_0_from_uart_valid>),//.valid
    .rs232_0_to_uart_data    (send_data), // rs232_0_avalon_data_transmit_sink.data
    .rs232_0_to_uart_error (),           //   .error
    .rs232_0_to_uart_valid (to_uart_valid), // .valid
    .rs232_0_to_uart_ready(uart_ready),// 这是输出信号，用于指示是否就绪 .ready
    .rs232_0_UART_RXD        (rxd),      //    rs232_0_external_interface.RXD
    .rs232_0_UART_TXD        (txd),      //  .TXD
    .clk_clk (clk),                      //    clk.clk
    .reset_reset_n    (rst_n)            //    reset.reset_n
    );
endmodule
```

习题 5

5.1　在设计一个数字系统时，如果选择了双端口 ROM IP 核而实际应用中只使用一个读地址端口和一个读数据端口，这种设计选择会有哪些优缺点？

5.2　在使用 Vivado 进行 FPGA 设计时，选择 Distributed Memory Generator 和 Block Memory Generator 生成 ROM 或 RAM Core 时，应如何根据设计需求选择合适的生成器？这两种生成器在资源使用上的主要区别是什么？

5.3　在 Vivado 设计中，MMCM（Mixed-Mode Clock Manager）相较于传统的 PLL（Phase-Locked Loop）在时钟管理中有哪些优势？请具体描述 MMCM 在生成精度、灵活度和资源优化方面的优势，并举例说明其适用场景。

5.4　在 Vivado 中配置 MMCM IP 核时，如何设置时钟输出的相位偏移和占空比调整？

5.5　在 Quartus 中配置 FFT IP 核时，如何选择和配置适合定点 FFT 的实现方式，以优化资源使用和性能？

5.6　在定点可变流 FFT 中，对于长度为 N=16 的 FFT，数据流如何在前 8 个时钟周期和接下来的 8 个时钟周期中被处理？

5.7　在四次输出 FFT 引擎中，如何处理输入的复杂数据样本以实现高吞吐量？

5.8　在基于 Quartus 的设计中，如何通过 Avalon-MM 接口配置 UART IP 核的波特率、奇偶校验和数据位？

5.9　在 Quartus 中使用 UART IP 核时，如何确保正确配置波特率和时钟频率，以便实现稳定的串行通信？请描述相关的步骤和设置。

第6章
FPGA 实验与应用实例

由于 FPGA 具有灵活性高、可重构性强等特点，其在很多领域都能提供定制化、高性能、低功耗的解决方案，因此在近些年来 FPGA 受到了广泛的关注和应用，并成为各种应用领域中的重要选择之一。本章主要内容为可用于 FPGA 课程的实验的应用与设计实例，以期通过实例掌握 FPGA 设计的思想与基本流程。

6.1 分路器

视频
第 6 章 6.1

6.1.1 模块简介

分路器（Demux）可以将无线通信系统中线路上输入的多种频段信号分离为单一的频段输出到不同的通信线路中。在通信领域中，分路器是用来使电话通道与数据通道分离的装置，其实物图如图 6-1 所示。

功能：将一个输入信号分配到多个输出通道。

应用：常用于信号路由、数据分配等。

图 6-1　分路器

实现：设计一个 1 到 4 的分路器，根据选择信号将输入信号路由到不同的输出端。

6.1.2 模块代码

分路器模块 Verilog HDL 代码如下：

```verilog
module demux1to4(
    input wire [1:0] sel,   // 选择信号
    input wire in,          // 输入信号
    output reg [3:0] out    //4 路输出信号
);
// 在每个时钟周期，根据选择信号 sel 选择输出路
always@(*)begin
```

```
    case(sel)
        2'b00:out=4'b0001;//sel 为 00 时,out [0] 为输入信号
        2'b01:out=4'b0010;//sel 为 01 时,out [1] 为输入信号
        2'b10:out=4'b0100;//sel 为 10 时,out [2] 为输入信号
        2'b11:out=4'b1000;//sel 为 11 时,out [3] 为输入信号
        default:out=4'b0000;// 默认输出为 0
    endcase
    // 将输入信号 in 赋值给选中的输出信号
    out=out&{4{in}};
end

endmodule
```

6.1.3 仿真测试

1. 测试代码

为了验证模块代码是否都能实现设计要求，首先需要对设计出的模块进行计算机仿真。1 到 4 分路器模块的 Vivado 仿真测试代码如下：

```
// 分路器模块仿真测试

`timescale 1ns/1ps

module demux1to4_tb;

// 信号声明
reg [1:0] sel;
reg in;
wire [3:0] out;

// 实例化被测试模块
demux1to4 uut(
    .sel(sel),
    .in(in),
    .out(out)
);

// 初始化信号
initial begin
    // 初始化输入信号
    sel=2'b00;
    in=1'b0;

    // 施加测试向量
    #10 in=1'b1;sel=2'b00;// 输入信号1, 选择 0
    #10 in=1'b1;sel=2'b01;// 输入信号1, 选择 1
    #10 in=1'b1;sel=2'b10;// 输入信号1, 选择 2
    #10 $in=1'b1;sel=2'b11;// 输入信号1, 选择 3
    #10 in=1'b0;sel=2'b00;// 输入信号0, 选择 0
    #10 in=1'b0;sel=2'b01;// 输入信号0, 选择 1
    #10 in=1'b0;sel=2'b10;// 输入信号0, 选择 2
    #10 in=1'b0;sel=2'b11;// 输入信号0, 选择 3

    #10 $finish;// 仿真结束
end
```

```
endmodule
```
图 6-2、图 6-3 为 Demux 原理图和仿真图。

2. 结果分析

（1）仿真波形观察

1）时钟信号（clk）

本仿真中无时钟信号，但所有输入信号和选择信号每隔 10ns 周期改变一次。

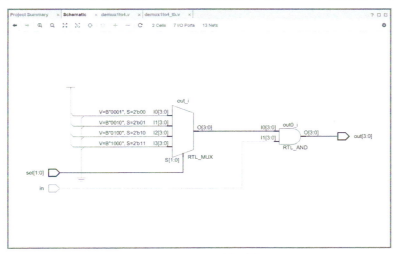

图 6-2　Demux 原理图

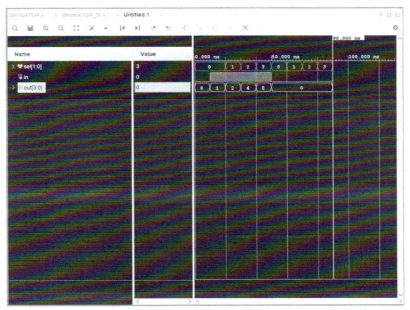

图 6-3　Demux 仿真图

2）选择信号（sel）

选择信号 sel 依次为 00、01、10、11，确保每路输出都被选择一次。

3）输入信号（in）

输入信号依次为 1、0，以验证输入信号在不同选择信号下的输出效果。

4）输出信号（out）

输出信号根据选择信号 sel 和输入信号 in 进行变化。

（2）仿真结果验证

1）10ns

sel=2'b00，in=1'b1

out=4'b0001

2）20ns

sel=2'b01，in=1'b1

out=4'b0010

3）30ns

sel=2'b10，in=1'b1

out=4'b0100

4）40ns

sel=2'b11，in=1'b1

out=4'b1000

5）50ns

sel=2'b00，in=1'b0

out=4'b0000

6）60ns

sel=2'b01，in=1'b0

out=4'b0000

7）70ns

sel=2'b10，in=1'b0

out=4'b0000

8）80ns

sel=2'b11，in=1'b0

out=4'b0000

3. 结果总结

（1）选择信号功能正确

不同的选择信号 sel 正确地选择了相应的输出路。

（2）输入信号正确传递

当输入信号为 1 时，相应的选择输出路输出为 1；当输入信号为 0 时，相应的选择输出路输出为 0。

（3）逻辑正确

整个分路器模块的逻辑符合设计预期，仿真结果验证了模块的正确性。

6.2 加法器

加法器（Adder）是一种常见的电子数字逻辑电路，用于对数字信号进行加法运算。它可以将两个或多个数字信号相加，并输出它们的和。在计算机和其他数字系统中，加法器是一种基本的逻辑单元，其工作原理对于理解数字电路和计算机原理至关重要。

6.2.1　模块简介

　　加法器的基本原理是利用逻辑门来实现数字信号的加法运算。在数字电路中，最常用的加法器是全加器，它可以对两个输入信号进行加法运算，并输出它们的和以及进位信号。全加器通常由 XOR 门、AND 门和 OR 门组成，通过这些逻辑门的组合，可以实现数字信号的加法运算。

　　当输入两个数字信号时，全加器首先对它们进行加法运算。XOR 门用于计算两个输入信号的和，AND 门用于计算进位信号，而 OR 门则用于将进位信号和求和信号相加，得到最终的输出结果。通过这种方式，全加器可以对两个数字信号进行加法运算，并输出它们的和以及进位信号。

　　除了全加器之外，还有半加器和 Ripple Carry 加法器等其他类型的加法器。半加器可以对两个输入信号进行简单的加法运算，但无法处理进位信号。而 Ripple Carry 加法器则可以对多位数字进行加法运算，通过级联多个全加器来实现对多位数字的加法运算。

　　除了基本的加法器外，还有一些高级的加法器，如带有溢出检测功能的加法器、带有进位预置功能的加法器等。这些高级加法器可以提供更多的功能和灵活性，使得数字信号的加法运算更加方便和高效。

　　总体来说，加法器是一种非常重要的数字逻辑电路，它可以对数字信号进行加法运算，并输出它们的和。通过逻辑门的组合，加法器可以实现简单的加法运算，同时也可以扩展到多位数字的加法运算。加法器的工作原理对于理解数字电路和计算机原理至关重要，它在数字系统和计算机中扮演着非常重要的角色。

　　功能：实现整数加法运算，处理两个或多个数字的和。

　　应用：广泛应用于算术计算、地址生成等。

　　实现：展示一个基本的 N 位加法器，包括进位生成和扩位处理。

6.2.2　模块代码

　　加法器（Adder）模块 Verilog HDL 代码如下：

```verilog
module adder_4bit(
    input wire [3:0] A,        //4 位输入 A
    input wire [3:0] B,        //4 位输入 B
    input wire Cin,            // 进位输入
    output wire [3:0] Sum,     //4 位和
    output wire Cout           // 进位输出
);

assign{Cout,Sum}=A + B + Cin;// 加法操作

endmodule
```

此代码实现了一个 4 位加法器模块。模块有两个 4 位输入 A 和 B，一个进位输入 Cin，以及一个 4 位的和输出 Sum 和一个进位输出 Cout。通过使用 assign 语句，将 A、B 和 Cin 相加，并将结果赋值给 Sum 和 Cout。

6.2.3 仿真测试

1. 仿真代码

Vivado 对加法器模块进行仿真的代码如下：

```
`timescale 1ns/1ps

module adder_4bit_tb;

// 信号声明
reg [3:0] A;
reg [3:0] B;
reg Cin;
wire [3:0] Sum;
wire Cout;

// 实例化被测试模块
adder_4bit uut(
    .A(A),
    .B(B),
    .Cin(Cin),
    .Sum(Sum),
    .Cout(Cout)
);

// 初始化信号
initial begin
    // 初始化输入信号
    A=4'b0000;
    B=4'b0000;
    Cin=1'b0;

    // 施加测试向量
    #10 A=4'b0001;B=4'b0010;Cin=1'b0;//1 + 2 + 0=3
    #10 A=4'b0101;B=4'b0011;Cin=1'b1;//5 + 3 + 1=9
    #10 A=4'b1111;B=4'b0001;Cin=1'b1;//15 + 1 + 1=17(with carry)
    #10 A=4'b1000;B=4'b0111;Cin=1'b0;//8 + 7 + 0=15
    #10 A=4'b0110;B=4'b0010;Cin=1'b1;//6 + 2 + 1=9
    #10 A=4'b1010;B=4'b1100;Cin=1'b0;//10 + 12 + 0=22(with carry)
    #10 $finish;// 仿真结束
end

endmodule
```

此代码实现了一个 4 位加法器模块的仿真。它首先实例化了被测试的 4 位加法器模块，然后在 initial 块中定义了一系列的测试向量，分别在不同时间点施加给输入信号 A、B 和 Cin。最后通过观察输出信号 Sum 和 Cout 来验证加法器的功能。

图 6-4、图 6-5 为 Adder 原理图、仿真图。

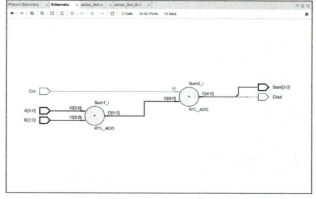

图 6-4　Adder 原理图

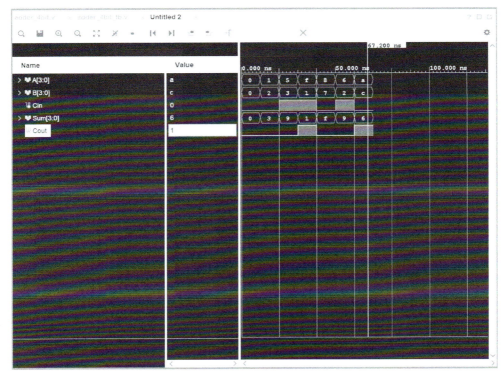

图 6-5　Adder 仿真图

2. 结果分析

（1）仿真波形观察

1）输入信号（A、B、Cin）

在不同的时间点，施加了不同的输入信号组合。

2）输出信号（Sum、Cout）

输出信号根据输入信号的和及进位计算得出。

（2）仿真结果验证

1）10ns

A=4'b0001，B=4'b0010，Cin=1'b0

Sum=4'b0011，Cout=1'b0（1 + 2 + 0=3）

2）20ns

A=4'b0101，B=4'b0011，Cin=1'b1

Sum=4'b1001，Cout=1'b0（5 + 3 + 1=9）

3）30ns

A=4'b1111，B=4'b0001，Cin=1'b1

Sum=4'b0001，Cout=1'b1（15+ 1+1=17，17=1+ 16）

4）40ns

A=4'b1000，B=4'b0111，Cin=1'b0

Sum=4'b1111，Cout=1'b0（8 +7 + 0=15）

5）50ns

A=4'b0110，B=4'b0010，Cin=1'b1

Sum=4'b1001，Cout=1'b0（6 +2+1=9）

6）60ns

A=4'b1010，B=4'b1100，Cin=1'b0

Sum=4'b0110，Cout`=1'b1（10 +12=22，22=6+ 16）

3. 结果总结

（1）正确的加法计算

在所有测试向量下，加法器的输出结果（Sum 和 Cout）均与预期一致，验证了加法器的正确性。

（2）进位处理正确

当输入信号和进位信号的和超过 4 位时，进位输出 Cout 正确地反映了高位进位。

通过仿真结果的分析，我们可以确认所设计的 4 位加法器模块功能正确，能够满足预期的设计要求。

视频
第 6 章 6.3

6.3 数字滤波器

数字滤波器（Digital Filter）是一个离散时间系统，通常按照预定的算法，将输入的离散时间信号或数字信号转化为所要求的离散时间或数值信号，相对于模拟滤波器而言，数字滤波器具有精度高、可靠性高、灵活性好、可程序控制调试的优点。

6.3.1 模块简介

根据冲激响应的时域特性，数字滤波器可分为无限长冲激响应滤波器（IIR）和有限长冲激响应滤波器（FIR）。IIR（Infinite Impulse Respond Filter，无限脉冲响应滤波器）也叫作递归型滤波器。FIR（Finite Impulse Respond Filter，有限脉冲响应滤波器），也叫作非递归型滤波器。FIR 滤波器实质上是一个分节的延迟线，把每一节的输出加权累加，便得到滤波器的输出。它的突出优点是：系统总是稳定的、易于实现线性相位、允许设计多通带（或多阻带）滤波器，但与 IIR 相比，在满足同样阻带衰减的情况下需要的阶数较高。滤波器的阶数越高，占用的运算时间越多，因此在满足指标要求的情况下应尽量减少滤波器的阶数。

FIR 滤波器的冲激响应 $h(n)$ 是有限长的，数学上 M 阶 FIR 滤波器可以表示为

$$y(n) = \sum_{i=0}^{M-1} h(i)x(n-i)$$

其系统函数为

$$H(z) = \sum_{n=0}^{M-1} h(n)z^{-n}$$

功能：处理数字信号以去除噪声或提取有用信息。

应用：信号处理、数据平滑。

实现：设计一个简单的 FIR 滤波器（有限脉冲响应滤波器），展示基本的滤波原理和实现。

6.3.2　模块代码

FIR 滤波器模块 Verilog HDL 代码如下：

```verilog
module fir_filter(
    input clk,           // 时钟信号
    input rst_n,         // 复位信号，低电平有效
    input signed [15:0] in,  // 输入信号
    output reg signed [15:0] out  // 输出信号
);

    // 系数定义
    parameter signed [15:0] COEFF0=16'h0A3D;  // 系数 0
    parameter signed [15:0] COEFF1=16'h1C72;  // 系数 1
    parameter signed [15:0] COEFF2=16'h2D93;  // 系数 2
    parameter signed [15:0] COEFF3=16'h1C72;  // 系数 3
    parameter signed [15:0] COEFF4=16'h0A3D;  // 系数 4

    // 寄存器定义，用于存储输入信号的历史值
    reg signed [15:0] delay_line [0:4];  // 延时线

    //FIR 滤波器的实现
    always@(posedge clk or negedge rst_n)begin
        if(! rst_n)begin
                // 复位时，延时线的所有值都清零
                delay_line [0] <=16'b0;
                delay_line [1] <=16'b0;
                delay_line [2] <=16'b0;
                delay_line [3] <=16'b0;
                delay_line [4] <=16'b0;
                out <=16'b0;
        end else begin
                // 移动延时线的值
                delay_line [4] <=delay_line [3];
                delay_line [3] <=delay_line [2];
                delay_line [2] <=delay_line [1];
                delay_line [1] <=delay_line [0];
                delay_line [0] <=in;

                // 计算输出
                out <=(delay_line [0] *COEFF0 +
                        delay_line [1] *COEFF1 +
                        delay_line [2] *COEFF2 +
                        delay_line [3] *COEFF3 +
                        delay_line [4] *COEFF4)>>> 16;
        end
    end

endmodule
```

6.3.3　仿真测试

1. 仿真代码

Quartus Prime 仿真代码如下：

```
`timescale 1ns/1ps

module fir_filter_tb;

    reg clk;                        // 时钟信号
    reg rst_n;                      // 复位信号，低电平有效
    reg signed [15:0] in;           // 输入信号
    wire signed [15:0] out;         // 输出信号

    // 实例化 FIR 滤波器模块
    fir_filter uut(
        .clk(clk),
        .rst_n(rst_n),
        .in(in),
        .out(out)
    );
    // 时钟生成
    initial begin
        clk=0;
        forever#5 clk=~clk;// 时钟周期为 10ns，每 5ns 翻转一次
    end

    // 测试输入
    initial begin
        // 初始化
        rst_n=0;// 复位信号低电平，触发复位
        in=0;     // 输入信号低电平
        #15;      // 等待 15ns
        rst_n=1;// 复位信号高电平，取消复位

        // 输入测试信号
        #10 in=16'h1000;// 输入信号
        #20 in=16'h2000;// 输入信号
        #20 in=16'h3000;// 输入信号
        #20 in=16'h4000;// 输入信号
        #20 in=16'h5000;// 输入信号
        #20 in=16'h0000;// 输入信号

        // 结束仿真
        #100 $stop;// 在结束时停止仿真
    end

endmodule
```

图 6-6、图 6-7 为 FIR 滤波器原理图、仿真图。

2. 结果分析

（1）时钟信号（clk）

时钟信号应按周期翻转，周期为 10ns，每 5ns 翻转一次。

（2）复位信号（rst_n）

初始状态为低电平，保持 15ns 后变为高电平。

当复位信号为低电平时，所有寄存器和输出应该被清零。

（3）输入信号（in）

输入信号依次为 0x1000、0x2000、0x3000、0x4000、0x5000。

输入信号的变化间隔为 20ns。

（4）输出信号（out）

输出信号根据 FIR 滤波器的系数和输入信号的历史值进行计算。

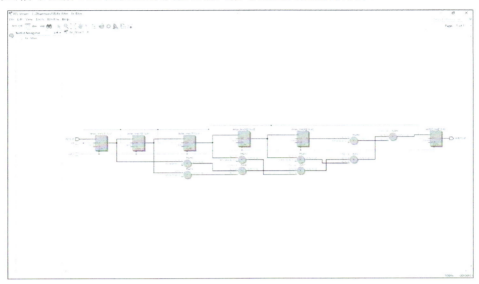

图 6-6　FIR 滤波器原理图

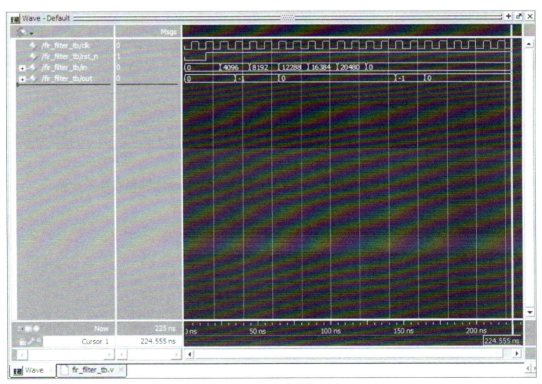

图 6-7　FIR 滤波器仿真图

3. 结果总结

（1）复位阶段

在复位期间，所有延时线寄存器和输出信号都应清零。仿真波形显示 rst_n 为低电平时，delay_line 和 out 信号为零。

（2）输入信号处理

当 rst_n 变为高电平时，滤波器开始处理输入信号。

输入信号依次为 0x1000、0x2000、0x3000、0x4000、0x5000，滤波器的输出信号应根据这些输入和滤波器系数进行计算。

视频
第 6 章 6.4

6.4 有限状态机

有限状态机（Finite State Machine，FSM）又称有限自动状态机，是一种用于设计逻辑电路的数学模型，广泛应用于硬件设计、软件开发和控制系统中。它拥有有限数量的状态，每个状态可以切换到零至多个状态，每个状态代表不同的意义。

6.4.1 模块简介

有限状态机可以表示为一个有向图，包括一组状态、一组输入和一组输出，以及状态之间的转换规则。FSM 的核心思想是系统在任意时间点只能处于一种状态，根据输入信号和当前状态决定下一个状态和输出。

图 6-8 为有向图。

功能：处理状态转换逻辑，根据输入和当前状态决定下一个状态。

应用：用于控制流程、事件驱动的系统。

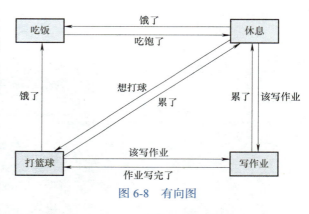

图 6-8　有向图

实现：设计一个简单的 FSM 示例，展示如何定义状态、状态转换和输出逻辑。

6.4.2 模块代码

有限状态机（FSM）模块 Verilog HDL 代码如下：

```
module fsm_example(
    input clk,          // 时钟信号
    input rst_n,        // 复位信号，低电平有效
    input in,           // 输入信号
    output reg out      // 输出信号
);

    // 状态定义
    localparam STATE_IDLE=2'b00;  // 空闲状态
    localparam STATE_ACTIVE=2'b01;// 活动状态

    // 当前状态和下一个状态
    reg [1:0] current_state,next_state;
```

```verilog
// 状态转换逻辑
always@(posedge clk or negedge rst_n)begin
    if(! rst_n)
        current_state <=STATE_IDLE;// 复位到初始状态
    else
        current_state <=next_state;// 更新当前状态
end
// 状态转换和输出逻辑
always@(*)begin
    // 默认输出和状态
    next_state=current_state;
    out=1'b0;

    case(current_state)
        STATE_IDLE:begin
            if(in)
                next_state=STATE_ACTIVE;// 输入高电平时，切换到活动状态
        end

        STATE_ACTIVE:begin
            out=1'b1;// 在活动状态时，输出高电平
            if(! in)
                next_state=STATE_IDLE;// 输入低电平时，切换回空闲状态
        end

        default:begin
            next_state=STATE_IDLE;// 默认状态为空闲状态
        end
    endcase
end

endmodule
```

6.4.3　仿真测试

1. 仿真代码

Quartus Prime 仿真代码如下：

```verilog
`timescale 1ns/1ps

module fsm_example_tb;

    reg clk;                // 时钟信号
    reg rst_n;              // 复位信号，低电平有效
    reg in;                 // 输入信号
    wire out;               // 输出信号

    // 实例化 FSM 模块
    fsm_example uut(
        .clk(clk),
        .rst_n(rst_n),
        .in(in),
        .out(out)
    );

    // 时钟生成
    initial begin
        clk=0;
        forever#5 clk=~clk;// 时钟周期为 10ns
    end

    // 测试输入
```

```
initial begin
    // 初始化
    rst_n=0;// 复位信号低电平
    in=0;    // 输入信号低电平
    #15;
    rst_n=1;// 复位信号高电平

    // 测试输入序列
    #10 in=1;// 输入信号高电平，切换到活动状态
    #20 in=0;// 输入信号低电平，切换回空闲状态
    #30 in=1;// 输入信号高电平，切换到活动状态
    #40 in=0;// 输入信号低电平，切换回空闲状态

    // 结束仿真
    #50 $stop;
end

endmodule
```

图 6-9、图 6-10 为 FSM 原理图、仿真图。

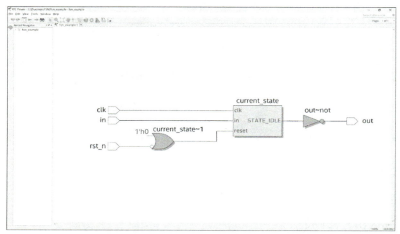

图 6-9　FSM 原理图

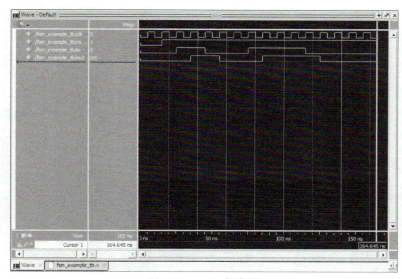

图 6-10　FSM 仿真图

2. 结果分析

（1）初始复位阶段

在 rst_n 为低电平时，FSM 初始化到 STATE_IDLE 状态，输出 out 为低电平。

复位信号 rst_n 在 15ns 时变为高电平，FSM 开始根据输入信号进行状态转换。

（2）状态转换

在 20ns 时，输入信号 in 变为高电平，FSM 从 STATE_IDLE 转换到 STATE_ACTIVE，输出 out 变为高电平。

在 40ns 时，输入信号 in 变为低电平，FSM 从 STATE_ACTIVE 转换回 STATE_IDLE，输出 out 变为低电平。

在 70ns 时，输入信号 in 再次变为高电平，FSM 从 STATE_IDLE 转换到 STATE_ACTIVE，输出 out 变为高电平。

在 100ns 时，输入信号 in 再次变为低电平，FSM 从 STATE_ACTIVE 转换回 STATE_IDLE，输出 out 变为低电平。

3. 结果总结

通过仿真结果波形可以验证 FSM 的功能：

在不同输入信号下，FSM 能够正确地在 STATE_IDLE 和 STATE_ACTIVE 状态之间转换。

输出信号 out 在 STATE_ACTIVE 状态时为高电平，在 STATE_IDLE 状态时为低电平。

6.5　PWM 发生器

PWM（Pulse Width Modulation）控制——脉冲宽度调制技术，通过对一系列脉冲的宽度进行调制，来等效地获得所需波形（含形状和幅值）。

6.5.1　模块简介

PWM 发生器的设计原理是基于面积等效原理，如图 6-11 所示。它是利用微处理器的数字输出来对模拟电路进行控制的一种非常有效的技术，其因控制简单、灵活和动态响应好等优点而成为电力电子技术最广泛应用的控制方式，其应用领域包括测量，通信，功率控制与变换，电动机控制、伺服控制、调光、开关电源，甚至某些音频放大器，因此学习 PWM 具有十分重要的现实意义。

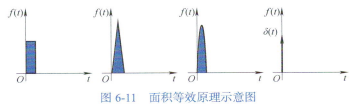

图 6-11　面积等效原理示意图

功能： 生成脉宽调制信号，用于调节输出信号的宽度，从而控制功率、亮度等。

应用： 用于电机速度控制、亮度调节等。

　　实现：设计一个基本的 PWM 生成器，展示如何设置频率和占空比，并控制输出信号的宽度。

6.5.2　模块代码

　　PWM 生成器模块 Verilog HDL 代码如下：

```
//PWM 发生器模块
module pwm_generator#(
    parameter WIDTH=8// 占空比位宽
)(
    input clk,// 时钟信号
    input rst_n,// 复位信号，低电平有效
    input [WIDTH-1:0] duty_cycle,// 占空比，范围为 0~255
    output pwm_out//PWM 输出信号
);

    // 计数器寄存器
    reg [WIDTH-1:0] counter;

    always@(posedge clk or negedge rst_n)begin
        if(! rst_n)
            counter <=0;// 复位计数器
        else
            counter <=counter + 1;// 计数器加 1

    end

    // 生成 PWM 信号
    assign pwm_out =(counter < duty_cycle) ? 1'b1:1'b0;

endmodule
```

1）该模块定义了一个简单的 PWM 发生器，使用一个 8 位计数器。

2）duty_cycle 输入定义了 PWM 信号的占空比，范围为 0 ~ 255。

3）counter 计数器在每个时钟周期递增。

4）pwm_out 输出信号根据计数器和占空比的比较结果生成 PWM 信号。

6.5.3　仿真测试

1. 仿真代码

Quartus Prime 仿真代码如下：

```
`timescale 1ns/1ps

module pwm_generator_tb;

    reg clk;
    reg rst_n;
    reg [7:0] duty_cycle;
    wire pwm_out;

    // 实例化 PWM 发生器模块
    pwm_generator#(
        .WIDTH(8)
```

```
)uut(
    .clk(clk),
    .rst_n(rst_n),
    .duty_cycle(duty_cycle),
    .pwm_out(pwm_out)
);

// 时钟生成
initial begin
    clk=0;
    forever#5 clk=~clk;// 时钟周期为 10ns
end

// 测试输入
initial begin
    // 初始化
    rst_n=0;
    duty_cycle=0;
    #15;
    rst_n=1;

    // 应用测试占空比
    #10 duty_cycle=8'd64;//25% 占空比
    #100 duty_cycle=8'd128;//50% 占空比
    #100 duty_cycle=8'd192;//75% 占空比
    #100 duty_cycle=8'd255;//100% 占空比
    // 等待一段时间以观察输出
    #200;

    // 结束仿真
    $stop;
end

endmodule
```

1）该模块生成时钟信号，周期为 10ns。

2）应用不同的占空比值以观察 PWM 输出信号。

3）在仿真过程中，通过 $stop 命令结束仿真。

图 6-12、图 6-13 为 PWM 原理图和仿真图。

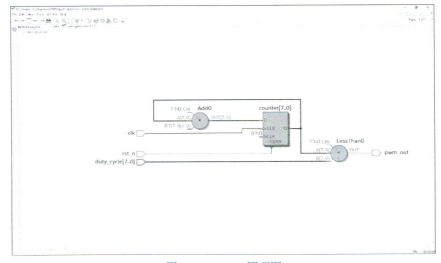

图 6-12　PWM 原理图

2. 环境设置

时钟周期：10ns（时钟频率为 100MHz）。

占空比测试值：0%，25%，50%，75%，100%。

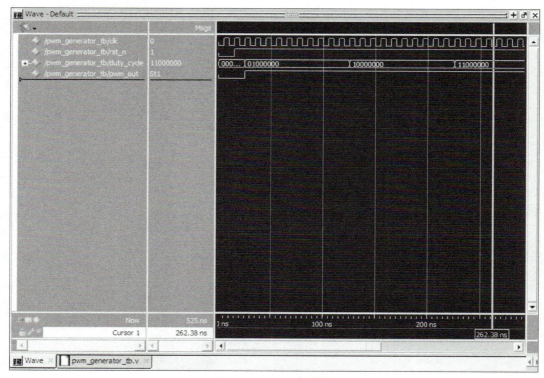

图 6-13　PWM 仿真图

3. 结果分析

（1）初始复位阶段

复位信号 rst_n 在开始时为低电平，PWM 输出信号 pwm_out 应该为 0。

复位信号 rst_n 在 15ns 时变为高电平，计数器 counter 开始计数。

（2）占空比为 25%（duty_cycle=64）

在时钟周期为 10ns 的情况下，每个计数周期为 256 个时钟周期（因为计数器为 8 位）。

当 duty_cycle 为 64 时，PWM 输出信号 pwm_out 在每个计数周期内为高电平的时间为 64 个时钟周期，低电平的时间为 192 个时钟周期。

仿真波形应显示 pwm_out 在每 256 个时钟周期内有 64 个时钟周期为高电平，192 个时钟周期为低电平。

（3）占空比为 50%（duty_cycle=128）

当 duty_cycle 为 128 时，PWM 输出信号 pwm_out 在每个计数周期内为高电平的时间为 128 个时钟周期，低电平的时间为 128 个时钟周期。

仿真波形应显示 pwm_out 在每 256 个时钟周期内有 128 个时钟周期为高电平，128 个时钟周期为低电平。

（4）占空比为 75%（duty_cycle=192）

当 duty_cycle 为 192 时，PWM 输出信号 pwm_out 在每个计数周期内为高电平的时间为 192 个时钟周期，低电平的时间为 64 个时钟周期。

仿真波形应显示 pwm_out 在每 256 个时钟周期内有 192 个时钟周期为高电平，64 个时钟周期为低电平。

（5）占空比为 100%（duty_cycle=255）

当 duty_cycle 为 255 时，PWM 输出信号 pwm_out 在每个计数周期内几乎全部为高电平，只有 1 个时钟周期为低电平。

仿真波形应显示 pwm_out 在每 256 个时钟周期内有 255 个时钟周期为高电平，1 个时钟周期为低电平。

4. 结果总结

通过仿真波形可以验证 PWM 发生器的功能：

在不同占空比设置下，pwm_out 信号的高低电平时长与期望一致。

占空比从 0% 到 100% 之间变化时，输出波形发生相应变化，验证了 PWM 信号生成的正确性。

视频
第 6 章 6.6

6.6 数字分频器

数字分频器（Digital Frequency Divider）就是将给定的某个频率的输入信号进行分频，最后得到需要的信号频率。

6.6.1 模块简介

利用计数的方法可以达到分频目的，具体做法是将输入周期信号作为计数脉冲，通过循环计数的方法控制输出信号的周期，从而达到分频的目的。图 6-14 为二分频器的输入输出波形图，输入信号为 Clk，输出信号为 Clk_div2，从图中波形可以看出输出信号频率是输入信号频率的二分之一。

图 6-14　二分频器基本原理

当 Clk 信号的上升沿到来时，Clk_div2 信号进行一次电平反转，因此每两个 Clk 周期对应一个 Clk_div2 周期。同理，通过计数的方式可以实现任意分频。首先分别定义分频时钟高、低电平的计数个数。在输出为低电平状态下，当计数器值小于分频时钟低电平计数个数时，输出保持为低电平；当计数器值等于分频时钟低电平计数个数时，计数器清零，输出反转为高电平。在输出为高电平状态下，当计数器值小于分频时钟高电平计数个数时，输出保持为高电平；当计数器值等于分频时钟高电平计数个数时，计数器清零，输出反转为低电平。

功能：将给定频率的输入信号进行分频，得到或输出所需频率的信号。

应用： 用于产生时钟信号、脉冲计数等。

实现： 设计一个分频器可以实现任意整数分频，输出信号为 50 MHz 的时钟信号，周期为 20 ns。

6.6.2 模块代码

数字分频器模块 Verilog HDL 代码如下：

```
module div_clk(
                clk,
                rst,
                clk_out
                );

    parameter HW=3;                  // 分频输出时钟高电平宽度为 3 个输入时钟周期
    parameter LW=2;                  // 分频输出时钟低电平宽度为 2 个输入时钟周期

    input clk,rst;                   // 输入时钟，复位信号
    output reg clk_out;              // 分频输出时钟

    reg [31:0] count;                // 分频控制计数器
    reg state;                       // 状态寄存器

    always@(posedge clk or negedge rst)
    begin
        if(! rst)                    // 异步复位
            begin
                clk_out <=1'b0;
                count <=0;
                state <=0;
            end
        else
            case(state)
            0:if(count < LW-1)       // 时钟低电平宽度控制
                    begin
                        count <=count+1;
                        state <=0;
                    end
                else
                    begin            // 当计数值等于 LW 时状态转移，同时输出反转
                        count <=0;
                        clk_out <=1;
                        state <=1;
                    end
            1:if(count < HW-1)       // 时钟高电平宽度控制
                    begin
                        count <=count+1;
                        state <=1;
                    end
                else
                    begin            // 当计数值等于 HW 时状态转移，同时输出反转
                        count <=0;
                        clk_out <=0;
                        state <=0;
                    end
            default:state <=0;

            endcase
    end
endmodule
```

通过修改参数 HW、LW 可以任意改变高低电平所需的分频个数，能够非常方便地实现任意分频的要求。

6.6.3　仿真测试

1. 仿真代码

Quartus Prime 仿真代码如下：

```
`timescale .1ns/1ps
module div_clk_tb;
    reg clk;                        // 时钟激励信号
    reg rst;                        // 复位激励信号
    wire clk_out;                   // 分频时钟输出
    initial begin                   // 初始化激励信号
        clk=0;
        rst=0;
        #50 rst=1;
    end
    always#10 clk=~clk;             // 产生50MHz时钟信号，每过10ns电平反转
        div_clk i1(                 // 将激励信号与分频器模块端口相连（实例化）
            .clk(clk),
            .rst(rst),
            .clk_out(clk_out));

endmodule
```

图 6-15～图 6-17 为数字分频器原理图和仿真图。

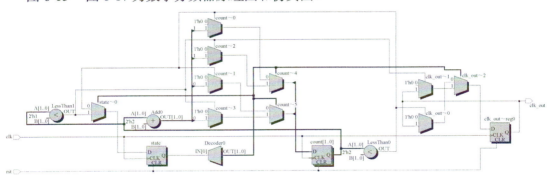

图 6-15　数字分频器原理图

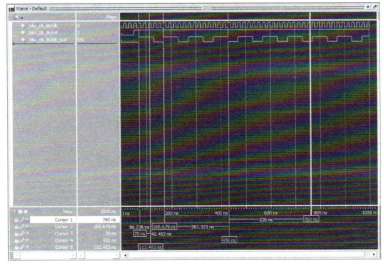

图 6-16　数字分频器仿真图 1（HW=3 LW=2）

2. 结果分析

由图 6-16 可知，参数 HW=3，LW=2 的分频器符合设计要求。为了进一步验证，将模块代码中 parameter HW 改为 2，LW 改为 3。模块参数值修改即可，测试平台代码保持不变。修改后模块仿真结果如图 6-17 所示。

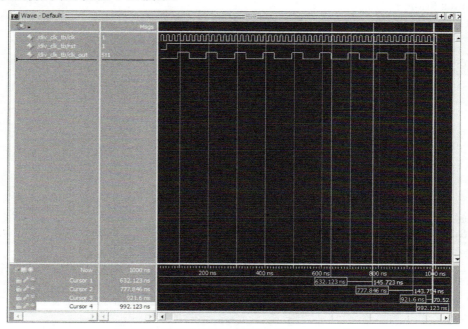

图 6-17　数字分频器仿真图 2（HW=2 LW=3）

6.7　多路选择器

多路选择器是一种数据选择器，在多路信号传输过程中可以通过多路选择器选择出某几路需要传输的信号。

6.7.1　模块简介

以 4 选 1 多路选择器为例，其结构如图 6-18 所示，通过地址选择端口 A1、A2，选择输入 D0、D1、D2、D3 四路信号中的一路作为输出信号 Y。

功能：具有多个输入一个输出，可根据控制信号选择将某个输入端的信号传送给输出端。

应用：可用于信号选择、数据转换、信号复用、状态保存、逻辑运算、时序控制等。

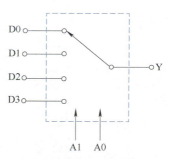

图 6-18　多路选择器原理图

实现：设计一个四选一数据选择器，输入数据位宽为 4 位，有四路数据通道，通过地址选择信号选择出一路数据作为输出端口的输出，四选一功能见表 6-1。

表 6-1　四选一功能表

A1	A0	输入 1	输入 2	输入 3	输入 4	输出
0	0	1	0	0	0	输入 1
0	1	0	1	0	0	输入 2
1	0	0	0	1	0	输入 3
1	1	0	0	0	1	输入 4

　　由表 6-1 可知，四选一数据选择器的数据输出由输入和地址选择信号共同决定。通过地址端口 A1，A0 选通信号实现数据选择功能，本设计输入数据位宽为 4 位，用户可以根据实际需求自己定义数据位宽。

6.7.2　模块代码

　　四选一数据选择器模块 Verilog HDL 代码如下：

```
module multiplexer(
                   data_a,
                   data_b,
                   data_c,
                   data_d,
                   out_addr,
                   data_out
                   );
input [3:0] data_a,data_b,data_c,data_d; // 定义输入端口为 input 类型且数据位宽为 4 位
input [1:0] out_addr;                     // 定义地址选择端口为 input 类型且数据位宽为 2 位

output reg [3:0] data_out;                // 定义输出端口为 output reg 类型且数据位宽为 4 位

always@(*)                                // 当输入数据改变时，总是执行 always 块中语句
   begin
      case(out_addr)                      // 判断 out_addr 的值，选择对应的输入端口作为输出
      2'b00:data_out=data_a;
      2'b01:data_out=data_b;
      2'b10:data_out=data_c;
      2'b11:data_out=data_d;
      endcase
   end
endmodule
```

6.7.3　仿真测试

1. 仿真代码

　　为了验证模块代码是否能实现设计要求，首先需要对设计出的模块进行计算机仿真，四选一数据选择器模块的仿真测试代码如下：

```
`timescale 1ns/1ps// 仿真时间单位为 ns, 精度为 ps

module multiplexer_tb;// 测试模块名

reg [3:0] data_a,data_b,data_c,data_d;// 仿真激励数据，4 位数据输入信号
reg [1:0] out_addr;// 仿真激励数据，2 位地址选择信号
```

```
wire [3:0] data_out;          // 仿真输出

initial begin
    // 对激励信号进行初始化赋值
    data_a = 4'b0000;          // 初始输入数据端口信号均为 0000
    data_b = 4'b0000;
    data_c = 4'b0000;
    data_d = 4'b0000;
    out_addr = 2'bxx;          // 初始化为未定义状态（可以是 00 或其他期望的状态）

    #50// 延迟 50ns 后，四路输入数据信号改变
    data_a = 4'b0001;
    data_b = 4'b0010;
    data_c = 4'b0100;
    data_d = 4'b1000;
    #50 out_addr = 2'b00; // 延迟 50ns 后，地址选择信号变为 00
    #100 out_addr = 2'b01;// 延迟 100ns 后，地址选择信号变为 01

    #50// 延迟 50ns 后，四路输入数据信号改变
    data_a = 4'b1110;
    data_b = 4'b1101;
    data_c = 4'b1011;
    data_d = 4'b0111;
    #50 out_addr = 2'b10; // 延迟 50ns 后，地址选择信号变为 10
    #100 out_addr = 2'b11;// 延迟 100ns 后，地址选择信号变为 11
    #200 $stop;// 延迟 200ns 后，停止仿真
end

// 将模块端口与测试平台实例化
multiplexer i1(
  .data_a(data_a),
  .data_b(data_b),
  .data_c(data_c),
  .data_d(data_d),
  .out_addr(out_addr),
  .data_out(data_out)
);

endmodule
```

图 6-19 和图 6-20 分别为四选一数据选择器原理图和仿真图。

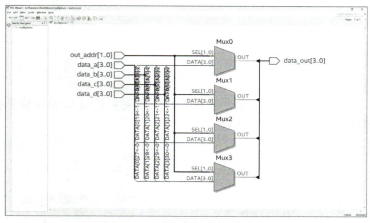

图 6-19　四选一数据选择器原理图

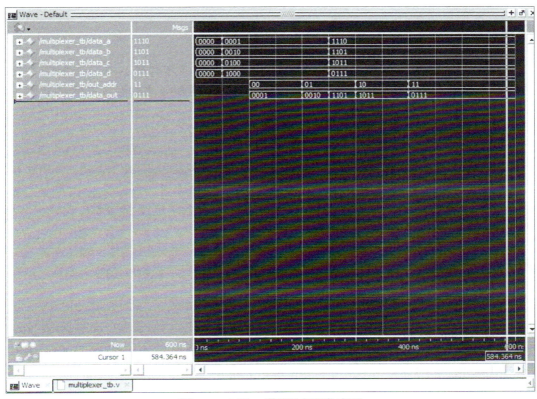

图 6-20　四选一数据选择器仿真图

2. 结果分析

由图 6-20 可知，当地址选择信号 out_addr 为 00 时，模块输出数据为 data_out=data_a；当地址选择信号 out_addr 为 01 时，模块输出数据为 data_out=data_b；当地址选择信号 out_addr 为 10 时，模块输出数据为 data_out=data_c；当地址选择信号 out_addr 为 11 时，模块输出数据为 data_out=data_d。同时，无论地址选择信号还是输入数据信号发生改变，都会刷新输出数据信号。仿真波形表明，该四选一数据选择器模块能够满足设计要求。

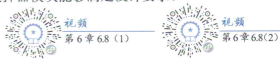

视频
第 6 章 6.8（1）

视频
第 6 章 6.8（2）

6.8　BCD 与二进制转换

BCD 码就是通过四位二进制数表示一位十进制数，例如十进制数 1 表示为'0001'，2 表示为'0010'，…，9 表示为'1001'；多位十进制数，如'129'的 BCD 码表示为'0001 0010 1001'。

但是 BCD 码不能直接进行算术运算，如'129'、'230'的 BCD 码分别为'0001 0010 1001'、'0010 0011 0110'，'129+236'显然不能用它们的 BCD 码直接相加（四位 BCD 码的范围为'0000'到'1001'）。由于计算机采用的是二进制运算方式，因此需要在进行算术运算时先把 BCD 码转换为二进制码，然后通过二进制形式进行运算，最后将结果再由二进制码转换为 BCD 码。为了实现这一过程，可以通过编写 BCD 与二进制的转换电路进行实现。

6.8.1 模块简介

BCD 与二进制有多种转换方式，其基本思想都是逐步移位。本节介绍一种比较简单的转换方式，这种转换方式借助 FPGA 片内乘法器和加法器实现。具体实现过程如下：

（1）二进制转 BCD

以十进制数 123 为例说明，其二进制表示为 '1111011'，而 BCD 码需要 12 位（3×4 位）。将二进制转换为 BCD 形式，可以按照由高位向低位逐位转换，最高位为百位，而百位数字可以通过除以 100 取整得到，即 123/100 取整得 1；十位数字可以通过除以 10 取整后除以 10 求余得到，即（123/10）取整为 12，12%10 得 2；个位数字可以直接除以 10 求余得到，即 123%10 得 3。

FPGA 存在加法器、乘法器，同时 7'b1111011/100 这样的语法是允许的，在这一运算中默认首先将 100 转换为二进制形式 7'b1100100，然后进行二进制数的除法运算，最终得到 1，然后将结果赋值给 4 位 BCD 码，即 0001。

（2）BCD 转二进制

BCD 转二进制是上述过程的逆过程，123 的 BCD 表示形式为 '0001 0010 0011'，123=1*100+2*10+3，这样 123 的二进制形式可以直接表示为 Bin=4'b0001*100+4'b0010*10+4'b0011，Bin=1100100+10100+11，Bin 最后为 1111011。

功能：BCD 码与二进制数互相转换。

应用：数据存储、数据运算、逻辑控制等。

实现：实现任意 16 位 BCD 码和二进制数的互换。

6.8.2 模块代码

首先是二进制转 BCD 模块代码：

```
module BIN2BCD(BIN_IN,BCD_OUT);
    input [15:0] BIN_IN;                    //输入为 16 位二进制数
    output [15:0] BCD_OUT;                  //输出为 16 位 BCD 码

    assign BCD_OUT [15:12] =BIN_IN/1000;        //千位
    assign BCD_OUT [11:8] =(BIN_IN/100)%10;     //百位
    assign BCD_OUT [7:4] =(BIN_IN/10)%10;       //十位
    assign BCD_OUT [3:0] =BIN_IN%10;            //个位
endmodule
```

然后是 BCD 转二进制模块代码：

```
module BCD2BIN(BCD_IN1,BCD_IN2,BIN_OUT1,BIN_OUT2);
    input [15:0] BCD_IN1,BCD_IN2;               //定义两个 16 位 BCD 输入端口
    output [15:0] BIN_OUT1,BIN_OUT2;            //对应的两个 16 位二进制数输出端口
    assign  BIN_OUT1 [15:0] =BCD_IN1 [15:12] *1000 + BCD_IN1 [11:8] *100 +
                    BCD_IN1 [7:4] *10+ BCD_IN1 [3:0] ;
    assign  BIN_OUT2 [15:0] =BCD_IN2 [15:12] *1000 + BCD_IN2 [11:8] *100 +
                    BCD_IN2 [7:4] *10+ BCD_IN2 [3:0] ;

endmodule
```

上述实现方式的优点是代码编写过程简单易懂，缺点是需要额外消耗 FPGA 片内逻辑

资源，因此在片内资源充裕的情况下此种设计方法可行，此外仍需采用逐步移位的设计方法。本节不再罗列具体实现过程，感兴趣的读者可以自行查阅资料。

6.8.3　仿真测试

1. 仿真代码

二进制转 BCD 模块测试平台代码如下：

```verilog
`timescale 1ns/1ps                          // 时间单位 1ns, 精度 1ps
module BIN2BCD_tb;
    reg [15:0] BIN_IN;                       // 激励信号
    wire [15:0] BCD_OUT;                     // 输出
    initial                                  // 初始化激励
    begin
        #5
        BIN_IN=16'b0000000001111011;    //123
        #10
        BIN_IN=16'b0000010011010010;    //1234
        #10
        BIN_IN=16'b0010011010010100;    //9876
        #10 $finish;                         // 仿真结束
    end
    BIN2BCD i1(                              // 实例化端口
            .BIN_IN(BIN_IN),
            .BCD_OUT(BCD_OUT)
            );
endmodule
```

BCD 转二进制模块测试平台代码如下：

```verilog
`timescale 1ns/1ps  // 时间单位为 1ns, 精度为 1ps
module BCD2BIN_tb;
    reg [15:0] BCD_IN1,BCD_IN2;
    wire [15:0] BIN_OUT1,BIN_OUT2;

    initial
    begin
        #5
        BCD_IN1=16'h0123;  // 输入值为 BCD 码 0123
        BCD_IN2=16'h3210;  // 输入值为 BCD 码 3210
        #10
        BCD_IN1=16'h1234;  // 输入值为 BCD 码 1234
        BCD_IN2=16'h4321;  // 输入值为 BCD 码 4321
        #10
        BCD_IN1=16'h9876;  // 输入值为 BCD 码 9876
        BCD_IN2=16'h6789;  // 输入值为 BCD 码 6789
        #10 $finish;  // 完成仿真
    end

    BCD2BIN i1(
        .BCD_IN1(BCD_IN1),
        .BCD_IN2(BCD_IN2),
        .BIN_OUT1(BIN_OUT1),
        .BIN_OUT2(BIN_OUT2)
    );
endmodule
```

图 6-21 ～图 6-24 为二进制转 BCD 及 BCD 转二进制原理图、二进制转 BCD 及 BCD 转二进制仿真图。

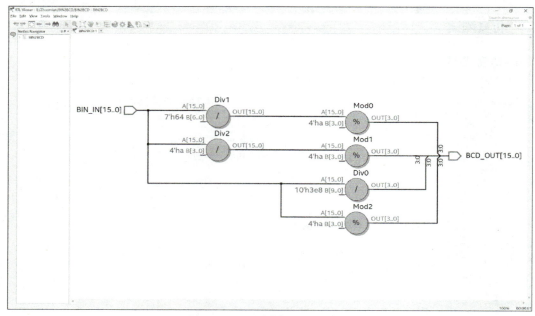

图 6-21　二进制转 BCD 原理图

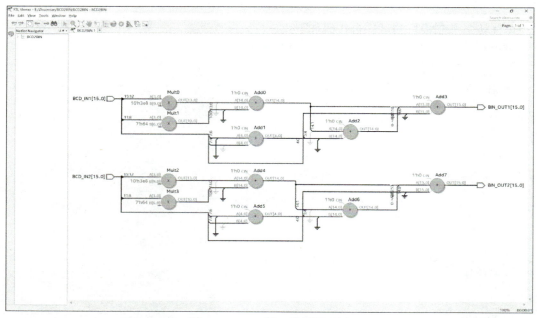

图 6-22　BCD 转二进制原理图

2. 结果分析

二进制转 BCD 仿真结果如图 6-23 所示。其中 BIN 和 BCD 都采用二进制和十进制两种表示形式，由图可知 123、1234、9876 均从二进制形式成功转换为 BCD 码形式。BCD 转二进制仿真结果如图 6-24 所示。

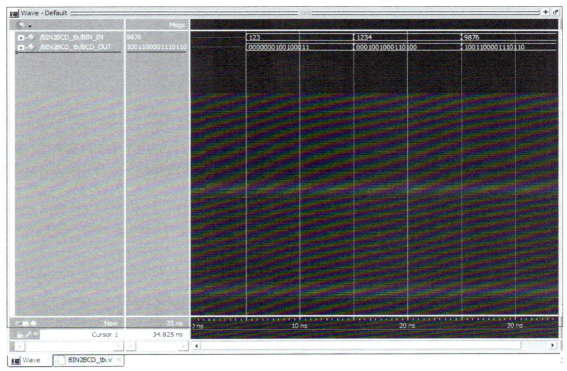

图 6-23　二进制转 BCD 仿真图

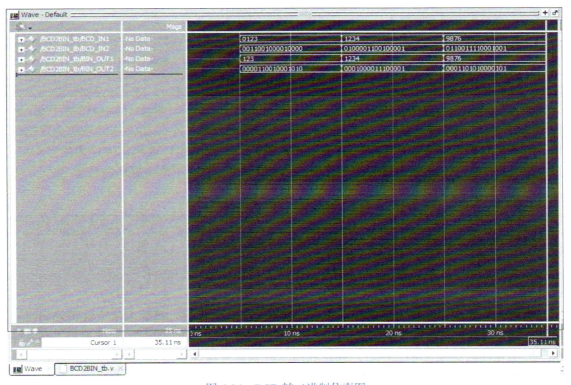

图 6-24　BCD 转二进制仿真图

6.9　数码管显示

6.9.1　模块简介

数码管是一种常见外设，为了实现数码管的驱动和显示，首先需要了解数码管显示的原理。7 段式数码管是由 7 个发光二极管组成，这 7 个发光二极管有一个公共端。公共端必须接 GND 或者接 VCC，公共端接 GND 的数码管称为共阴极数码管，公共端接 VCC 的数码管称共阳极数码管。7 段式数码管结构如图 6-25 所示，由图可知发光二极管分别为 a，b，c，d，e，f，g 七小段和小数点 dp。共阴极数码管每一小段均为高电平点亮，共阳极数码管每一小段均为低电平点亮。

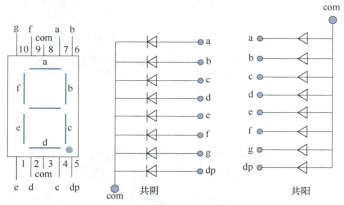

图 6-25　数码管结构图

通过控制不同小段的亮灭的组合，显示出不同数字或字母。例如，阿拉伯数字 2，通过点亮 a、b、d、e、g，熄灭 c、f、dp 实现。控制数码管每一小段亮灭的信号称为段选信号，若希望数码管显示某个数字，只要给数码管的 7 个段选接口送相应的译码信号即可。表 6-2 列出了对 a～dp 进行编码得到相应的显示数字或字母（不带小数点显示）。

表 6-2　编码表

数字 / 字符	0	1	2	3	4	5	6	7
编码（十六进制）	3f	06	5b	4f	66	6d	7d	07
数字 / 字符	8	9	A	B	C	D	E	F
编码（十六进制）	7f	6f	77	7c	39	5e	79	71

单数码管的显示一般为静态显示方式，数码管常亮。但是，当要求多个数码管同时显示时，为了节约资源，通常采用动态扫描方式使多个数码管"同时显示"。这里的"同时显示"并不是同时点亮全部数码管，而是利用人眼视觉暂留现象达到"同时显示"的效果。简单地说，只要扫描频率超过眼睛的视觉暂留频率就可以达到点亮单个数码管，却能享有多个数码管同时显示的视觉效果，并且显示也不闪烁。多个数码管显示时，位选信号控制

数码管是否选通。

功能： 可以单独显示一个数字或字符，也可以通过多位数码管同时显示多个数字或字符。

应用： 电子计时器、仪表仪器、电子钟表、数码显示屏、数字仪表盘等。

实现： 设计一个共阴 7 段数码管控制接口，要求在时钟信号的控制下，使 4 位数码管动态刷新显示 0～F，同时将所显示数据的二进制形式通过发光二极管表示出来。模块结构如图 6-26 所示，seg［7：0］连接数码管段选端口，sel［3：0］连接数码管位选端口，num［3：0］连接四个发光二极管。

图 6-26　共阴 7 段数码管控制接口

6.9.2　模块代码

下面给出一种 7 段式数码管动态显示模块代码：

```
module seg7(clk,rst,sel,seg,num);
input clk;                                // 时钟信号
input rst;                                // 复位信号
output reg [3:0] sel;                     // 数码管位选端口
output reg [7:0] seg;                     // 数码管段选端口
output reg [3:0] num;                     // 显示的数字或字母的输出端口
reg [31:0] counter_5kHz;                  // 计数器1，控制扫描频率为5kHz
reg [31:0] counter_1Hz;                   // 计数器2，控制所要显示的数据1s更新一次
reg [1:0] pos;                            // 数码管位选控制信号
always@(posedge clk or negedge rst)
    begin
        if(! rst)                         // 复位键按下，初始化
        begin
            seg<=8'b0000_0000;
            sel<=4'b1111;
            counter_1Hz<=0;
            counter_5kHz<=0;
            num<=0;
            pos<=0;
        end

        else
        begin
            if(counter_1Hz<5000_0000)     // 显示数据刷新控制
                                          // 未达到计数值，数据保持且计数器加一
            begin
                counter_1Hz<=counter_1Hz+1;
            end
            else                          // 达到计数值，数据刷新且计数器清零
            begin
                num<=num+1;
                counter_1Hz<=0;
            end

            case(num)                     // 判断数据值，将对应数码管显示编码赋给段选端口

                4'b0000:seg<=8'b0011_1111;
```

```
                4'b0001:seg<=8'b0000_0110;
                4'b0010:seg<=8'b0101_1011;
                4'b0011:seg<=8'b0100_1111;
                4'b0100:seg<=8'b0110_0110;
                4'b0101:seg<=8'b0110_1101;
                4'b0110:seg<=8'b0111_1101;
                4'b0111:seg<=8'b0000_0111;
                4'b1000:seg<=8'b0111_1111;
                4'b1001:seg<=8'b0110_1111;
                4'b1010:seg<=8'b0111_0111;
                4'b1011:seg<=8'b0111_1100;
                4'b1100:seg<=8'b0011_1001;
                4'b1101:seg<=8'b0101_1110;
                4'b1110:seg<=8'b0111_1001;
                4'b1111:seg<=8'b0111_0001;
                default:seg<=8'b0000_0000;
            endcase
            if(counter_5kHz<1_0000)            // 数码管动态扫描，扫描频率 5kHz
                                               // 未达到计数值，位选控制信号保持且计数器加一
            begin
                counter_5kHz<=counter_5kHz+1;
            end
            else                               // 达到计数值，位选控制信号刷新且计数器清零
            begin
                pos<=pos+1;
                counter_5kHz<=0;
            end
            case(pos)                          // 判断数码管位选控制信号，将对应位选信号赋给位选端口
                2'b00:sel<=4'b1110;
                2'b01:sel<=4'b1101;
                2'b10:sel<=4'b1011;
                2'b11:sel<=4'b0111;
                default:sel<=8'b1111;
            endcase
        end
    end
endmodule
```

6.9.3　仿真测试

1. 仿真代码

上述模块测试代码如下，在测试模块中只需要产生一个时钟激励和实例化。

```
`timescale 1ns/1ps
module seg7_tb;
    reg clk;                                   // 时钟
    reg rst;                                   // 复位
    wire [3:0] sel;                            // 位选端口
    wire [7:0] seg;                            // 段选端口
    wire [3:0] num;                            // 数据输出端口
    initial begin
        clk=0;
        rst=0;
        #20 rst=1;

    end
```

```
always#10 clk=~clk;                    // 产生一个 50MHz 的时钟激励
seg7 i1(
        .clk(clk),
        .rst(rst),
        .sel(sel),
        .seg(seg),
        .num(num)
        );
endmodule
```

图 6-27、图 6-28 为数码管动态显示原理图及仿真图。

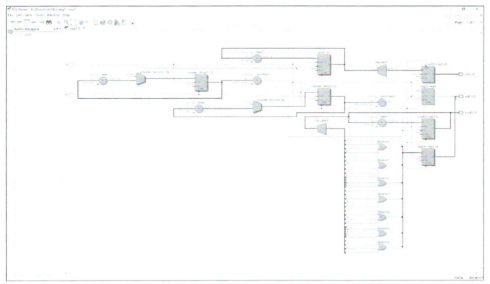

图 6-27　数码管动态显示原理图

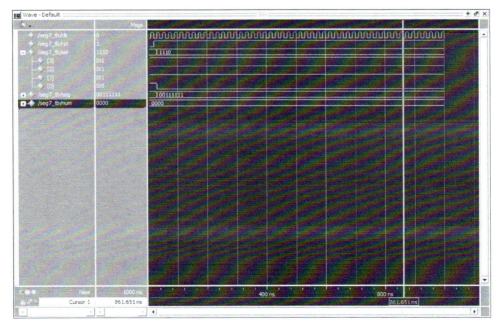

图 6-28　数码管动态显示仿真图

2. 结果分析

由仿真波形可以看出，每隔一个数据刷新周期，数码管段选信号和对应二进制信号同步更新。数码管位选信号按扫描频率更新，sel 端口低电平表明选通与之相连的数码管，高电平则未选通。因此，该模块达到设计要求。

视频
第 6 章 6.10

6.10　VGA 显示驱动

VGA（Video Graphics Array）是 IBM 在 1987 年推出的一种视频传输标准，VGA 广泛用于计算机显示，是一种显示设备制造商普遍通用的最低标准。个人计算机在加载自己的独特驱动程序之前，都必须支持 VGA 的标准。

6.10.1　模块简介

VGA 支持在 640×480 像素的较高分辨率下同时显示 16 种色彩或 256 种灰度，同时在 320×240 像素分辨率下可以同时显示 256 种颜色。

在 VGA 基础上加以扩充，使其支持更高分辨率如 800×600 像素或 1024×768 像素，这些扩充的模式就称之为 VESA（Video Electronics Standards Association，视频电子标准协会）的 Super VGA 模式，简称 SVGA，现在的显卡和显示器都支持 SVGA 模式，VGA 接口就是显卡上输出模拟信号的接口，也叫 D-Sub 接口，传输红、绿、蓝模拟信号以及同步信号（水平和垂直信号）。

VGA 接口共有 15 针，分成 3 排，每排 5 个孔，如图 6-29 所示，是显卡上应用最为广泛的接口类型，绝大多数显卡都带有此种接口。它传输红、绿、蓝模拟信号以及同步信号（水平和垂直信号）。

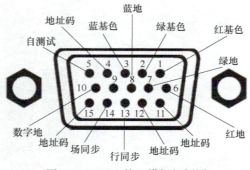

图 6-29　VGA 接口横切解析图

1. 扫描方式

VGA 显示器扫描方式为逐行扫描，从屏幕的左上方开始，从左到右、从上到下进行逐行扫描，扫描完一场后对 CRT 电子束进行消隐，同时每行扫描结束时用行同步信号进行行同步，如图 6-30 所示。扫描完所有行，形成一帧，同时用场同步信号进行场同步，然后从左上方开始重新扫描，进入下一帧，如图 6-31 所示。在扫描中，最重要的就是行、场同步时序。

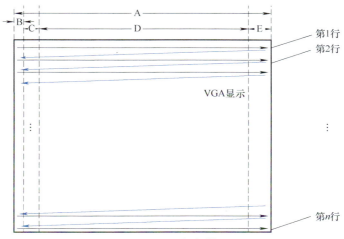

图 6-30 逐行扫描

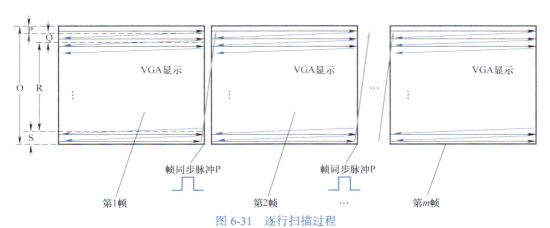

图 6-31 逐行扫描过程

2. 行帧时序

行时序如图 6-32 所示。

图 6-32 行时序图

帧时序如图 6-33 所示。

图 6-33 帧时序图

在 VGA 中，行时序和帧时序都需要同步脉冲（B、P 段）、显示后沿（C、Q 段）、显示时段（D、R 段）、显示前沿（E、S 段）四部分。VGA 工业标准显示模式规定：行同步、帧同步均为负极性脉冲同步。

由 VGA 行时序可知：每一行都有一个负极性同步脉冲（B 段），是数据行结束的标志，也是下一行开始的标志。在行有效显示区域中 R、G、B 信号有效，此外区域图像不投射到屏幕上。

VGA 有许多显示标准，表 6-3 列出了常用标准。

表 6-3 VGA 常用标准

显示模式	时钟 /MHz	行时序（像素数）					帧时序（行数）				
		B	C	D	E	A	P	Q	R	S	O
640×480@60	25.175	96	48	640	16	800	2	33	480	10	525
640×480@75	31.5	64	120	640	16	840	3	16	480	1	500
800×600@60	40	128	88	800	40	1056	4	23	640	1	668
800×600@75	49.5	80	160	800	16	1056	3	21	640	1	665
1024×768@60	65	136	160	1024	24	1344	6	29	768	3	806
1024×768@75	78.8	176	176	1024	16	1392	3	28	768	1	800
1280×1024@60	108	112	248	1280	48	1688	3	38	1024	1	1066
1280×800@60	83.46	136	200	1280	64	1680	3	24	800	1	828
1440×900@60	106.47	152	232	1440	80	1904	3	28	900	1	932

本设计采用 640×480@60 显示标准（行数为 480，列数为 640，刷新频率为 60Hz）。

行时序：屏幕对应每行扫描像素数为 800（A=B+C+D+E），显示列为 640（D）。

帧时序：屏幕对应每帧扫描行数为 525（O=P+Q+R+S），显示行为 480（R）。

屏幕显示有效区域如图 6-34 所示。

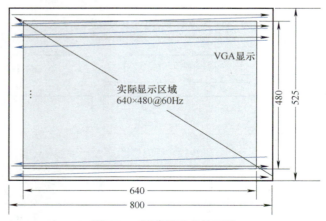

图 6-34 屏幕显示有效区域

功能：将计算机内部以数字方式生成的显示图像信息转换为模拟信号，以便连接到模拟显示设备。

应用：家用电视机、台式计算机、VGA 显示器等。

实现：编写 VGA 显示驱动模块，实现 VGA 显示器的蓝屏显示和彩条显示。

6.10.2 模块代码

VGA 驱动模块代码如下：

```
module VGA(clk,rst,Hs,Vs,Rl,Gl,Bl);

input clk,rst;
output reg Hs,Vs;                    // 行同步信号、场同步信号
output reg [7:0] Rl,Gl,Bl;           //8 位 R、G、B 分量 ,24 位表示一个像素值
reg [9:0] Hcnt,Vcnt;                 //Hcnt 行计数  Vcnt 列计数
parameter A=800;                     //Line Period  行扫描周期
parameter B=96;                      //Sync pulse  行同步脉冲
parameter C=48;                      //Back porch  显示后沿
parameter D=640;                     //Display interval 显示时段
parameter E=16;                      //Front porch  显示前沿
parameter O=525;                     //Frame Period 场扫描周期
parameter P=2;                       //Sync pulse  场同步脉冲
parameter Q=33;                      //Back porch  显示后沿
parameter R=480;                     //Display interval 显示时段
parameter S=10;                      //Front porch  显示前沿
always@(posedge clk or negedge rst)
begin
    if(!rst)
        begin
        Hcnt<=0;Vcnt<=0;
        end
    else if(Hcnt==A-1)          // 行、列计数控制
        begin
        if(Vcnt==O-1)
            begin
            Vcnt<=0;
            end
        else
            begin
            Vcnt<=Vcnt+1;
            end
        Hcnt<=0;
        end
    else
        Hcnt<=Hcnt+1;
end

always@(posedge clk)              // 行、场同步脉冲控制
begin
    if(Hcnt<=B-1)
        Hs<=0;
    else
        Hs<=1;
    if(Vcnt<=P-1)
        Vs<=0;
    else
        Vs<=1;
end
always@(posedge clk)              //R、G、B 颜色控制
```

```
begin
    if((Vcnt<=P+Q-1)||(Vcnt>=P+Q+R))                         // 显示区域以外不显示颜色
        begin
        Rl<=0;Gl<=0;Bl<=0;
        end
    else
        begin
        if((Hcnt<=B+C-1)||(Hcnt>=B+C+D))
            begin
            Rl<=0;Gl<=0;Bl<=0;
            end
    else
        begin
        //Rl<=0;Gl<=0;Bl<=255;// 蓝屏
            if((Vcnt>=P+Q)&&(Vcnt<=P+Q+160))                 // 前 160 行显示红色
                begin
                    Rl<=255;Gl<=0;Bl<=0;
                    end
            else if((Vcnt>=P+Q+160)&&(Vcnt<=P+Q+320))       // 中间 160 行显示绿色
                begin
                    Rl<=0;Gl<=255;Bl<=0;
                    end
            else                                             // 后 160 行显示蓝色
                begin
                    Rl<=0;Gl<=0;Bl<=255;
                    end
            end
        end
    end
end
endmodule
```

6.10.3 仿真测试

1. 仿真代码
仿真测试平台代码如下：

```
`timescale 10 ns/1 ps
module VGA_tb();
reg clk,rst;
wire [7:0] Rl,Gl,Bl;
wire Hs,Vs;
VGA i1(
    .Bl(Bl),
    .Gl(Gl),
    .Hs(Hs),
    .Rl(Rl),
    .Vs(Vs),
    .clk(clk),
    .rst(rst)
        );
initial
begin
    clk=0;
    rst=0;
    #10 rst=1;
$display("Running testbench");
```

```
end
always#5 clk=~clk;
endmodule
```
图 6-35、图 6-36 为 VGA 驱动原理图、仿真图。

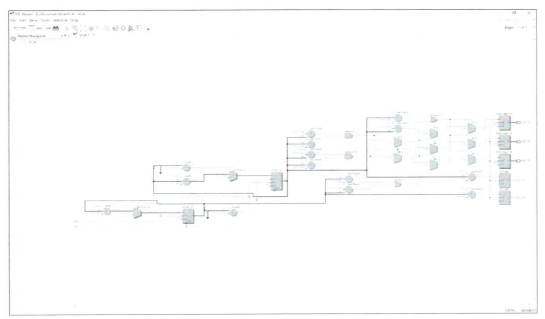

图 6-35　VGA 驱动原理图

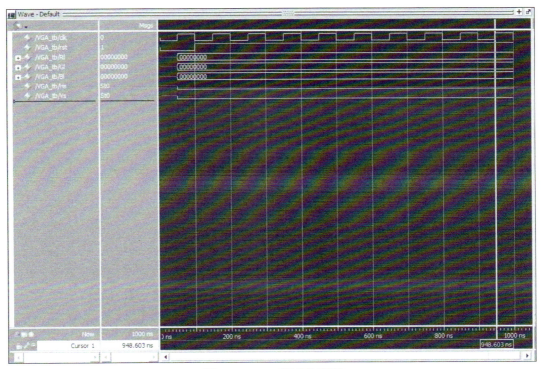

图 6-36　VGA 驱动仿真图

2. 结果分析

图 6-36 是屏幕显示彩条的仿真结果。可以看到 R、G、B 三色信号交替更新，颜色信号端口为 00000000 时，无对应颜色信号输出；颜色信号端口为 11111111 时，对应颜色信号色彩饱和度达到最大。这样，屏幕从上到下依次出现红、绿、蓝三种纯色彩条。场同步信号 Vs 低电平脉冲位于蓝色信号输出结束后，红色信号输出开始前，对应了下一帧的开启。场同步信号符合帧时序要求。

习题 6

6.1　什么是带数据通道的有限状态机 FSM？将有限状态机划分成数据通道和控制器两部分组成的结构有什么好处？

6.2　什么是 DSP？硬件实现 DSP 有什么好处？FPGA 实现 DSP 有什么特点？

6.3　什么是基于平台的设计方法？软 / 硬件协同设计在基于平台的设计方法中有什么作用？

6.4　为什么强调在数字系统设计中要采用同步设计？哪些技术可以解决同步设计中的异步问题？

6.5　数字系统的集成电路可以在哪些不同的级别上进行设计综合？结合数字系统结构了解各个级别上设计综合的特点。

6.6　描述硬件和软件更新之间的关系。如果软件有更新，将会发生什么？硬件是否需要重新进行综合和实现？

6.7　用 if-else 语句设计一种四选一多路选择器，给出 Verilog HDL 模块代码和仿真代码。

6.8　设计一个周期为 40 个时间单位的时钟信号，其占空比为 20%，使用 always、initial 块进行设计，设初始时刻时钟信号为 0。

参 考 文 献

[1] CILETTI M D. Verilog HDL 高级数字设计 [M]. 李广军，林水生，阎波，等译 . 2 版 . 北京：电子工业出版社，2014.

[2] 何宾，张艳辉 . Xilinx FPGA 数字信号处理系统设计指南：从 HDL、Simulink 到 HLS 的实现 [M]. 北京：电子工业出版社，2019.

[3] 任文平，申东娅，何乐生，等 . 基于 FPGA 技术的工程应用与实践 [M]. 北京：科学出版社，2018.

[4] 孟宪元，陈彰林，陆佳华 . Xilinx 新一代 FPGA 设计套件 Vivado 应用指南 [M]. 北京：清华大学出版社，2014.

[5] 杜勇 . 零基础学 FPGA 设计：理解硬件编程思想 [M]. 北京：电子工业出版社，2023.

[6] 刘明章 . 基于 FPGA 的嵌入式系统设计 [M]. 北京：国防工业出版社，2007.

[7] 向强 . 基于 FPGA 的通信系统综合设计实践 [M]. 重庆：重庆大学出版社，2023.

[8] 任爱锋，罗丰，宋士权，等 . 基于 FPGA 的嵌入式系统设计：Altera SoC FPGA [M]. 2 版 . 西安：西安电子科技大学出版社，2014.

[9] 刘玉梅 . Xilinx Zynq-7000 嵌入式系统设计实验教程 [M]. 北京：科学出版社，2021.

[10] 马建国，孟宪元 . FPGA 现代数字系统设计 [M]. 北京：清华大学出版社，2010.

[11] 张瑞 . FPGA 的人工智能之路：基于 Intel FPGA 开发的入门到实践 [M]. 北京：电子工业出版社，2020.

[12] 林铭波 . 超大规模集成电路系统导论：逻辑、电路与系统设计 [M]. 刘艳艳，等译 . 北京：电子工业出版社，2015.

[13] 张应华 . FPGA 系统设计与优化方法研究 [M]. 北京：中国原子能出版社，2021.

[14] 王建飞，雷斌 . 你好 FPGA：一本可以听的入门书 [M]. 北京：电子工业出版社，2016.

[15] 潘松，黄继业，潘明 . EDA 技术实用教程：Verilog HDL 版 [M]. 5 版，北京：科学出版社，2013.

[16] 刘岚，许建霞，周鹏 . 数字电路的 FPGA 设计与实现：基础篇 [M]. 北京：机械工业出版社，2015.

[17] 夏宇闻 . Verilog 数字系统设计教程 [M]. 3 版 . 北京：北京航空航天大学出版社，2013.

[18] 王诚，蔡海宁，吴继华 . Altera FPGA/CPLD 设计：基础篇 [M]. 2 版 . 北京：人民邮电出版社，2011.

后记

随着《FPGA 原理与应用（第 2 版）》的圆满完成，我们深感欣慰与自豪。在过去的日子里，团队倾注了大量的心血与智慧，致力于为读者呈现一本既系统全面又紧跟技术前沿的 FPGA 学习指南。

回顾本书的编写过程，我们深刻体会到 FPGA 技术的迅猛发展及其对现代电子系统设计的重要影响。从基础原理的阐述到高级应用实例的解析，从设计流程的梳理到开发工具的介绍，我们力求在每一个细节上做到精益求精，确保读者能够轻松入门并逐步掌握 FPGA 设计的精髓。

我们深知，技术的不断进步离不开学习者的热情与探索。因此，在本书中，我们不仅注重内容的系统性和实用性，更致力于激发读者的学习兴趣和创新思维。通过丰富的设计实例和配套的教学资源，我们希望能够为读者搭建一个自由探索、勇于实践的广阔平台。

展望未来，FPGA 技术将继续在各个领域发挥重要作用，推动着科技进步与产业升级。我们衷心希望本书能够成为读者在 FPGA 学习道路上的良师益友，陪伴大家共同成长与进步。同时，我们也期待收到来自广大读者的宝贵意见和建议，以便我们在未来的修订中不断完善和提升。

最后，再次感谢所有参与本书编写、审校及提供支持的同行和朋友们。是你们的智慧与努力，让这本书得以顺利问世。让我们携手并进，在 FPGA 的广阔天地中继续探索、创新，共同开创更加美好的未来！

编　者